건축구조 25시

전 봉 수

기 문 당

글머리에

'25시' 는 원래 루마니아 작가 게오르규의 동명 소설에서 연유합니다. '절대 신 메시아도 구원할 수 없는 시간' 을 지칭하여 서구의 산업사회가 기울어져 가는 상징적 시간, 공간의 의미로 부정적인 의미가 있습니다. 그러나 '현대의 25시' 는 24시간만으로는 부족할 정도로 매우 바쁘고 분주한 삶, 24시간을 넘어선 활동의 시간을 의미하여 주어진 시간보다 더 열심히 살라는 뜻이 있다합니다. 이 책은 《건강하고 잘생긴 건축구조》(1997)와 《지금, 건축구조 문제없나》(2012)에 이은 세 번째 자저입니다. 건축구조를 생업으로 산 반세기의 시간 속에서 스스로 '열심히 일했다' 는 자의적이고 외람된 생각에서 책의 제목을 '건축구조 25시' 로 하였습니다.

그간 열심히 일했다지만 회사의 외형은 내세울 것이 없습니다. 사무실 크기나 직원수가 33년간 크게 달라진 것이 없고 사옥은 고사하고 임대료에 떠밀려 수차례 이삿짐을 꾸렸으며 월말 세무서나 은행의 눈치를 살피는 것도 여전합니다.

그러나 그간 감당한 것 자체가 신기하다는 많은 국대급 프로젝트에 전우구조의 명의를 걸 수 있었고, 함께 호흡을 맞추다 각자의 길을 떠난 동료들을 헤아리면 구조기술사 24인, 미국 SE 3인, 대학교수 8인, 구조사무소 소장 15인, 공학박사 13인 등으로 그들의 현주소는 화려한 축복입니다. 더할 나위 없는 보람입니다. 근년에 세상을 떠난 친구 서울시립대 이특구 교수는 아주 오래 전에 저에게 '호정-浩庭' 이란 호를 찬호하며 '후생을 위한 뜰' 처럼 사는 것이 어떠냐고 했습니다.

시인 정호승(1950~)은 '술 한잔' 이라는 시에서 "인생은 나에게/술 한잔 사주지 않았다/... 나는 몇 번이나 인생에게 술을 사주었으나 인생은 나를 위해 단 한번도 술 한잔 사주지 않았다", "이렇게 내 인생이 분노하고 원망했다" 그런 그는 곧 "지금은 분노와 원망에 의해 그런 시를 썼다는 사실이 몹시 부끄럽고 후회스럽다" 그러나 실은 '사줘도 너무 많이 사줬다' 라고 했다.라고 달라진 심정을 다른 수필에서 밝혔습니다. 아마도 그는 25시의 심정으로 그 시를 썼을 것입니다.

이 책을 총 5편으로 구성했습니다.

- **1편 『그런 일에 이런 생각』** 에서는 근자에 기고했거나 준비했던 12편의 글
- **2편 『2000년대 이후의 공공건축 프로젝트 15』** 에서는 구조설계에 참여한 프로젝트 중 2000년대에 완공되어 사용중인 공공건축 프로젝트 15의 사진, 설계 및 발표 자료에 약간의 에피소드를 얹었습니다.
- **3편 『건축규정』**에서 규제, 기준 그리고 규정/국토부 R&D 사업인 '국가표준 한국건축규정개발' 요약, 그리고 과제 관리를 위한 행사에서 등을 다루었고
- **4편 『구조시스템을 혁신한 선구자들』**에서는 실제로 대면했었거나 일대기의 번역 등을 통하여 내면을 살필 수 있었던 마리오 살바도리, 파즐루 라만 칸, 피터 라이스, 스탠튼 코리스타, 그리고 의강 마춘경 등 선구자의 면모를
- **5편 『한국산업기술문화재단 2016산업기술인 구술채록』**의 대상자가 되어 대담한 내용을 실었습니다.

자신을 과장하여 드러냄이 상궤에 벗어남을 알기에 써놓고 다시 보고 주저했습니다. 그러다 칠십이종심소욕불유구(七十而從心所欲 不踰矩)란 성현의 말씀을 제멋대로 해석하여 염치불구하고 쓴 대로 두었습니다.

이 책은 전우구조에 몸담은, 그리고 담았던 많은 동료들의 노고와 건물의 구조설계를 함께 할 기회를 준 건축가들의 동의가 있었기에 가능하였습니다. 평소 가깝게 지내며 삶의 지혜를 갖게 해준 송재, 지산, 운호, 명곡, 정헌, 향석, 명학, 그리고 평재 등의 우정어린 조언이 있었기에 출간할 용기를 냈습니다. 아내의 격려는 말할 것도 없이 지극하였습니다.

기문당 강해작 사장님은 그간 건축 관련 서적을 중단 없이 출판하여 건축문화에 큰 기여를 하신 분입니다. 저와 같은 백면기술자를 위해서 이번을 포함하여 8종을 출판해주신 덕분에 '전봉수 지음' 의 주인공이 여러 차례 될 수 있었기에 그저 감사한 마음뿐입니다.

"나의 인생도 나에게 술을 사줘도 너무 많이 사줬다"는 그 시인의 고백은 저에게도 해당됩니다. 모든 것이 그간 저에게 술을 사주신 수많은 분의 덕분에 가능했습니다. 감사합니다.

2020. 6. 浩庭 전 봉 수 씀

Contents

1편 『그런 일에 이런 생각』

2편 『2000년대 이후의 공공건축 프로젝트 15』

3편 『건축규정』

4편 『구조시스템을 혁신한 선구자들』

5편 『한국산업기술문화재단의 2016산업기술인 구술채록』

1편

「그런 일에 이런 생각」

1. 건축구조, 토목구조 그리고 APEC & IntPE 구조
2. 구조엔지니어의 글쓰기
3. 구조공학용어
4. 목조구조의 높이와 규모
5. 레코드엔지니어와 디자인엔지니어
6. 2012 한미FTA 발효와 기술사 상호인증
7. 2019 한국콘크리트학회 창립 30주년을 축하하며
8. 남가일몽의 용산국제업무지구 프로젝트
9. 어느 해외 프로젝트에서
10. 일상사의 기록
11. 엔지니어상
12. 88서울올림픽 및 2002한일월드컵대회의 참여로

건축구조, 토목구조 그리고 APEC & IntPE 구조

1

요즈음 건축구조와 토목구조간 상호의 업역에 대하여 여러 의견이 있는 것으로 안다. '건축구조'는 건축관련 구조를 다루도록 되어 있는데 '건축'에 대한 정의와 그 내용은 건축법 등에 명시되어 있다. '토목구조'도 토목관련 분야의 구조를 다루는데 대한토목학회는 '토목'을 국토, 도시, 도로, 철도, 공항, 항만, 교량, 터널, 댐 및 상하수도 등 10개 분야의 기술로 정의한다.

토목구조는 10개 분야의 구조를 대상으로 하는데 범위가 넓어 선별적으로 전문화하여 참여하고 있다. 두 분야가 지금껏 그리 해왔는데, 여러 의견이 오가는 토목구조가 그 업역을 건축구조로 확장하려는 의욕에서 비롯된 듯하다. 우리나라는 공과대학 교육과정이 서구 유럽과 달리 건축구조는 건축공학과에서 토목구조는 토목공학과에서 서로 다른 커리큘럼으로 진행된다. 졸업 후 입문한 실무, 국가자격기술자시험 및 공직사회에서도 그 다름이 더욱 확연하다.

■ 건축구조 그리고 APEC & IntPE 구조

1998~2000년 한국건축구조기술사회의 회장을 맡았던 당시, 그 회의 당면 과제는 건축구조기술사가 APEC엔지니어(구조) 자격으로 인정을 받는 데 있었다. APEC은 1995년 오사카 정상회의(18개국)에서 인적자원발전위원회(HRD)를 발족시켜 오사카 액션어젠다(Osaka Action Agenda) 및 1996년 마닐라 장관급회의에서 기술자격자의 구역내 교류를 천명하고 협의에 들어 간 상황이었다. APEC엔지니어의 교류 대상을 시빌(civil, 토목 및 건설), 구조(structure), 측량 및 지형정보(geotechnical), 환경, 기계, 전기,

산업, 광산, 화학, 정보 및 생명공학 등 11개 분야로 정하고 각 회원국에 등록사무소를 개설하였다. 한국기술사회(KPEA)도 정부의 위임받아 APEC엔지니어 등록사무소내 운영위원회(허진 위원장, 심순보, 백이호, 조정윤, 전봉수 등)를 설치 · 대응하며 시드니, 밴쿠버, 쿠알라룸푸르 등지에서 각국 실무회의에 참석하였다. 당시는 시빌, 구조, 측량/지형정보 및 광산 등 4개 분야를 우선적으로 의논했으므로 KPEA위원회의 인적 구성도 넉넉치 못했다. 시빌에 우리가 아는 토목에 건설(시공)을 포함한 것은 흥미로웠다.

구조 분야를 건축과 토목으로 구분 · 관리하는 우리나라의 제도를 다른 회원국에 이해를 구하는 것이 쉽지 않았다. APEC엔지니어의 등록자격요건(eligibility criteria for registration)은 공인 전문엔지니어 자격 유지, 공인된 고등기술교육프로그램(BSc Degree) 수료, 7년 이상의 실무경험, 책임엔지니어로서 2년 이상의 경험, 지속적인 전문개발교육(CPD) 등이었다. 그런데 다자간 소통 및 기술교류에 필수적인 외국어 구사능력이 자격요건에 포함되지 않음이 특이했다. 회원국의 기술자격관리 심의는 고등기술교육프로그램에서 전공과목별로 점수를 배정하고, 최소 점수 이상이어야 했다. 우리나라는 구조(Structure) 분야의 고등기술교육프로그램 중 토목공학과는 별 문제가 없었으나 건축공학과는 조금 달랐다. 당시 한국기술사회 조직위는 건축공학과의 구조 관련 과목에 대한 판정과 건축 및 구조기술자 관리제도에 대하여 회원국 간 논의를 예상하여 국내 5개 대학 건축공학과에서의 구조관련 과목에 대한 강의시간과 이수학점 등의 실태를 조사하여 APEC 시드니회의에 보고하며, 다음 4개 항을 제안하였다.

1) 한국은 APEC엔지니어의 자격요건보다 엄격한 국가기술사자격시험제도를 운영하고 있고
2) 한 독립국가의 기술자격관리제도를 검토 여지가 있는 기준으로 판정함이 일본을 비롯한 몇몇 회원국의 주장에 귀를 기울여야 하며
3) 한국은 건축구조의 업역을 건축물에 국한하고 있으므로 APEC에서의 활동범위도 그러할 것이다. 토목구조는 건축물로 업역 확장을 고려하고 있지 않음은 고등기술교육프로그램에서 건축관련 과목의 수강을 의무화하고 있지 않기 때문이다.
4) 따라서 한국의 건축구조기술사는 APEC엔지니어로서 손색이 없다.

결과적으로 우리나라의 제안을 회원국이 이해하게 되어 더 이상의 논의없이 한국의 건축구조기술사를 Structural Engineer of APEC으로 승인하였다. 이 과정에서 토목공학계의 심순보 위원, 백이호 위원 등의 한국기술사제도에 대한 자부심과 건축구조에 대한 지원 및 조언이 있었기에 가능하였다. 감사한 마음과 당시의 뿌듯함이 아직도 생생하다. 그후 한국기술사회는 2000.6.13 정회원국으로 가입함과 동시에 아시아 태평양지역을 포함하여 영국, 인도, 아일랜드, 남아공화국 및 스리랑카 등이 참여한 국제기술사회 IPEA(International Professional Engineers Agreement, IntPE)에도 2000.6.16 정회원국이 되었다.

IntPE의 자격요건은 APEC과 유사하다. 그후 건축구조, 토목구조 및 측량 분야의 양자간 또는 다자간 교류를 기대했으나 아직도 별 진전이 없는 것을 보면, 세계적으로 경제가 활력을 되찾지 못하고 기술교역의 장벽도 여전히 높은 모양이다.

■ 토목계는

2019년 10월 대한토목학회는 토목 70년 역사를 정리한 《더 나은 세상을 디자인하다》에서 토목기술 역사를 총론, 국토, 도시, 도로, 철도, 공항, 항만, 교량, 터널, 댐 및 상하수도 등 10개 분야(목적물 기준)로 나누어 서술하였다. 특히 제1장 총론에서, '토목의 정의' 를 "… 토목기술자들은 건축이 토목에서 분가한 것으로 인식하고 있기 때문에 집 이외는 건설의 모든 분야를 토목사업으로 인식하는 반면, 건축계에서는 도로, 철도, 댐, 항만 등 토목 분야의 주력사업 외에는 모두 건축법에 저촉을 받는다는 주장을 강하게 하고 있다. 이러한 점 때문에 일본을 제외한 선진국처럼 건설산업의 기술 분야를 Civil Engineering에 속하게 하고, 건설산업 중 예술 분야에 속하는 건축디자인은 독립시키는 것이 옳은 길인 것으로 판단된다." 라고 하였다.

그리고 토목기술을 건설기술관리법(1988.1)에서와 같이 토목사업관리기술, 엔지니어링기술, 시공기술, 운영과 유지관리기술 등으로 구분하여 설명하며, 토목기술은 관련법과 제도를 운영하는 수요자(발주처나 정부)의 기술이해 능력이 중요하고 건설근로자의 기술 수준과 장인정신에 의해 좌우되므로 품질관리에 현실적인 문제가 있음을 지적하였다.

끝으로 "미래의 토목건설산업기술의 선진화를 위해서 현재 국내에 분산되어 있는 건축산업과 토목산업을 글로벌화할 필요가 있다. 그 과정에서 예술에 가까운 건축디자인 분야는 독립시키고, 건축공학 분야와 토목공학 분야는 통합하여 산업으로서의 시너지 효과를 극대화시킬 필요가 있다. (중략) 건설관련법과 제도를 글로벌화하여야 하고 인재 육성이 시급하다(후략)" 라고 하였다.

■ 건축구조계는

한국건축구조기술사회(KSEA)는 2010년 9월 한국산업인력공단에 보낸 기술사 자격종목 정비관련 건축구조기술사 검토의견서에서,

1) 국제기준에 맞게 자격제도를 정비함에 적극 찬성하며
2) 기술사 자격종목이 구조공학기술사로 통합되어 건축, 토목 분야를 각각 명기하는 것은 건축, 토목 전공 분야를 통합하는 것이 아니고
3) 기술사 검정제도 개선안에 따라 자격시험도 전문응용(선택과목)에서 건축 및 토목관련 문제를 각자 선택하게 하여 분리 · 관리될 것으로 전망한다.

라고 하였다.

2017.12.5 교과부가 주관한 관계부처 합동회의에서의 제4차 기술사제도 발전 기본계획(안)에 따르면 기술의 융복합 및 고도화를 위한 종목 단순화 추진 계획으로 기술 선진국(미국 · 일본 등)과 같이 기술 분야 중심으로 종목의 단순화 – 국가기술자격 중직무분야(33개) 및 개별 사업법령상 분류기준 등을 고려하여 '기술분야' (통합종목, 16~20개)를 도출하여, 중직무분야 토목/건축의 자격종목인 토목구조/건축구조를 기술분야의 구조공학기술사로 하는 안을 제시했다. 그러나 이는 2010.9. 한국산업인력공단의 기술사 자격종목 정비계획과 다름이 없고, 2020.1.22 한국건축구조기술사회 정기총회에서 '기술사 선발(고용노동부), 육성, 관리(과학기술정통부), 활용(13개 주무부처) 및 이해 당사자(84개 종목 기술사)의 의견이 상충되어 조율에 진전이 없는 상태라고 발의했음은 현실을 직시하고 있음을 뜻한다. 또한, 건축구조와 토목구조의 현안에 대한 논의도 있었다.

1) 국토부 건설기준센터의 건축설계기준(KDS 41 10 05) 및 건축구조기준(KBC 2016)에서 '책임구조기술사'를 건축구조 분야에 대한 전문지식, 풍부한 경험을 가진 전문가로서의 자격기준을 건축구조전문가와 토목기술자로 구분하였고
2) 건축법 제2조(정의)에서는 '건축물이란' 토지에 정착하는 공작물 중 지붕과 기둥 또는 벽이 있는 것과 이에 딸린 시설물, 지하나 고가공작물에 설치하는 사무소, 공연장, 점포, 차고, 창고, 그 밖에 대통령령으로 정하는 것이라 하고, 이어 건축구조기준의 적용대상인 건축구조물은 건축물과 공작물로서 공작물을 인공적으로 지반에 고정하여 설치한 물체 중 건축물을 제외한 것으로 계단탑, 교통신호등, 교통표지판 등 교통관제시설, 광고판, 광고탑, 고가수조, 굴뚝, 기계기초, 기념탑, 기계식주차장, 기름탱크, 냉각탑, 방음벽, 배관지지대, 보일러구조, 사일로 및 벙커, 송전 지지물, 송전탑, 승강기탑, 옥외광고물, 옹벽, 우수저류조, 육교, 장식탑, 저수조, 전철 지지물, 조형물, 지하대피호, 철탑, 플랜트구조, 항공관제탑, 항행안전시설, 기타 구조물이라 명시하였다.

한국기술사회는 2019.8 정기간행물에서 건축기술사 및 토목기술사 배출현황을 실었는데, 건축 4개 분야에 건축구조 1,090명, 기계설비 1,330명, 건축시공 9,742명, 품질시험 239명 등 총 12,384명으로 토목 14개 분야에 구조 1,423명 및 시공 9,732명을 포함 18,345명이었다. 토목의 여타 12개 전문 분야로 토질 및 기초, 항만 및 해안, 도로 및 공항, 철도, 수자원개발, 상하수도, 농어업토목, 토목품질실험, 측량 및 지형정보, 지적, 해양, 지질 및 지반의 기술사 수도 실었다. 구조기술사 배출 현황만 보면 건축 1,090명, 토목 1,423명이다. 두 분야의 비율이 100:130으로 토목구조기술사의 숫자가 30% 가량 많으나 업역이 어떠한 방향으로 재정리되더라도 후유증이 클 것이라는 전망이다.

■ 제언

앞에서 인용한 《더 나은 세상을 디자인하다.》의 총론편에서, "토목기술은 수요자(발주처, 정부)의 요구(건설관련법과 제도)를 만족시켜야 하기 때문에 건설관련법과 제도의 합리성과 이를 운용하는 발주자의 기술이해 능력에 따라 그 수준이 좌우된다." 라고 하였다. 이는 토목구조전문가는 "수준 높은 수요자를 만난다면 합리적인 제도와 운영방침에 따라 구조전문가로서 소신껏 자신의 일을 할 수 있다"로 읽힌다. 이에 비해 건축구조전문가는 그 수요자가 다양하고 수준 또한 천차만별이다. 그 수요자는 경우에 따라 건축사사무소의 직원, 시공회사의 현장책임자, 건축허가 관청의 실무자가 되기도 한다.

수요자의 수준 차이가 크므로 건축구조전문가는 구조에 관한 책임이 상대적으로 더 막중할 수밖에 없다. 상당수의 건축구조전문가는 소규모 단위의 조직을 운영하며 불특정 수요자를 만나야 한다. 작은 조직의 생존을 위해서. 그러하기에 '건축산업은 복잡하게 얽힌 사회의 거울이고 문화' 라고 하지 않는가 싶다. 건축구조전문가는 구조기술을 포함해서 문화예술 창달에 일정 부분 참여한다는 자긍심이 있다. 이는 건축공학과에서 구조공학 과목을 비롯하여 자재화(free hand drawing), 크로키(croquis), 동서양건축사 등 건축문화 관련 과목을 수강한 탓(?)이다. 어쩌다 낯선 도시를 방문하여 외관이 그럴싸한 건물이나 문화재를 보면 카메라에 담기 바쁘다. 이러한 무의식적 습성에 대해 필자와 가까운 토목구조전문가 몇몇은 겉으론 이해한다고 하지만 내심 피곤해하고 한심해하는 표정이 역력하다.

건축구조전문가는 구조라는 자기 본령에 충실하면서 수요자와의 소통을 중시한다. 윌리스타워, 부르즈칼리파, 롯데월드타워를 비롯하여 루브르박물관 유리피라미드, 시드니 오페라하우스의 PC곡면판, 타지마할 돔, 화재로 붕괴된 노트르담성당 첨탑구조와 납성분, 첨두아치 및 플라잉 버트레스, 에펠탑의 숍드로잉과 기초형식, 수덕사 대웅전의 주심포, 숭례문 우진각지붕 등 동서고금을 넘나든다. 수요자가 관심을 갖는 건축물에 대해 건축구조전문가의 식견을 덧붙이며 전문가적 관심이 있는 척이라도 한다. 또한 전통건축물에 대한 완전한 구조해석 모델링은 건축구조 분야가 아직도 해결을 못한 과제이기도 하다. 초고층건물의 풍진동으로 인한 어지러움 현상과 구조적 해결 방안 등은 토목공학과의 학부과정에서 배운 동역학 수준으로는 이해하기 어렵다.

건축구조전문가는 이러한 동적거동의 복잡함에 매력을 느끼며 깊게 탐구한다. 토목구조와 건축구조. 두 분야의 통합이나 업역 조정을 해야 한다면 앞서의 현행규정, 국제적 기준, 교육과정, 실무현황, 두 분야의 특성 및 사회적 배경 등을 검토하여 합리적으로 정리되어야 한다.

대한건축학회, 건축 2020. 3월호

'발언과 논평' 전봉수의 기고문에서

구조엔지니어의 글쓰기 2

2012년 대한건축학회 잡지 '건축' 7월호 특집에 '설계엔지니어링 분야의 국제경쟁력에 대하여'에서 건축구조 분야의 국제경쟁력을 확보하려면 1) 구조설계설명서를 작성하고 2) 다양한 종류의 소프트웨어의 통합적 활용을 3) 구조설계 전공 석·박사 배출을 4) 설계기준의 영문화, 그리고 5) FTA를 통한 구조기술사의 상호 인정 등이 필요함을 주장했다. 그런데 여기서

위의 '1) 구조설계설명서를 작성하고'에 대하여 구조엔지니어의 글쓰기와 연관하여 살펴보자. '구조계산서(structural calculation)'는 구조도면과 함께 구조설계의 중요한 문서이다. 그러나 현업에서 구조설계 과정 및 설명을 전개함에 도표, 형식적인 단답형 또는 극히 간단한 문구로 서술하여 제3자의 이해가 쉽지 않다. 암호 같은 입출력자료를 첨부하여 계산서의 두께만 키운 블랙박스를 연상케 하며, 작도자료를 모아서 구조도면과의 구분이 어려울 정도이다. 반대로 구조도면도 구조계산서를 그대로 옮겨 놓은 듯하여 주종의 구분이 안 되는 경우도 있다. 현실이 이러하므로 구조계산서를 작성하는 원래 목적과 취지가 무색하다.

레코드엔지니어로서 경험한 바로는, 유럽과 미주에는 관행이 구조계산서 및 구조도면 작성과 병행하여 구조설계설명서(structural design report)를 관행적으로 작성하는데 건축구조물의 탄생과 성장 과정을 역사서나 이야기책처럼 서술함이 흥미로웠다. 구조계산서, 구조도면 및 시방서에서 다루기 어려운 설계 여건, 구조철학, 구조설계 배경, 구조해석 및 해법에 이르는 과정이나 향후 예상되는 문제점 등을 설명서에 기술한다. 그러기에 구조설계자는 설명서 작성에 계산서나 도면작성 이상의 정성을 기울인다. 미주에서도 이전과 달리 구조설계설명서를 쓰는 경향

인 듯하다. 아마도 국제설계시장에서 유럽과 각축을 벌이면서 생겨난 새로운 관행으로 자리한 것이 아닌가 싶다. 우리나라도 구조설계설명서 작성을 의무화한다면 구조엔지니어에게는 하나의 짐이 될 것인가. 당장은 그러할 것이다. 그러나 그렇게 함으로써 구조설계도 국제경쟁력을 갖추는 토양이 되는 것이 아닌가 싶다'라고 했었다. 그런데 그 글에서 간과한 것이 있었다.

구조설명서를 쓰는 것 자체가 현실적 문제가 될 수 있다. 설명서 작성은 글쓰기이다. 건축허가 및 건축정책에서 '구조설명서를 작성하여야 한다'를 바로 시행한다고 즉시 실현되는 것이 아니기 때문이다. 지금은 4차 산업혁명에서 공학 분야를 중심으로 자신의 지식과 의견을 효과적으로 전달하는 능력이 강조되고 있다. '기술자들은 글쓰기를 못한다'나 '한국의 이공계는 글쓰기가 두렵다'라는 통설은 과연 옳은가. 이에 대하여 《명쾌한 이공계 글쓰기(제우미디어, 2008)》에서 김성우가 쓴 다음의 글을 살핀다.

"예전보다 글을 쓸 일이 많아진 시대가 된 것이 이공계의 '글쓰기 증후군(syndrome)'의 원인이고, 어떤 조직에나 승진할수록 소통해야 할 대상이 늘어나게 되어 발표와 글쓸 일이 많아진다. 회사에서 좋은 고과를 받는 사람은 소통을 잘하거나 그것보다는 소통이 많은 업무를 맡았다는 특징이 있다. 소통을 잘해서 승진을 한 것인지 승진을 해서 소통을 잘하게 된 것인지는 알 길 없지만, 확실한 것은 조립형 공업국가인 우리나라의 기업문화에서는 지위가 올라갈수록 소통, 즉 발표와 글쓰기의 중요성이 늘어난다는 것이다. 그런데 기술자들에게 글쓰기가 중요한 것은 자기소개서, 첫 보고서나 제안서 혹은 논문 등을 작성해야 할 때 알게 된다. 기술자 중에 제안서나 보고서 작성 및 발표하는 걸 좋아하는 이가 드문 것은 사실이다. 무엇을 개발하는 것은 재미 있지만 간단한 문서 하나 작성하는 것을 싫어하는 기술자들이 태반이다."라고 했다. 글쓰기나 프레젠테이션이 소통 수단의 알파 오메가이다. 향후 건축구조의 국제경쟁력 함양을 위해 글쓰기 훈련 프로그램 개설도 바람직하다.

최근 (사)한국기술사회에서 엔지니어들의 국제무대 진출 방침에 발맞춰 나아가기 위해 전화(폰)영어 회화 강좌를 3개월 과정(1,000명)으로 개설하여 화상 회화, 원어민 강사와 대면 강의, AI학습 등을 진행한 것은 바람직한 방향이다.

그런데 엔지니어의 글쓰기가 미국에서도 만만치 않음은 우리와 크게 다르지 않은 모양이다. 미국 ASCE의 월간지 「Civil Engineering」에 한때 '7Questions 성공적인 경력관리를 위한 지혜와 안내' 라는 고정칼럼이 있었다. 엔지니어들의 공동 관심사를 정리해서 많은 독자의 공감을 얻었던 기획물이었다. 그 잡지 2016년 2월호에서 데이비드 힐(David Hill) 기자의 구조엔지니어가 '글을 잘 쓰는 법에 대하여(On writing skills for engineers)' 는 미국 썬튼토마세티(Thomtom Tomasetti) 구조설계회사의 레너드 조셉(Leonard Joseph) 캘리포니아 지사장을 인터뷰한 기사였다. 근자에 잡지편집자에게 ASCE의 정회원(MASCE)으로서 그 기사를 번역하여 사용할 의향을 2020.2.6 메시지로 전하며 승인을 요청하였다. 편집자는 그 요청에 '다른 잡지에 게재(publish)는 불가하지만 소개와 대학 강의에는 사용할 수 있다' 는 요지의 응신을 해왔다.

번역문으로도 게재함이 불가하다는 방침에 수긍하기 어려웠다. 이에 1989년에 핼 아이엔가(Hal Iyengar) 저 《합성혼합구조의 설계, 전봉수, 박홍근 공역, Composite or Mixed Steel-Concrete Construction for Buildings-1977》을 ASCE의 승인을 거쳐 번역 출판한 나의 개인적 경험이 있음을 전하고 글의 번역 사용 승인을 재요청하는 메시지를 보냈다. 이에 대한 아직 응신이 없다. 내 생각에 'On writing skills for engineers' 기사는 특별한 연구 논문이나 기술정보가 아니고 구조설계회사의 최고경영자 입장에서 직원의 글쓰기 요령을 피력한 것이므로 그 내용이 한국의 구조엔지니어에게도 교육적이고 인문사회적으로 공감할 측면이 강하므로 내용의 요점을 정리하여 전달한다면 그 잡지의 방침에도 크게 저촉되지 않을 것으로 보았다. 미국의 업무방식이나 사회풍토가 우리와는 현격히 다르지만 글쓰기가 소통의 기본이라는 점은 같다. 관심 있는 분은 적절한 경로를 통한 원문 읽기를 권한다.

그 기자의 7개 질문에 조셉 사장이 답한 요지는 다음과 같다.

문) 1. 엔지니어가 글을 효과적으로 잘 쓰는 법이 따로 있나?

구조엔지니어는 매사를 숫자, 공식 또는 방정식 개념으로 생각하지만 세상사를 숫자나 이미지로 변환하기는 만만치 않다. 글쓰기는 어떤 생각을 다른 이에게 전하는 수단이다. 구조엔지니어는 도면에 일반사항, 상세한 요점, 시방서 및 설계설명서를 써서

관련사들에게 설계개념을 설명한다. 주제를 파악하는 최선의 길은 스스로 시도해 보는 것이다. 자신이 깊이 생각해야 하기 때문이다. 글이라는 매개를 통해 다른 이에게도 자기와 같은 생각을 하게 하는 것이다.

문) 2. 구조엔지니어의 글쓰기가 어려운 이유는?

대다수의 구조엔지니어는 글쓰기가 별 일이 아니어서 펜대나 키보드를 두드리면 되는 어렵지 않은 일이라고 생각한다. 글쓰기가 말하는 것과 크게 다르지 않으므로 말로 하면 말한대로 될 것이므로 글쓰기도 그러할 것이라고 생각하는 것이다. 설계를 하면서 다양한 방법으로 여러 각도로 주의 깊게 조사 · 분석하는 것처럼 글쓰기도 꼭 같이 해야 함을 알아야 한다.

문) 3. 구조엔지니어 역할이나 상황에 따라 글쓰기도 달라지나?

구조공학은 국제적인 통용어이므로 구조기술용어는 문화를 넘어 번역이 가능하고 언어적 차이를 연결하는 다리가 된다. 그러나 일반인은 그 뜻을 모를 수 있으므로 독자들의 입장을 이해하여야 한다. 업무적으로 다루는 일의 수준이 높아지고 보다 많은 일을 감독하는 직위가 되면 특수용어를 잘 모르고 개개 프로젝트의 특수 시각이 없는 많은 사람과의 접촉이 늘어남을 염두에 둔다.

문) 4. 글쓰기 기술이 향상되도록 할 방안은?

사무실에서 어느 구조엔지니어가 쓴 글을 다른 누군가가 검토한 의견을 당사자에게 되돌려 주었을 때 글쓴이가 모욕감이 생기지 않는 '회사문화'가 중요하다. 엔지니어는 분량이 많은 보고서를 완전히 소화하기 위해 검토 · 분석 및 인터뷰 등에 긴 시간을 할애한다. 보고서가 뜻하는 바를 알더라도 상급자나 동료에게 그 보고서에 대한 정리된 느낌을 묻는 것은 잘못된 방향으로 흐르지 않게 하는 보증수표이다. 내용이 글쓴이가 원하는 바를 구체적으로 지향하고 신속히, 그리고 자주 사용한다면 그러한 훈련과 지도는 분명히 효과가 있다.

문) 5. 보다 나은 글쓰기를 위해 활용할 수 있는 외부적 자원이 있다면?

폭넓은 독서를 하고 다른 사람이 쓴 글에서 무언가를 배우는 것은 중요하다. 사무소 직원이 긴 보고서를 쓸 때는 요약문부터 쓰라고 주지시킨다. 신문, 잡지나 서적을 보며 어떻게, 그리고 보다 잘 썼는지를 생각한다. 나 자신도 기사를 읽으면서 주요 해설이나 또 다른 정보가 있는지를 살핀다.

문) 6. 글쓰는 법을 공과대학에서 가르칠 수 있다고 생각하나?

학생들이 졸업반 때 하는 캡스톤프로젝트(일종의 졸업과제)의 경우 최종성과물이 도면과 설명서이므로 글쓰기와 소통기술을 다듬는 일을 부지런히 해야 한다. 구조엔지니어는 신경쓰이는 특정 고객을 상대로 글을 쓰는데 의식적으로 노력을 해야 한다.

문) 7. 경력이 쌓이면 글쓰는 기술에 도움이 되나?

자신이 설계한 내용이나 관련 있는 건설현장의 외부세계와 명확히, 그리고 효과적으로 소통할 수 있음을 보이는 것이 중요하고 그렇게 함으로써 그로부터 해방될 수 있다.

구조공학용어 3

대학 2학년 과정에서 수강한 서양건축사는 건축에 입문하는 초짜의 호기심을 끌만 했다. 당시 강의는 영국의 배니스터 플레처 경의 《건축의 역사(Sir Banister Fletcher, A History of Architecture)》를 중심으로 진행되었다. 원서를 구하기도 어렵고 고가이어서 실체를 처음 본 것이 담당교수의 소장본이었다. 강의 전에 배포한 그 책의 부분 부분 복사물(청사진)로 교재를 대신하였다. 도서관에서 대본한 원서는 두껍고 무거웠다. 장정 및 내용도 엄청났다. 영어문장도 어려워 읽을 엄두가 니지 않았으니 진도도 나길 수 없었다. 서양건축역사의 흐름을 파악하는 것은 차치하고 건축용어 파악은 더 어려웠다. 일반 영한사전의 해설은 도움이 되지 못했고 일본건축학회사전의 끝부분 영일용어 찾아보기를 통해 용어해설에 접근하여 의미를 짐작했었다. 그러면서 그리스와 로마 유적의 건물 세부 명칭을 파악하고 노트하며 작은 사전처럼 정리한 기억이 있다. 그것은 4학년의 동양건축사 강의에서도 비슷하였다. 그러했음이 건축용어에 관심을 더 갖게 된 발원이 되었는지 모르겠다.

건축구조용어와 관련한 2008. 韓·英·中·日건축구조용어사전의 출간과 기고, 2014. 건축구조에 기고한 구조용어사전제안, 2007. 강구조용어사전에 대한 제언 및 2020. 대한건축학회 '온라인 건축용어사전' 등을 중심으로 건축용어, 특히 구조용어에 대한 내용을 정리하였다.

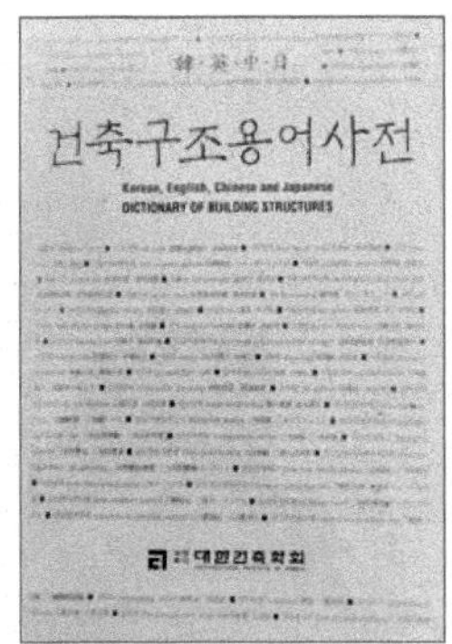

그림 1
韓·英·中·日
건축구조용어사전, 2008

■ 2008 韓英中日 건축구조용어사전

2007년의 《建築構造用語事典-日本建築構造技術者協會 編著-유병억 역》은 번역한 사전이지만 출간 자체가 작지 않은 사건이었다. 일본의 1984년 《建築用語포켓북-構造編-成田春人/森井 孝》에 비하여 시기적으로 늦었어도 건축구조용어사전으로 의미 있는 출발이었다. 건축구조용어는 《건축용어대사전-김평탁 편저》, 《建築用語集-대한건축학회-1982》, 《鋼構造用語辭典-한국강구조학회 1992》, 《콘크리트용어집-한국콘크리트학회》 및 《건축/토목용어大辭典-한국적산연구소》 등에서 건축 또는 토목용어 전용 사전 프레임 내에서 개체로서 존재하였다.

2008년, 대한건축학회의 《韓·英·中·日 건축구조용어사전-편찬위원장 전봉수》은 국내 건축계에서 자생한 건축구조용어사전의 효시였다. 사전은 KBC2005 용어를 포함한 5,700여의 한글 표제어에 영어, 중국어 및 일본어 등 4개국 용어를 대비 나열하고 중국어 표제어에 漢語併音 표기, 일본어 표제어에도 일본어 표준발음기호를 병기하는 등 획기적인 시도였다. 이 사전으로 국내 건축구조용어의 통일은 물론 중국과 일본의 용어를 상호 대비하여 한자 문화권 3국 간 용어 차이를 확인하였다. 이 사전은 《2009년 문광부 우수학술도서》로 지정받아 국내의 여러 전문도서관, 공공도서관, 해외문화원 및 병영 도서관 등에 보급되었다. 중국 용어에 자문하여 준 北京建築設計院의 (候光瑜 고문)께 이 사전을 공식 전달하였다. 그리고 Arup 한국지사의 하승윤 지사장을 통하여 전달하였다.

그림 2
건축구조용어사전 출판기념회, 2008

그후 2009년, 유한요소해석법 용어 《구조해석용어집-마이다스IT기술연구소》이 출간되었고, 같은 해에《建築英語辭典-카즈히로 호시-이문보/이민섭/김규석 역》이 영어 용어의 중요성을 주창했다. 2010년, 한국건축구조기술사회는 《建築構造를 배우는 事典-日本建築構造教育研究會》을 기반으로 한 《건축구조사전》을 편역 · 출간하였고, 《강구조용어사전-한국강구조학회》을 증보 출간하였다. 2012년, 《콘크리트용어해설집-한국콘크리트학회》을 2000년 이후 12년만에 개편하였다.

사전은 辭典(dictionary), 事典(illustrated dictionary)의 형식을 취한다. '말씀 사 辭典' 은 표제어의 뜻과 용법 및 어원 등을 간명하게 해설하며 때로는 그림이나 도표를 더한다. 이에 비해 '일 사 事典' 은 표제어의 뜻과 용법, 관련 역사 등을 그림이나 도표 등을 통해 상세하게 설명함으로써 백과사전과 유사하게 다양한 해석과 견해를 싣는다. 한 개 표제어의 설명에 여러 쪽을 할애하는 경우가 많으므로 다루는 표제어의 개체수는 상대적으로 제한적이다. 일본의 《建築構造用語事典》은 총 250여 쪽 분량의 사전에 108개의 구조용어를 실어 용어당 2.5쪽을 할애하고 있다. 108개의 용어를 택한 사유가 '불교의 108번뇌에서 힌트를 얻어 전문용어 때문에 괴로워하는 일이 없기를 바람에서였다.' 라는 편저자의 변이 흥미롭다.

이에 비해 용어집은 표제어(영어를 동반한)만을 일정 순서로 나열하여 영어를 비롯한 외국어의 대응용어를 상호 대비한다. 색인에서 다국적 용어를 교차 비교할 수 있다.

■ 2014 구조용어사전을 제안

건축구조기술사회의 '건축구조' 2014.10 권두언에 기고한 글의 일부를 옮긴다.

구조용어를 건축구조와 토목구조로 구분하는 나라는 우리나라와 일본 밖에 없는 것으로 안다. 대학의 전공학과나 커리큘럼이 그러하고 기술사제도도 건축구조와 토목구조로 구분하고 있다. 기술사의 국제자격제도인 APEC, IMF 및 intPE에서 '구조엔지니어, structural engineer' 로 단일화되어 있음에도 이 제도의 국내 적용을 15년이 지나도록 미루고 있다.

왜 그러한가. 토목구조용어만 해도 아마도 2007년 이전의 건축구조용어가 그랬던 것처럼 토목용어사전 또는 건축/토목용어사전이라는 프레임에 갇혀 있다. 이러한 정황에서 건축, 토목, 선박, 항공기 및 기계 분야의 구조용어를 망라하여 '구조용어사전' 이라는 이름 하에 외연을 자연스럽게 넓히는 것이 옳은 길이라고 생각한다. 이 생각은 이웃 전문학회인 '한국전산구조공학회' 의 설립 목적이 "…전자계산기를 이용하는 구조공학에 관한 학문과 기술의 발전 및 보급에 기여함으로써…" 이고, 회원의 자격을 "대학에서 구조공학 분야의 학문을 전공하고 졸업한 사람 또는 전문대학을 졸업하고…" 로 하고 있어 모든 분야의 구조전문가를 망라하고 있음에서 출발한다. 그러므로 '구조용어사전' 이라는 아이디어가 엉뚱한 제안은 아니다. 반력, 모멘트, 전단력, 초고강도강, 모델링, 비선형해석, 유한요소법, 푸시오버해석, 하중실험, 목업테스트, 풍동실험, 수조실험, 드리프트테스트, CFD 등의 용어는 위의 모든 분야가 공유하는 구조용어이기 때문이다.

종이사전과 전자사전

근래 건축구조용어사전이 괄목할만한 발전을 하였으나 실상 정보 전쟁에서 현실적 대응에는 안이해 보인다. 밖을 보면 우리는 지금까지 오랜 기간 익숙해져 왔던 해외의 인쇄한 종이사전(Off line)이 모두 전자사전(Online)화 되어 있어 원한다면 언제라도 인터넷을 통해 'freedownloadfull pdf' 처럼 무료로 내려받는 세상이 되었다. 세계는 빨리 변하고 있다. 미래학자 니콜라스 네그로폰테 MIT 교수는 2011년 한 컨퍼런스에서 '종이책의 소멸이 진행되고 있으며 그것은 아마도 10년도 아닌 5년 내에 현실이 될 것이다. 아이패드와 eBook 단말기에 기반을 둔 전자책이 종이책 시장을 잠식해 주류의 매체가 될 것이다' 라고 하였다. 네그로폰테의 주장이 너무 급진적이라는 비판이 일었고, 종이책이 사라져도 완전히 소멸하는 것은 아니다. 종이책과 전자책이 공존할 것이라는 중재적 입장을 취하는 전문가도 있다.

세계 최대 온라인 소매업체 '아마존' 은 전자책 수익 배분을 놓고 유명 출판사와 대립해 안티운동에 시달리는 등 위상에 걸맞지 않은 기업윤리와 갑질로 구설에 휘말리고 있다. 전자책 수익 배분을 둘러싼 출판사와의 갈등은 심각하다라고 보도하고 있다. 아마존과 출판계가 대립각을 세우고 있어 전자책과 종이책의 갈등이 깊음을 짐작한다. 종이사전과 전자사전의 양 진영간 사업적인 공존이 쉽지 않겠지만 수요자인 구조엔지니어는 종이사전이 인간적이고 프로다우며 보다 시각적이고 전시적인 매력이 있기 때문에 이를 지속적으로 구매하고 책상머리 컴퓨터의 전자사전도 수시로 활용할 만큼 현명하다.

종이사전은 기획, 집필 및 출판에 수개월에서 수년이 걸린다. 그러나 이를 전자화하고 항시적 집필 시스템을 갖춘다면 쉬지 않고 자료를 입데이트하여 가장 최신의 사전으로 유지될 수 있다. 기술용어는 어제가 옛날이고 내일이 멀다하고 탄생과 사멸을 거듭하며 진화한다. 그러나 이를 적절히 수용하는 용기의 마련에 수년이 걸린다면 이미 그 사전은 용어의 적치창고일 뿐이다. 실제로 어떤 면에서는 우리네 종이사전은 이미 그렇게 되어가고 있다. 오래 전에 생성된 항목은 시간이 가면서 점점 더 일반화되고 중립적 시각으로 변한다. 새로 만들어진 항목은 잘못된 정보, 백과사전에 싣기에 부적절한 내용 또는 문서를 훼손하는 내용을 포함할 수 있다. 따라서 변화와 변신을 멈출 수 없다. 2001년에 설립한 세계 최대 참고 웹사이트 위키백과의 예를 보자. 이 사이트에 매달 4억 명이 방문한다고 하는데, 주로 익명의 인터넷 사용자가 대가 없이 공동으로 작성하고 문서를 훼손하지 못하게 편집을 제한한 경우를 제외하고 누구라도 위키백과의 항목을 쓰거나 수정할 수 있다. 더욱이 영어로 되어 있기에 국제적 소통성과 파워는 엄청나다. 만약에 우리의 용어사전이 이쯤 된다면 대단할 것 같지 않은가!

《건축구조용어사전》을 토목, 선박, 항공기 및 기계 분야를 망라한 《구조공학 용어사전》으로 하여 외연을 확장하자고 제안하였고, 더 나아가 종이사전과 전자사전을 공생토록 하고, 항시적 집필 시스템을 현실에 맞게 택하여 업데이트된 국제수준이 될 것을 희망한다.

■ 2007 강구조용어사전에 대한 제언

강구조학회지 2007.3의 강구조용어사전에 대하여 다음과 같이 제언한 바가 있다. 강구조 전반에 걸친 기술용어사전에 한국강구조학회의 《강구조용어사전》이 있다. 학회 창설 3년 만인 1992년에 출간한 이 사전은 그 학회의 두드러진 업적의 하나로 평가되고 있다. 사전에는 강구조는 물론 토목, 선박, 건축, 철탑 및 기계 분야의 관련 기술용어를 담고 있다. 이 사전이 출간된 지 이미 15년이 경과되었고, 그간 강구조기술의 괄목할 만한 진보와 사회정세의 변화를 반영해야 할 시점이 되어 강구조학회는 개정작업에 착수한 것으로 들었다. 여기서, 강구조에 관련된 용어 및 용어사전에 대한 필자의 평소 느낀 바를 정리해서 제언하여 출간할 강구조용어사전 편찬에 조금이나마 도움이 되었으면 한다.

용어 선택

《강구조용어사전》은 모두 218쪽, 2,400여의 용어를 담고 있다. 사전의 앞 부분 3/4은 일반적인 용어사전 형태를 취하였고, 나머지 1/4은 대응 영어 용어를 나열하고 용어의 해당 쪽수를 기입하여 용어의 설명을 찾아가는 형식으로 되어 있다. 사전의 머리말에서 강재의 생산, 압연, 가공, 용접, 강구조물의 설계, 제작, 가설 등에서 사용하는 용어를 선택하였다고 적고 있다. 그러나 사전에는 ㄱ부에 거더, 거푸집, 건조도크, 건축한계, 견적, 계류, 계단들보, 경사말뚝, 경사아치, 경하중량, 고속도로, 고무받침, 공기막구조, 공면, 광석운반선, 굴삭리그, 귀잡이, 그라우트, 기본설계, 기선, 기준면, 긴홈구멍 등과 같이 일반 건설 분야에서 두루 쓰이는 용어가 포함되어 있다. 이런 종류의 용어는 강구조와는 직접적인 관련이 적으나 그렇다고 아주 무관하지도 않은 말하자면 강구조와 '사돈의 팔촌' 격이 되는 것으로 보편적인 건축용어사전, 건설용어사전, 토목용어사전 등의 사전에서 볼 수 있는 용어들이다. 따라서 이런 종류의 용어를 鋼構造

用語辭典에 그대로 두어야 하는지 검토할 필요가 있다. 물론 강구조를 이해하려면 이러한 용어의 이해가 기본이므로 당연히 포함해야 한다는 주장이 일리는 있지만 강구조용어사전이 이러한 건설관련 용어를 모두 수용하여 건설용어사전과 다름이 없는 두루두루식 강구조용어사전이 되어서는 곤란하다고 생각한다. 그러므로 앞으로 강구조용어사전에서 다루는 용어는 그 선택 범위를 강구조의 영역을 크게 벗어나지 않도록 함이 바람직하다.

강구조 영역 중에서도 구조역학, 구조해석, 구조시스템, 각종 하중, 건설공정 등은 강구조 고유의 영역이라고 할 수 없으므로 이러한 분야의 용어를 강구조용어에 포함할 수도 있고 그렇지 않을 수도 있다. 그러나 강구조용어사전의 머리말에서 이미 그 용어 선택의 범위를 정한 것처럼 강구조 고유의 분야에 보다 집중시킨 용어를 선택해야 전문 분야 고유의 사전으로 그 특징을 유지할 수 있을 것이다.

한국산업규격(KS)은 국가규격으로서 산업생산에서의 생산비 저감, 취급상의 단순공정화, 사용 및 소비 합리화 등에 중요한 역할을 하고 있다. 철강재료 및 비철재료에서는 각각 KS D3, KS D7 및 KS B 등으로 분류하고 있으나 이에 관련된 용어는 별도로 취급하지 않는다. 그러나 세계적인 추세를 따라 가까운 장래에 용어를 별도로 관리하게 될 것으로 생각한다.

한편, 일본공업규격(JIS)에서는 각 분야마다 관련 용어를 별도의 코드번호로 관리하고 있다. 철강용어의 경우 열처리 용어(JIS G 0201-2000), 시험 용어(JIS G 0202-1987), 제품 및 품질 용어(JIS G 0203-2000), 강제품의 분류 및 정의 용어(JIS G 0204-2000) 등 4개 분야로 구분하여 다루고 있다. 또한, 각 용어마다 용어의 정의와 함께 대응 영어 용어를 적고 있다. 용접에 관련된 용어는 미국용접협회의 용접기준(Structural Welding Code, Steel, ANSI/AWS, 2002)에서 찾아보기(Index)에 1,600여 개를 나열하고 있어 鋼構造用語辭典에서 수용할 수 있는 용접관련용어의 용어 수도 적지 않음을 보이고 있다.

그리고 같은 용어를 분야 간 서로 다른 용어로 사용하는 것 등에 대한 조사, 검토 및 통일시키는 작업 과정이 필요하다. 강구조설계기준과 시방서 간에 서로 달리 쓰이는 용어도 많으며 건축, 교량, 토목, 선박, 철탑 및 기계 분야에서도 서로 달리 쓰이고 있다. 자주 접하는 예로 강재보와 콘크리트슬래브로 구성된 보를 건축 분야에서는 '합성보' 라 하고, 토목 분야에서는 '합성형' 이라 하고, 토목 분야에서만 사용하는 라멘구조 등이다. 강구조용어사전의 개정 작업에 있어 이러한 용어의 통일성 문제를 다루는 계기가 되기를 기대한다. 콘크리트용어의 경우도 건축과 토목 분야 간에 용어의 통일성 문제로 수년 째 협의를 진행하면서 합의한 것으로는 '고정하중' 과 사하중이 고정하중으로, 적재하중과 '활하중' 이 활하중으로 통일되었고, 그 결과를 건축구조설계기준(KBC 2006)에서도 채택하고 있다. 이러한 과정을 보면서 분야간 용어의 통일은 멀고도 쉽지 않으나 해결의 길이 있음을 확신하게 된다.

용어의 적정 개체수

- 강구조용어사전에 400여 용어.
- 기초철강지식(한국철강신문사, 1999)의 찾아보기에 460여 용어.
- 허용응력설계법에 의한 강구조설계기준(한국강구조학회, 2003) 제1장 총칙에 58.
- 건축구조설계기준(대한건축학회, 2005)의 제7장 강구조 0701.3(용어의 정의)에 67,
- 일본의 JIS 2006에서는 철강용어로 열처리 용어 204, 시험 용어 481, 제품 및 품질 용어 178, 강제품의 분류 및 정의에 461 등 모두 1324를 정의.
- 鐵骨建築事典(日本理工學社, 1972)에는 300여 용어.
- Manual of Steel Construction, LRFD, 3rd Edition, AISC의 찾아보기(index)에 650여 용어.
- Structural Welding Code, Steel, ANSI/AWS, 2002 의 찾아보기에 1,600여
- 강구조설계(한국강구조학회, 최문식 외, 2006)의 찾아보기에서 170여 용어.
- Steel Structure, Robert Englekirk, 1994, 찾아보기에서 600여 용어.
- 기타, 보편적인 건축용어사전, 건설용어사전, 토목용어사전 등에 포함된 강구조 용어를 별도 분류 불가.

앞의 예에서 보는 것처럼 강구조용어 수는 60~2400개로 자료에 따라 큰 차이가 난다. 국가기준, 구조설계기준 또는 교과서 등에 나오는 용어는 성격이나 내용도 크게

다르지만 강구조용어사전이 수용할 적정한 용어 수 판단에 참고가 될 것이다(전봉수, 강구조학회지 2007. 3 기고문, No. 114 강구조용어사전에 대한 제언에서).

■ 2020 대한건축학회의 '온라인 건축용어사전' AIK ArchiDic

대한건축학회는 2020년 5월 초에 '온라인건축용어사전'을 개설하였다. 학회내 건축용어위원회(위원장 이원호)가 주체가 되어 급변하는 지식정보화시대에 건축과 관련된 용어를 총망라하고 명확한 정의로 건축발전에 기여하며, 포털매체인 'NAVER'와의 협약으로 네이버 지식백과의 서비스망을 통해 사용자에게 편의를 제공하고 지속적으로 업데이트함으로써 건축인 및 일반에게 건축관련 최신 정보를 제공한다. 2018년 6월 28일 첫 회의 이래, 계획 및 설계, 역사 및 의장, 도시 및 단지, 구조, 재료 및 시공, 환경 및 설비, 해양건축 등 7개 분야로 구성하여 추진하였다. 건축용어사전은 단기적으로는 사전(辭典)방식으로 온라인을 통해 이용자도 참여하는 참여형 시스템으로 하고 이후는 중장기사업으로 사전(事典)방식으로 추진할 것을 기획하였다. 건축용어 발전의 침체 및 정체, 건축 분야의 다양화 및 전문화, 그리고 건축 관련 용어사전의 통합 등을 고려해야 하기에 상당히 신중한 접근이 필요하여 기존 국내외 관련 용어사전을 토대로 각종 교과서, 대학교재, 신간도서 등을 광범위하게 조사하고 7개 분야별로 모두 4만여 용어를 선정하였다.

1) 계획 및 설계 : 건축계획 및 설계 분야는 사회학, 심리학 등 인간의 행동을 연구하는 사회과학 분야와 디자인과 관련된 예술학 분야, 다양한 시설의 계획기준과 내용을 다루는 계획각론, 그리고 계획설계, 기본설계, 실시설계 등 단계별 설계에 관련된 이론과 실무 용어.
2) 역사 및 의장: 건축역사 및 의장 분야는 한국건축사를 중심으로 서양건축사를 포함하는데, 대표적인 역사 건축물과 그것을 구축하기 위한 건축재료, 건축부재, 건축구조, 건축상세 등과 함께 디자인을 위한 형태, 구성, 원리 등에 관련된 용어.
3) 도시 및 단지: 도시 및 단지 분야는 도시계획, 도시설계, 단지계획, 경관계획 분야의 이론과 법제도, 계획 · 설계 실무 등에 관련된 용어.

그림 3
온라인건축용어사전 가이드북
2020.5

4) 구조: 건축구조 분야는 수학, 물리학, 그리고 지질학, 자연과학용어와 공업역학, 구조역학, 토질역학, 수력학 등의 기초공학 분야, 그리고 기초구조, 강구조, 용접, 철근콘크리트구조, 합성구조, 조적식 구조, 공간구조를 비롯하여 구조설계, 법령, 건축구조기준 등의 분야에 대한 이론, 설계 및 시공 등에 관련된 용어.
5) 재료 및 시공: 재료 및 시공 분야는 건축에 사용되는 천연재료 및 인공재료, 건축물의 각부를 구성하는 구조재료와 의장재료, 그리고 설비재료와 공사용재료를 비롯하여 가설공사, 토공사, 기초공사, 철골 · 철근 · 콘크리트공사를 비롯한 각종 공사나 건설사업관리 등 건축재료 및 시공 분야에 대한 명칭, 이론 및 실험 등과 관련된 용어.
6) 환경 및 설비: 건축환경 및 설비 분야는 수학, 물리학, 그리고 지질학, 자연과학용어와 공업역학, 구조역학, 토질역학, 수력학, 열역학, 유체역학 등의 기초공학 분야, 그리고 건축환경(기후환경, 열환경, 공기환경, 빛환경, 음환경 등) 분야와 건축설비(급배수위생설비, 공기조화냉난방설비, 전기설비, 소방설비 등) 분야에 대한 이론, 설계 및 시공 등에 관련된 용어.
7) 해양건축: 해양건축 분야는 해양공학, 선박공학, 해양토목공학, 해안공학 분야 그리고 해양건축학 · 공학 분야에 대한 이론, 설계 및 시공 등에 관련된 용어.

(온라인건축용어사전 가이드북–Guide Book–Online Dictionary of Architecture & Architectural Engineering, AIK ArchiDic 에서)

■ 건축용어 사전을 대한건축학회에 기증 2020.5.15

온라인 건축용어사전의 기획분과의 자문역을 마친 후 전우구조가 소장해온 건축용어 관련 사전 50여 종(국어 23종, 영어 6, 중국어 23, 일본어 9권 등)을 건축용어의 지속적 연구 발전을 위해 대한건축학회에 기증하였다.

목구조의 높이와 규모 4

■ 현안

'목구조의 높이와 규모' 에 대한 현행규정은 시대적 흐름으로 보아 재검토가 필요한 조항이었다. KBC2016 제8장 목구조 0801.1 적용범위에서, "이 장은 주요구조부에 구조용 목재 또는 구조용 목질재료를 사용한 다음의 건축물 및 공작물에 적용한다. (1)일반 목조건축물의 구조 부분 및 다른 구조와 병용한 건축물의 목조 부분으로서 지면으로부터 순목조 부분의 지붕높이가 18m 이하 또는 처마높이가 15m 이하이며, 1,000m² 마다 방화구획을 하고 연면적 3,000m² 이하인 경우에 적용한다. 다만, 스프링클러를 설치하고 2,000m²마다 방화구획을 한 경우에는 연면적 6,000m²까지 적용할 수 있다."로 하고 있다. '국가표준 한국건축규정 개발연구' 의 구조기준내 목구조 장에서도 규모 제한 조항의 존치 여부가 크게 논의되었다.

■ 2018년 세계목조건축대회 학술발표회

2018년 세계목조건축대회 학술발표회는 이러한 문제를 비롯하여 목구조의 세계적 흐름을 살필 절호의 기회가 되었다. 그 대회는

- 기간 : 2018.8.19 ~ 24, 장소 : 삼성동 COEX 1, 2, 3층(그림 2)
- 참가자수 : 43개 국에서 883명, 내국인 200여 명 등(그림 3), 주제강연 6+총 61개 세션에서 구두 발표+포스터 발표, 재료(14)/ 접합(11)/ 구조적 성능(9)/ 성능 및 유지관리(7)/ 고층목조건물(4)/ 환경충격 및 에너지(2)/ 전통 및 역사적 구조물(6)/ 교육, 미래 경향(8).

그림 1 참관인 명찰

그림 2 대회 포스터

- 8개 분야 발표논문수: 518편(구두 294편, 포스터 224편), 접합, 구조적 성능/고층목조건물 등 구조 분야 논문 60여 편
- 8.20.(월) 14:00~20:00

  14:00 등록, COEX 3층/ 등록비 ₩1,120,000의 50% 할인가(건축학회 회원) ₩560,000/ 명찰(그림 1)/ 선물로 배낭에 참석자 핸드북, 발표논문 CD.

  15:00 개막식, 3층 오디토리엄/ 개막축하 난타공연/ 개회사(이창재, 이전제, 이경호)/ 대회 축사(산림청장, 서울시장)

  주제강연 1 구조와 공간 (김봉렬, 국립예술대 총장)

  주제강연 2 건설의 혁명 (앤드루 워프, 영국 건축가)

  17:00 대한민국 목재산업박람회, Wood Fair 2018 (3층) 개막

  18:20 환영리셉션

만남 인사: 서울대 이전제 교수(조직위원장), 장상식 충남대 환경소재공학과 교수, 오세창 대구대 교수, 박문재 대회조직위 사무국장, 이상준 대회코디네이터, 이현수 건축학회 회장, Stefano Pampanin 뉴질랜드 캔터베리대 교수(지진공학회/구조기술사회 회장), 홍성걸 서울대 교수, 김남희 서울대 교수, 아리마 타카노리(有馬孝禮) 동경대 명예교수, 오카베 미노루(岡部) 교수, Alexander Salenikovich 캐나다 Laval대 교수, Boris Azinovic 슬로베니아 목구조부 연구원, Jan-Willem van de Kuillen 독일 뮌헨공대 교수, 이석 위너스 BDG 소장

그림 3 주제 강연 장면

• 8.21(화) 09:30~16:00

주제강연 3 '중국의 목조구조 발달과 현황', 하이칭 런, 중국산림과학원

주제강연 4 2011년 크라이스트처치 지진 후 '목구조에 의한 도시 재건'

앤디 부캐넌 뉴질랜드 캔터베리대 명예교수

13:20 구조적 성능 - 7세션 참관

• 8.22(수) 09:30~15:30

주제강연 5 'Inside-OUT', 로버트 말치크 박사, 밴쿠버 평형문제 자문

13:20 세션 고층목조건물 3 참관

• 8.23(목) 09:30~13:00

주제강연 6 '콘크리트조에서 목조로' 쿠마 켄고(일본 건축가)

11:30~12:10 폐회식 행사

차기 대회지: WCTE 2020 칠레 산티아고, WCTE 2022 노르웨이 오슬로

■ 참관 소감

1. 이 대회는 목구조 분야의 획기적 기술 발전의 전시 현장이었고
2. 한국산림과학원은 이 대회를 초치하여 세계적인 유명인사를 비롯한 900여 명이 참가하였고, 매끄러운 운영으로 참가자의 찬사를 받음.
3. 구조기술 분야는 참가자 10명 이하, 발표 논문도 전무하여 관심이 적음을 보임.

4. 목조건축은 "미래의 콘크리트/강구조를 대신할 New Life Style" 이라는 주제 강연 6 쿠마 켄고(隈研吾)의 주장이 설득력을 가짐.
5. 목구조에서 CLT(Cross Laminated Timber)가 세계적 대세임.
6. 목구조의 높이제한 법령 보완이 필요하고, 더구나 전문기준인 구조기준(2-2)에서 이 조항의 유지는 의미가 없다는 여러 전문가의 견해에 공감하였다.

■ 결과보고 및 기술세미나

국가표준 한국건축규정개발의 건축구조기준 제9장 목구조의 책임집필자인 박문재 박사(조직위 사무국장)의 제안으로 결과보고 및 기술세미나가 2018.10.31 대한건축학회에서 있었다. 토론자로 초대된 나는 목구조의 높이와 규모 제한에 대해 다음의 견해를 개진하였다.

"WCTE2018 대회는 목조건축조 분야의 획기적 기술 발전을 과시한 무대였고, 세계의 저명 전문가 등 800여 명이 참여한 국제대회로서 주최측의 매끄러운 운영으로 모든 참가자의 찬사를 받았다. 특히 제6주제 강연자인 쿠마 켄고가 '목조건축은 미래의 콘크리트/강구조를 대신할 New Life Style' 이라는 주장이 가장 인상깊었다. 또한, CLT(Cross Laminated Timber)가 목구조재료가 세계적인 대세임을 인지했습니다.

오늘 지정토론에 기회를 주셨음에 감사하면서 제 소견을 다음의 두 가지로 요약하면,"

1) WCTE2018에서 산림과학원은 건축사와 건축구조기술사와의 교류를 확대할 필요가 있었다. WCTE2018에서 국내 목조건축을 선택하는 당사자인 건축사와 건축구조기술사의 참관이 소수에 그쳤고 발표논문도 그러했고 이러한 현상은 물론 1차적으로 건축사와 건축구조기술사 자신들의 과제인 동시에 주최측도 이들과의 교류를 확대할 필요가 있으며, 건축사와 건축구조기술사는 실수요자에게 목조건축을 선택하도록 권유 · 설득하여 건설에 이르는 일련의 과정을 지키는 프로페셔널이다. 이에 목조건축 수요 · 공급의 실체인 건축사와 건축구조기술사와의 교류를 확대함이 긴요하다.

2) 목조건축물의 높이제한 문제로 WCTE2018에서 개인적으로 만난 캐나다, 뉴질랜드, 러시아 및 일본의 전문가들은 '목조건축물의 높이제한은 각국의 여건에 따라 행정적으로 일부 제한할 수는 있으나 구조기술기준에서는 그럴 필요가 전혀 없다' 고 하였다. 일본의 법령체제는 우리와 유사하나 전문가 단체의 검토 · 자문으로 이 제한에 전혀 구애받지 않는다고 했다. 여기서, 우리나라 구조기준의 해당 조항을 잠시 살펴 보면,

KBC2016 제8장 목구조의 0801.1 적용범위에서, '이 장은 주요구조부에 구조용 목재 또는 구조용 목질재료를 사용한 다음의 건축물 및 공작물에 적용한다. (1)일반 목조건축물의 구조 부분 및 다른 구조와 병용한 건축물의 목조 부분으로서 지면으로부터 순목조 부분의 지붕높이가 18m 이하 또는 처마높이가 15m 이하이며 1,000m² 마다 방화구획을 하고 연면적 3,000m² 이하인 경우에 적용한다. 다만, 스프링클러를 설치하고 2,000m² 마다 방화구획을 한 경우에는 연면적 6,000m² 까지 적용할 수 있다.' 로 하고 있다. 여기서, 지붕높이나 처마높이를 제한한 구체적 수치에 대한 기술적 근거를 제시하지 않았으나 아마도 내진 및 내화문제가 주된 것으로 본다. 층고 3m의 4층 건축물을 권장하며 그 이상인 경우 특별한 조사나 연구를 통해 설계근거를 요구하고 있다. 그러나 여기서 철골구조나 콘크리트건물의 경우 건물높이 및 대공간의 경간을 구체적인 수치로 제한한다면 어느 누가 수긍할 것인가? 다른 나라에서는 이미 20층 내외의 목조건물이 지어지고, 70층 높이의 목조건물 설계와 건설을 실험적으로 검토하고 있음을 보면 우리나라는 목구조에 대한 법령, 기준 및 인식에 분명히 문제가 있다. 기술적 문제가 있다면 그것을 해결하도록 연구하고, 실험함이 기술자의 몫이다. 높이 제한에 안주할 수만은 없다.

3) "대한건축학회의 〈국가표준 한국건축규정개발〉 연구진은 구조기준에서 목구조 적용범위를 이러한 높이제한 조항을 두지 않을 것을 신중히 검토하고 있다. 오늘 발표한 박문재 박사와 이상준 박사는 목구조기준의 집필위원이기도 하므로 공감하고 계실 것으로 안다."

레코드엔지니어와 디자인엔지니어 5

■ 레코드엔지니어

여기서 해묵은 이야기를 다시 꺼낸다.

레코드엔지니어(record engineer, engineer of record)는 웹스터, 옥스퍼드 등의 유명 사전에는 수록되어 있지 않은 용어로 건축 분야에서도 흔히 쓰지 않는다.

미국건축가협회(AIA)나 미국시빌학회(ASCE) 등에서는 구조전문가 개인 이력 소개, 건축가나 구조엔지니어의 행정적 관계, 건설관련 사고에 대한 책임 소재 규명 등에서 직업인의 대명사로 쓰인다. 레코드엔지니어는 발주자로부터 설계를 수임한 해외의 디자인 건축가(architect)나 디자인엔지니어(structural engineer)에게 자국 또는 각 지방의 설계, 건설 및 기타 공학정보 등을 제공하며 협업하여 설계를 마치도록 돕고, 그들의 성과물을 인수하여 상세설계로 마무리한다. 궁극적으로 해당 건축물의 안전에 대한 행정적 책임을 지는 건축구조기술사(structural professional engineer in architectural engineering, SE)를 말한다.

외관이나 형상이 독특하여 사람들의 이목을 끌거나 규모가 큰 건물이 해외건축가의 손길이 닿은 것임을 나중에라도 알고나면 내심 착잡해진다. 국제설계공모전 등에서 해외건축가가 스스로 응모하거나 국내건축가가 해외건축가에게 공동참여를 청하는 일에서 비롯된 결과이다. 크고 작은 턴키프로젝트(Turn Key Project)에서 주관 건설사가 앞장서서 해외건축가를 초청하여 국내건축가와의 협업을 유도하는 상황이 가세한다. 2011년경 국내 건설시장을 뜨겁게 달구었던 용산국제업무지구 프로젝트의 경우도 그렇다. 마스터플랜은 다니엘 리베스킨트(미국)의 총괄에, 100층 규모의 랜드마크타워는 렌조 피아노(이탈리아), 또다른 대규모 복합용도의 여러 건물은 SOM(미국), 콥 히멜브라우(오스트리아), 도미니크 패로우(영국), 헬무트 얀(미국), 안드리안 스미스(미국), KPF(미국), 5+Design(미국), 겐슬러(미국), 베노이(영국) 등의 해외건축가에게 총 23개 프로젝트 설계를 위탁하여 국내건축가와의 협업으로 기본설계를 마무리하였다. 이 경우도 우리는 여전히 레코드아키텍트나 레코드엔지니어의 역할을 하였다. 이러한 현실에 국내 건축가 단체는 물론 여러 문화계가 공분하여 제도 개선을 각계에 호소하였으나 효과는 별무신통하였고, 이후의 다른 프로젝트도 전과 다르지 않았다. 2017년 UIA(국제건축가연맹) 총회를 서울에 유치하여 한국건축의 국제적 위상이 제고되었다고 고무된 분위기에 있었다. 이를 기폭제로 그러한 현실을 바꾸는 모멘텀이 되었으면 바랐다.

한편, 위와 같은 실정이었기에 국내 건축설계회사의 설계역량이 강화되었고 내실을 기할 수 있었던 바탕이 되었다는 주장이 일각에서 있었다. 16년 전 전문학회지에 기고한 '레코드엔지니어의 한계' 에서 이 현상을 짚으면서 레코드엔지니어의 입장은 그러한 추세에 비분강개하지 않으며 그렇다고 환영하지 않으며 때로는 해외 정보와 지식을 접할 기회가 된다는 생각에서 긍정적으로 본다고 하였다. 레코드엔지니어로서 해야 할 업무구분, 설계기준, 재료강도, 소프트웨어, 지질 및 기초, 도면 제작 및 용역비 등을 기술하였다. 레코드엔지니어의 문제점으로 언어 소통과 문화적 차이로 인한 부작용 외에 구조해석시 소프트웨어 사용의 애로사항도 기술했다. 당시 구조계를 평정한 M사 프로그램에서 벗어나지 못하여 미주나 유럽 소프트웨어와의 호환에 서툴러 그 프로그램을 기준으로 재구성함으로써 인적 · 시간적 낭비가 많으며 그로 인해 해외엔지니어와의 소통에도 문제가 있다고 하였다.

프로젝트 발주측은 해외설계자의 견해를 경청하고 레코드엔지니어는 자신의 견해가 해외엔지니어와의 것과 다르거나 좋은 아이디어가 있으면 자신의 아이디어를 택할 것을 설득함은 무방하다. 즉 해외설계자의 동의를 구함이 보다 나을 것이다. 떳떳하지 못하게 보일 수 있으나 국내 여건상 시도하지 못했던 과감한 구조시스템 등을 해외엔지니어의 유세를 빌어 관철할 수도 있다. 해외엔지니어에게 그들의 보수가를 대놓고 묻기가 겁난다. 레코드엔지니어의 용역비가 평당 단가 기준으로 짜장면 한 그릇 값 수준의 열악함이 부끄럽기 때문이다. 한국을 대표한다는 레코드엔지니어의 프라이드는 무색하다. 그런 저런 사정에도 레코드엔지니어는 다음과 같은 사유에서 긍정적 측면이 많다.

1) 해외설계자와 프로젝트를 함께 하면 글로벌 디자인, 기술 정보 및 도서, 도면 작성 기법 등을 쉽게 접할 수 있다. 설계진행 모니터링, 소프트웨어 활용, 프레젠테이션 테크닉, 회의 진행법, 정보관리 체계 등을 관찰하여 우리 것으로 하면 설계력 배양은 물론 다른 프로젝트에 응용할 수 있다.
2) 설계기간은 해외설계자에게 관대한 편이어서 국내설계자는 다소 시간적 여유를 갖는다. SD, DD 및 CD 등의 합리적 단계로 설계를 진행한다.
3) 해외엔지니어와 저작권을 공유할 수 있으므로 국제학술대회 등에서 공동저자로서 그들과 어깨를 나란히 하고 발표할 수 있어 국제적으로 자신의 지평을 넓힐 수 있다.
4) 프로젝트를 진행하면서 해외설계자와의 관계가 순탄하고 해외엔지니어와의 신뢰를 쌓으면 다른 설계 수주에 큰 도움이 된다. 한 번 쌓인 신뢰라도 쉽게 거두지 않고 두고두고 돕는 서양의 문화를 본다.
5) 해외건축가가 속한 국가를 방문하여 협의할 경우 그들의 안내로 그 나라의 고현대 건축물을 견학하면 예술, 문화 등에 보다 깊게 접할 수 있어 우리끼리 가는 것보다 큰 도움이 된다. 더욱이 뒷골목 호프집에라도 가서 어울리며 이국 문화를 직접 접하는 경험의 깊이는 오래 남는다. 흔히 깃발을 쫓아 다니다가 피곤과 사진만 남는다는 관광프로그램과는 비교할 수 없다. 어쩌다 현지인과 접하면 그들의 생각과 삶의 현장을 몸으로 체험할 수 있다. 현지인을 아는 것은 또 다른 문화자산이다.
6) 실무영어의 독해, 듣기, 말하기 및 쓰기 능력 향상은 레코드엔지니어가 갖는 보너스이다.

레코드엔지니어로서의 역할은 축소되지 않을 것이다. 지금은 더 이상 국내 레코드엔지니어의 위치에 머물 수 없고 해외엔지니어와의 역할이 바뀌는 미래에 대비하는 것이 중요하다. 이에 지금보다 더 견실한 레코드엔지니어가 되어야 한다. 영어의 중요성은 점점 무게를 더할 것이므로 공부하여야 한다. 콘크리트구조와 강구조기준도 영문화되어 있어 국내 프로젝트를 수행하는 해외엔지니어에게 우리의 건축기준을 적용토록 하게 하여 레코드엔지니어의 부담을 덜어주어야 한다. 영향력 있는 국가의 설계기준 변화에도 민감해야 한다. 건설자료, KS기준 및 공산품 등에 대한 영문화 정보를 지속적으로 관리해야 한다. 그렇게 하면 설계능력은 자동적으로 향상되고 국제적으로 경쟁력을 더 확보할 수 있다. 레코드엔지니어는 그 역할이 중요함에도 불구하고 현실적으로 처한 열악한 구조설계용역비 수준을 개선하려면 해외용역사와 직접 계약관계를 맺는 방안을 검토할 때가 되었다.

■ 디자인엔지니어

디자인엔지니어(design engineer)는 일반적으로 건축가를 자문하고 협력하는 엔지니어로 쓰이지만 이 글에서는 원설계에 참여한 해외 엔지니어를 뜻하는 용어로 레코드엔지니어와 대하는 용어로 사용하고자 한다. 다시 말해서 해외의 원설계자인 디자인아키텍트를 자문하며 레코드엔지니와 협업을 진행하다가 궁극적으로 인계하게 되는 엔지니어를 이른다.

전우구조는 지난 33년간 이런 저런 프로젝트에 레코드엔지니어로서 참여하며 원설계자측 디자인엔지니어와 협업하며 참여한 프로젝트명, 책임 엔지니어(또는 건축가)들의 면면을 기록에서 살피니 모두 46개사(미국 17, 프랑스 8, 영국 6, 독일 6, 일본 3, 중국 1, 기타 5)이었다. 이를 정리하면 다음과 같다.

1. **AREP/ APG**, Paris, France, 프랑스국영철도회사(SNCF) 계열사
   KTX광명역사
   Erie Dussiot, Etlenne Tricaud
2. **ARUP**, London, UK, HK, NY USA 인천공항-1/ LG다동사옥/ 금호광주생명본사사옥/ KAL 인천공항정비고
   Duncan Michael, Harris Bridges, Patric Dallard, John Davies, Craig Gib-

bons, Malcom Lyon, Martin Kirk, Andy Lee, David Scot, Kurtis Klandaning, Ashok Ralji, Harry WC Bridge, Martin Manning, Patrick Dallard, Marcm Lyon, Jo Yong-Wook, King Le Chang, Seung Yun Ha, D. L. Gordon, Hick Tompson, Peter Ayres, JMD Anderson

3. **Boundary Layer Wind Tunnel Lab**, Ontario, Canada LG트윈타워/ GS 타워/ ASEM

   Dr. Ishumov, Ioannis Kourakis, King Le Chang, Yongwook Cho

4. **Bechtel**, SF, USA, LG연동(전자)사옥

   Alain D Litlee, Albert Wong, Berto;d Pfeifer, Lawrence Haines

5. **BIAD**, Beijing Institute od Architectural Design 北京市建築設計研究院, , LG북경사옥

   Hou 5. Gwang Yu, Zhang Quing, Xiao Di Zhu, Zhang Yi, Zhao Shanqi

6. **Bollinger+Grohmann**, Frankfurt, Germany 부산 영화의 전당/ 용산국제업무지구

   Klaus Bollinger, Manfred Grohmann, Mark Fahlbusch, Agnes Weilandt, Klaas De Rycke, Klaus Leiblein, Alexander Berger, Jan Ruedders, Daniel Pfanner, Simon Rupert

7. **Bouygues**, France, LG트윈타워 슬러리월

   Georges Negropontes, Jean Sere,

8. **Buro Hapold**, Bath, UK, SBS목동사옥 RRP현상/ 용산업무지구

   R3 Roderick Macdonald, Glyn Tripick, David James (R3), Patric Kelly, Andy Murray, Tim Mander, Steve Macey,(R3), Michael Dickson, Richard Budd(R3), Roderick Macdonald, Glyn Tripick, Padraic Kelly, R. Harris, Bo Raidar Ascot

9. **Coop Himmelb(l)au**, Viena, Austria 부산 영화의 전당/ 용산국제업무지구

   (R3) Wolf D. Prix, Michael Volk, Guenter Weber, Veronika Yanovska, Qurin Krumholz,

10. Denoon, Noriaki Hosoya,

11. **C. W. Fentress J.H. Bradburn & Associates**, Denver, USA 인천공항-1
    C. W. Fentress J.H. Bradburn, Thomas Walsch, Jack Mousseau
12. **DE**, Singapored 싱가포르 UIC Tower
    Lim Hee Shin, Ho Yu Chee, Tam Tan Nghia
13. **Dominique Perrault**, Paris France 이화여대캠퍼스센터
    Dominique Perrault
14. **HK+SE**, Halvorson and Partners, Chicago USA 해운대 두산 VE
    Robert Halvoson, Tim Scot Keye, James Swanson, Sean H. Kwon
15. **HOK** 롯데타워/ STRESS 대공간구조
    Ronald Labinski, Todd Donald Halmka, Louis Oswald
16. **Hugh Dutton Associes**, Paris, France 인천공항-2
    Hugh Dutton, Henry Bardsley
17. **ICIS**(국제건설정보협회), 국가표준한국건축규정 2-10 (시방서)
    Christopher Bushnell, Rolf Huber, Barbora Pospisilova,
18. **KPF**, NY, USA 100층 롯데타워/ 롯데월드타워
    Eugin Kohn, James von Klemperer, Gfegoty Clement, Wiliam Louis
19. **KSMS**-Kirsten Schmel+Marina Stankovic, Berlin, Germany, 백남준아트센터
    Kirsten Schmel, Marina Stankovic Tobias Jortzick,
20. **Le Messourier**, Boston, USA, 롯데타워
    Mysore Ravindra, Richard Henige, Carmine Guarracino
21. **Magnusson Clemencic Associates**(MKA), 초고층과제
    Jon D. Magnusson, Ron Klemencic, Terry Palmer, Howard Button, Min h, Jun, Ron Klemencic은 CTBUH 회장을 역임했고, Min H. Chun 박사는 삼성동 110층 현대해상사옥의 구조책임자
22. **Marina Stankovic Architekten** BDA, Berlin, Germany, 백남준아트센터
    Marina Stankovic
23. **Martin & Martin**, Denver, USA, 인천공항-1

Charles Keyes, Jeff Janakus, Michael Goldstein, Stanly Welton, Mikr Barrett, Timothy Jack

24. **MP+IFS**, Germany, 동양시멘트Silo 보강설계

 Peter Martens

25. **Nikken Sekei** 日建設計 KAL인천공항정비고 외

 Katsumi Hara, Masamori Fukumiz, Toshio Okoshi, Kato Tomoyoshi, Keiichi Nishino,

26. **RFR**, Paris, France, 인천공항-1/ KTX광명역사

 Henry Bardsley, Kiran Rice(고 Peter Rice의 장남), Jean Blassel, Paul Phu, Pierre-Arnaud Voutay, Bernard Vaudeville

27. **Richard Rogers Partnership**, London, UK, SBS목동사옥 국제설계경기

 Richard Rogers, John Young, Marco Goldschmied, Michael Davies

28. **RTKL**, NY, USA, 롯데타워/ 부천시티플라자

 David C. Hudson, Shankar Nair, Adam Morris, Raymond Peloquin, Gene Yeh, Stephen Leonbardt, Haesik Lee

29. **RWDI**, Guelph, Ontario, Canada, LG트윈타워/ GS타워/ ASEM

 Rowan Williams, Anton Davis, Peter Irwin, Salim Khan, Jon Galthworthy

30. **Schlaich Bergermann und Partner**(SBP), Stuttgart, Germany 부산아시아드주경기장 지붕/ 백남준아트센터/ 상암동 DMC사무소, 전곡선사박물관

 Joerg Schlaich, Rudolf Bergermann, Knut Goeppert, Uli Dillmann

31. **SDG** Strctural Design Group in Tokyo 構造設計集團, 담배인삼공사 영주제조창

 Watanabe Kunio

32. **SISMO** Belgium 시스모공법

 Antoine Poppe, A. De Schutter, G. De Bock, Arch. E. Gautot, Ir. Jan Lootens, Ir. P. Wouters

33. **Sky Span**, Germany, 부산아시아드주경기장

 Georgerh Hubber, Reinhold Zehnter

34. **SOLETANCHE**, France, LG트윈타워 슬러리월 및 바렛기초/ LG다동사옥 Gilbert Salvi, Maurice Guillaud, Christian Lavigne, Francis Dupuis, Yves Aris, Laure Noiray, Raphael Aris, Christian Vial
35. **SOM**-Chicago, NY. LG트윈타워/ GS타워 및 LG아트센터/ ASEM타워 및 컨벤션센터/ KINTEX TK안, 112층 롯데수퍼타워/ 용산재개발안/ 북경LG 주상복합

    Bruce Graham, Fazlur Khan, Srinivasa H. Iyengar, Neil Anderson, Robert Turner, Stanton Korista, Jin Kim, William Drake, William Baker, Adrian Smith, Sae Oh, Mustafa K. Abadan, David Scot, Hyun Youn, Charles Besjak, Aziz Khan, Ahmad Abdelrazaq, Ronald Johnson, Robert Halvorson, DH Kong, Preetam Biswas, Stephen Apking, Carl Galloto, TJ Gottesdienner, Scott Dunkan

    1981년 이래 40년 가까이 알고 지낸 건축가와 구조엔지니어 7명이 유명을 달리하였다. 늦게나마 그 분들의 명복을 빈다. William Baker, Mustafa K. Abadan, Charles Besjak 등이 경영진으로 활동하고 있고 독립한 Adrian Smith, Sae Oh, Robert Halvorson 등이 현재도 맹활약중.
36. **SOMA**, Vienna, Austria, 여수 EXPO주제관

    Guenter Weber, Martin Oberascher
37. **SWMB** Seatle USA 초고층건축

    Jon Magnusson, Terry Palmer, Ron Clemensic, Min H. Chun, Ad A Gouwerk
38. **Tensys**, UK, 부산아시아드주경기장

    David Wakefield
39. **Terry Farrell**, London, UK, 인천공항/ 국립과학관 과천관
40. **Thonton Tomasetti**, Chicago, USA 초고층건축, 인천공항-2

    Mark Dannertel, Dennics C.K. Poon, Young K. Nam, Koz Sowlat, Hi-Sun Choi, Joseph Burns, Daesubb Oh, Eugine Kim, Jiyoung Moon. Robert Sinn

41. **Tony Gee and Partners** UK KAL 인천공항 정비고
Steevs Harridge
42. **US Army Corps of Engineers** 용산미군병원, 캠프험프리
Charles W. Racine, Karl P. Piotrowski, Jun Ouchi, Kenny F, Lee, Ernie F. Manjares, Jobie R, Smith Kwon Yuh sik
43. **VP Green**, Paris, France, 이화여대캠퍼스센터
Nicholas Green
44. **Weidlinger**, Salvadori의 《Structure in Architecture》를 자필서명과 함께 증정받음. Mathys Levy, Joong C. Lee
45. **Woodward-Clyde** consultants 지반공학, LG 트윈타워, GS타워
James Scott, Richard Davidson, John Seymour, Young K. Park
46. **XTU Architecte**, France, 전곡선사박물관
Anouk Legendre, Nicolas Desmazieres

2012 한미 FTA 발효와 기술사 상호인증 6

■ COVID 19 시대에

"2019년 중국에서 첫 발생한 것으로 의심되는 신종 코로나바이러스 감염증(코로나19, COVID 19)으로 전 세계가 신음하고 있다(2020.6.30 기준, 전세계적으로 확진자 10,397,517명, 사망자 507,378명으로 치사율이 4.88%이고 한국에서도 확진자 12,787명, 사망자 282명으로 치사율 2.21%을 나타내고 있다). 각국의 경제와 사회 활동은 마비될 지경에 이르렀다. 코로나19는 흔들리는 세계화에 가해진 결정적 한방이다. 감염병 확산을 막기 위해 입국 제한과 국경 봉쇄, 수출 규제 등의 '국가 간 거리 두기' 는 세계화의 숨통을 끊을 태세다. 올해 세계 상품 무역량은 1년 전보다 10~30% 줄어들 전망이다. 세계인의 90%는 닫힌 국경 안에서 지내고 있다.

영국 경제전문지 '이코노미스트' 가 2020.4.16자 커버스토리로 '굿바이 세계화' 를 다룬 이유다. 세계화에 대한 피로감은 새삼스러운 이야기가 아니다. 세계화의 쇠퇴를 일컫는 '느린 세계화(Slowbalization)' 에 이어 최근에는 자국 우선주의를 앞세운 '탈 세계화(Deglobalization)' 까지 '세계화와 거리 두기' 가 새로운 트렌드로 자리 잡아가는 모양새다." (2020년 5월 18일 J일보〈분수대〉 '굿바이 세계화' 기사의 일부). 지금은 2012년 KPEA Forum, 2012 KSEA, LA 에서 한미FTA 발효와 기술사 상호인증에 대하여 한국기술사회의 입장을 발표했던 8년 전과는 엄청나게 달라진 정황이다. 그 누가 이러한 천지개벽을 예상했겠는가. 그러나 아직은 미래에 대해 모든 것이 불분명하다.

■ KPEA Forum, 2012, LA

재미한인과학기술자협회(KSEA)의 2012 LA대회(하얏트호텔)에 한영성 한국기술사회 회장과 함께 참석하였다. 그 단체의 영문이니셜 'KSEA' 가 한국건축구조기술사회의 것과 같음을 알고 잠시 당황하였다. 1998년 작명한 당사자가 나 자신이었기에...)

사회복지를 위한 과학기술응용 함향, 한미간 국제협력 촉진, 한미과학자 및 기술자의 경력 최대화를 목표로 국제협력, 경력 발전 및 사회봉사 활동을 하는 한인단체로 매년 컨퍼런스를 개최하고 있다. 2012년 8월 8일~11일 '창조, 개혁 및 복합' 을 주제로 한국측 250명, 재미한인 850명 등 1,100명이 참석한 큰 대회였다. 이 대회에서 한국기술사회(KPEA)가 주관한 KPEA Forum은 '한-미 기술사의 상호 인정을 통해 양국간 엔지니어링 기술 습득 및 인적 자원교류의 활성화 방안 강구' 가 주제였다. 한 회장의 인사말에 이어 한국기술사회 부회장을 맡고 있던 필자는 'KPEA Looks Into the Issues on Mutural Recognition as KORUS FTA Became Effective' 라는 제하의 의견을 발표하였고 토론이 이어졌다. 결론 및 제안은,

1. 상호인증에 있어 한미가 협상해야 할 내용이 보다 명확하게 정리되었고
2. 한국은 미국연방정부만을 협상 대상으로 할 것이 아니라 각주의 상황을 조사하여 자료화하고 긍정적인 주를 상대로 협상에 우선 착수하여야 한다.
3. KPEA가 오리건주 PE시험을 지원하고 있지만 그 PE시험에 합격해도 미국에서 활동할 수 없다.

그림 1 KPEA Forum 앞쪽 좌측에서 첫 번째 필자, 세 번째 한영성 회장

그림 2 발표 장면

4. 취업비자 문제를 해결해야 하며
5. 협상 및 정보교환 전담기구의 설치 긴요
6. 미국내 교민 PE에 대한 data base작성이 필요하다. 로드아일랜드대 K. 웨인 리 교수는 단독 또는 KSEA 명의로 data base 프로젝트 제안서를 KPEA에 제출한다.
7. 각 패널의 의견을 사회자가 취합하여 KPEA에 전달한다.

등이었다. 그러나 2013년 한국기술사회 부회장직을 떠난 후 이 사안의 추이를 파악하지 못하였다.

■ 한국기술사회의 입장-전봉수 부회장 발표

"KPEA Looks Into the Issues on Mutural Recognition as KORUS FTA Became Effective Addressed by Jeon Bong-soo, PE, intPE, KIRA, MASCE, Vice President, KPEA"

Thank you, Chairman Dr. K. W. Lee. Good afternoon, ladies and gentlemen.

I'm running a Consulting Engineer for last 25 years in Kprea and serving KPEA as the vice president. I' m very pleased to present 6 issues on this subject, which are 1. FTA Status of Korea, 2. Korea-United States FTA, 3. the Professional Services, 4. Status of Professional Engineers, 5. Considerations on the Issues arising. And lastly I will close my presentation by KPEA' s suggestions. Since the establishment of the FTA implementation and the road-map provided by Korean Government in 2003, the FTA between Korea and other countries have been developed much as follow: In effect with 8 countries like Chile, Singapore, EFTA, ASEAN countries, India, Peru, EU and US, which are concluded with 2 countries, under negotiation with 7 countries, and under consideration with 8 countries. The Korea ? United States FTA has been signed June 2007, additionally signed in December 2010 and ratified by US Congress on October 12 last year, and also by the National Assembly of Korea on November 11. And entered into effect March 15, this year , and so laid foundation for mutual recognition of PE. The Professional Services means that the services, the supply of which requires specialized post-secondary education, or equivalent training, or experience, or examination, and for which the right to practice is granted, or restricted by a part, but does not include services supplied by trades-persons, or vessel and aircraft crew members.

The keywords of professional services specified in ANNEX 12-A of the FTA are

a. Standards and Criteria for licensing and Certification of Professional Services Suppliers

b. Joint Committee of Korea and United States

c. Establishment of Working Groups

d. Working Group' s Considerations

Please take a look at a copy of the ANNEX 12-A of the FTA handed out here today.

Now, we note what the Working Groups should consider,

a Procedures for mutual recognition

b. Feasibility plan of developing model procedures for licensing

c. Measures on inconsistencies with Article 12.2 or 12.4

d. Other issues of mutual interest relating to the supply of professional services

The Progress of FTA in Korea was reported a month ago. The Work Done are

a. Organization of Task Force Team at central Government level, April 2012

b. 1st TFT Meeting on April 10, this year

c. 2nd TFT Meeting on June 22, this year

And the followings are scheduled to be done,

a. To shape up the counter measures by the end of this month.

b. To collate opinions from relevant government departments and institutions on negotiation plans, organization of working groups from September to December this year.

c. To continue strengthening ties between Engineers Associations from January next year.

d. To operate working groups in both countries by next year

e. To report the result to the Joint Committee by Mach 15. 2014

We have to review the status of <Professional Engineers> in looking into the concerned issues.

1. Number of Professional Engineers in Korea is 42 thousands something in licensed, which means there is 8 professional engineers among10,000 persons.

And in US, 800 thousands some in registered, which means 27 professional engineers among 10,000 persons. All numbers here quoted here were sourced from of Korean Engineering Statistics Handbook, Analysis Data Released by Engineering Services Industry in US. Let' s take a look at the engineering markets in two countries including number of engineering firms, A mount of turnover, Number of employee. Engineering firms in Korea is 45 Hundreds something, which is 8% of US, Turnover is $7Billions, 4%, Number of employee is 70 thousands. 7% of US as tabulated here. We find that the market size of Korea' s is below 10% of US' s. All numbers here quoted here were sourced from the same as previous data. How about engineers' wage level? The wage of Korean is 63 % to 73% of US' s, which is not so bad comparing with the market sizes of Korea. What about the status of professional engineers in both parties? Licensing systems were reviewed by the types of engineering licenses, Engineering Education and training, Work experiences and Test. I do not think that we have to review all the items here. We just note that there are big differences between two systems. We also compared with the registration, application, continuing education, and disciplinary system. I do not think that we have to review all the items here today. We just note that there are big differences between two countries. Now we have several issues of the mutual concern between two countries., which are Qualifications, Limit of Mutual Recognition, Registration Rights and Request for Visa Quota. Let' s see the issues to be debated,

Issue 1: Qualification, There is Different criteria on qualification requirements & classification system. In Korea, selection utilization and supervision of Engineers are under jurisdiction of three different ministries and some improvements seem to be needed such as establishing between accreditation system and qualification tests, reclassification and renewal system

Issue 2 : Limit of Mutual Recognition between two countries, We reviewed them by the license title, related laws, governmental agencies, and organizations.

Issue 3 : Registration Right., In the US, individual state governments is holding the independent engineer license registration rights. There is a need for the MRA Working Groups to call on the Federal government to license registration in all the states regardless of the federal government law. Promoting mutual recognition through collaborations in the private sector, and performing concentrated analysis after selecting a U.S. state providing favorable working conditions for Korean engineers have been recommended as practical action plans, according to the experts involved in studies on existing policies and working-level TF meetings

The Issue 4: Visa Quota, The need of Annual Quota for H1-B Visas for Korean Engineers is increased, but no agreements yet on annual Visa Quota Allocation for KORUS FTA. The Annual H1-B Visa Quota allocated by the US, 55 hundreds for Mexico, 14 hundreds for Chile, 54 Hundreds for Singapore, 10,500 for Australia. Now KPEA has some suggestions on the Professional Services in the FTA

a. Keeping close ties between the Government and Private Sectors l ike KPEA, Trade Lawyers Association

b. To be led by the MEST among three ministries of the Korean government

c. To establish Working Group comprising the Government and Experts in private sectors

And, on the debate with US, we have some suggestions here,

a. To have Direct Talk with US Federal Government

b. To develop Implementation Models for some individual States in US as to whether to establish Working Group

As discussed, Promoting mutual recognition through collaborations in the private sector, and performing concentrated analysis after selecting a U.S. state providing favorable working conditions for Korean engineers have been recommended as practical action plans, according to the experts involved in studies on existing policies and working-level TF meetings.

c. To expedite and encourage the KPEA systems of the international engineers holding licenses of APEC and EMF and GLE, which is young global leader engineers,

d. To cooperate more closely with KSEA,

Thank you very much for your listening.

August 8, 2012

2019 한국콘크리트학회 창립 30주년을 축하하며

7

■ 앞에서

콘크리트학회의 특별위원회가 축사의 글 청탁해, 그 학회의 회무에 참여한 바가 전혀 없었기에 수락을 망설였으나 그간 학회의 외곽에서 콘크리트구조물 설계 분야에 천착해온 직업인으로서 또한, 콘크리트기준 제정 등에 간여한 경력이 있었기에 차제에 콘크리트공학 분야에서의 개인적 경험을 정리하여 기고하는 용기를 냈다.

1992년 '콘크리트학회지'에 기고한 '고층건물에서 콘크리드구조를 선호하며'라는 글에서 "콘크리트구조는 무겁고 둔하며 건축적 매력이 없고, 강도 유지를 위한 단순 반복적 절차가 지루하다"라는 일반 인식을 전했다. 당시 200만호 건설붐으로 3D 업종기피현상이 심화되어 공사현장에서는 기능공 확보가 어렵고, 콘크리트구조는 사업주, 건축가 및 시공자 모두에게 인기가 바닥이라고 진단하였다. 1988년 서울올림픽을 치르며 본 강구조 장스팬의 화려함에 매료된 대중은 콘크리트구조에는 그러하지 못했다. 콘크리트가 가진 고강도, 고내구성 문제, 스팬의 한계 등에 대해서도 견해를 피력하였다. 1991년 ACI-IABSE 주최로 독일 슈투트가르트에서의 '설계법 통일을 위한 국제학술대회' 취지와 결론을 소개하며 설계법을 논했고, 콘크리트의 장점을 살리기 위한 설계방향도 제안했었다. 원유, 철광석 및 우라늄 등 현대산업 발전에 필수적인 자연자원이 빈곤한 우리나라는 상대적으로 시멘트와 모래 등 골재 환경이 나으니 콘크리트구조가 최선의 선택일 것이라는 파즐루 칸(Fazlur R. Khan)의 조언을 함께 전했다.

■ 콘크리트 고층건물의 건설붐

그러나 10년도 지나지 않아서 콘크리트구조에 대한 인식이 무섭게 변했다. 도심지 지가앙등, 국민소득 증가에 따른 주생활 수준 향상으로 주거시설의 고급화와 고층화가 변화를 견인하였다. 콘크리트 성능개선 및 시공능력 향상 덕에 서울 및 부산 등 대도시를 중심으로 주거용 고층건물 건설을 뒷받침하였다. 건설회사를 중심으로 해외 현장에서 체득한 초고층건물의 건설기술을 국내 건설현장에 적용하여 고강도압축강도 확보, 조립식 거푸집 상승기법, 고소 타설 및 압송 등 펌핑기술 향상이 콘크리트 건물의 고층화 불안감을 잠재웠다.

■ 콘크리트 구조설계기준

1973년 12월 대한건축학회의 허용응력도설계법을 근간으로 한 철근콘크리트계산기준이 제정되었고 일본규준의 적용을 당연시했던 후진성을 벗어나 최소한의 국가적 체면을 유지할 수 있었다. 1988년 12월 건설부는 극한강도설계법의 철근콘크리트구조설계기준을 제정하였다. 또한, 2004년에는 그간 산재했던 설계하중, 콘크리트구조, 강구조, 목구조, 조적식 구조 등을 건축구조기준(KBC2004)에 한데 모으면서 국가의 건축구조기준이 정립되었고 강도설계법이 기준 제5장 콘크리트구조에 자리잡았다. 콘크리트학회는 콘크리트기준을 독자적으로 연구 · 개발 · 관리하여 2010년 ISO인증을 받은 바 있다. 필자는 당시 대한건축학회 KBC특별위원회의 위원장으로 구조기준 정리 등 실무적인 책임을 맡았었다. 건축구조기준은 2005, 2009 및 2016년에 개정되었고 2014년부터 〈국가표준 한국건축규정개발연구〉의 일환인 건축기준 선진화의 연구과제로 내진설계, 내화구조설계, 비철금속, 유리구조 등의 기준을 추가하여 전면적 연구 · 보완하여 2020년 고시를 앞두고 있다.

1970년대의 구조설계는 미국, 유럽 또는 일본 등의 설계기준이나 자료를 기본으로 응력해석을 모멘트분배법이나 2사이클법에 의하였고 계산척(slide rule) 등에 의한 수계산이 대세였다. 건물의 층수가 적고 규모도 크지 않았기에 1987년 지진하중 규정의 적용 이전에는 특별한 경우가 아니라면 횡력해석이 큰 문제가 되지 않았다. 건물의 높이가 20여 층을 상회하면서 횡력에 대한 코어벽체와 프레임 간의 응력배분이 실무계에서 집중 검토 · 적용되면서 그간 학자 간의 연구 대상이었던 무토 키요시(武藤清)의 강성법과 카니법 등이 실무자들의 관심사가 되었다. 1980년대 PC의 대량 보급으로 P-프레임(이동근), SAP 등에 의한 횡력해석도 어렵지 않게 되었다. 계산척은 자연적으로 소명을 마치고 엔지니어에서 벗어나 박물관에 자리잡게 되었다. 지금의 구조계산서는 컴퓨터 출력 자료의 숫자와 문자가 암호처럼 어지럽게 나열된 블랙박스가 되어 설계상 주요 이슈나 과정을 파악하기 어렵고 제3자검토(peer review)도 어렵다. 종전의 수기 구조계산서는 스케치와 수식 적용 과정을 볼 수 있어서 설계내용 파악은 물론 구조설계자의 고뇌와 정성까지 감지할 수 있었다. 최근 유럽 엔지니어와 협업한 몇몇 프로젝트에서 그들의 구조계산서가 우리의 옛 것과 유사한 점이 많아 반갑고 놀랬다. 그런 연유로 구조계산서를 구조설명서로 대체하고 구조물의 설계 과정과 쟁점 등을 서술하여 향후에 충분히 이해해야 할 사항 등을 기록하자고 제안한 적이 있었다.

컴퓨터 프로그램은 MIDAS사의 것이 대한민국 구조계를 평정한 지 오래다. 그에 따른 영업 또는 기술적 저항도 만만치 않다. 다른 몇몇 프로그램이 MIDAS사의 프로그램을 추격하고 있으나 아직은 부족하여, 조만간 나아질 것으로 기대한다.

■ 포항지진, 그리고 콘크리트구조 내진설계기준

콘크리트 건물은 자중이 크므로 지진에 태생적으로 민감하다. 콘크리트구조 설계기술은 내진설계 발달과 궤를 함께 하므로 포항지진의 정황과 내진설계기준 등을 짚어 볼 필요가 있다. 2017년 11월 15일, 포항지역에 규모 5.4의 지진이 발생하여 한반도는 아연 경천지동하였다. 행안부 포항지진 상황보고서(2017. 11.29)에 의하면 그 지진으로 부상자 135명, 학교, 항만 및 문화재 등 공공시설 644개소, 민간시설 31,000 개소가 피해를 입었다. 조적조 소규모주택, 콘크리트 전이구조 아파트(소위 필로티 건축물), 학교시설, 상가 및 근린생활시설 등이 크고 작은 피해를 입었다. 구조전문가가 전이구조의 피해에 큰 관심을 갖는 것은 당연하였다. 전이구조란 단위형 평면이 다량으로 필요한 아파트, 호텔 등의 건축물에서 기준층의 콘크리트 벽체가 2층 바닥의 전이구조(춤이 높은 보 또는 두꺼운 바닥)를 매개로 1층 기둥 및 코어벽체로 전이되는 특수한 구조형식을 말한다. 전이구조는 기준층의 횡력저항 벽체형식이 1층의 기둥-코어 벽체 형식으로 전환되므로 1층의 4면 모서리기둥의 주두에 응력이 집중되어 단면설계에 주의가 필요하다. 피해를 입은 필로티 건물은 적정 구조도서도 없는 것은 물론이고, 시공도 수준 이하로 '막 지은 건물' 이어서 지진 피해가 컸다고 보도했다. 한국건축구조기술사회의 포항지진백서(2018.1.18)는 "부실설계나 부실시공이 원인이지만 전이구조가 갖추어야 할 강성의 균등 배치, 응력집중 부재의 배근 등에 엄정하게 대비해야 한다는 경각심을 고취하게 하였다." 그후 행안부의 '지진정책발전을 위한 국제세미나(2018.9.13~14)' 에서는 해외전문가와 함께 지진단층, 내진설계 및 지진경보 등을 주제로 토론하였고, 국토부의 '건축물 내진보강 전략관련 전문가 토론회(2018.11.18)' 에서 내진성능평가, 내진취약등급, 내진성능 표준화, 보강체계 법제화 및 내진보강 인센티브 지원방안을 다루었다.

한국건축기술사회의 '포항지진 1년, 구조안전대책 개선되었나(2018.11.24)' 에서 비구조요소, 피해현황, 복구실태 및 구조안전 관련제도 개선 등을 다루었다. 이러한 일련의 활발한 사회적 토의는 사후 약방문이라도 많이 다행스럽다. 1988년 내진설계 관련 규정이 '건축물의 구조기준 등에 관한 규칙' 으로 법제화 된 이래 2000년 대한건축학회는 지진하중을 '설계하중' 에 추가하고 내진설계기준도 보완하였다. KBC2005(건축구조설계기준, 2005)는 지진의 평균 재현주기를 500년에서 2500년으로 확장하고, 2/3의 지진력을 설계지진력으로 택하도록 하였다. KBC2009에서는 평균 재현주기 2400년 지진위험도의 최대지진 유효지반가속도의 2/3값에 지반의 증폭효과를 고려하였다. KBC2016에서는 지반분류를 기반암 위치에 따라 5m에서 30m까지 선택하도록 하였고, 탄성설계에서 비탄성해석변형응답해석을 통하여 사실에 근접한 성능설계를 하도록 한다. 또한, 2017년 5월 행안부(전 국민안전처)는 시설별 내진설계기준의 일관성 유지를 위하여 '내진설계의 7개 공통적용 사항을 적용할 것을 국토부에 요청하였고, 국토부는 국가표준 한국건축규정개발연구단에 연구를 의뢰하였다. 연구단은 TF를 조직(박홍근, 유은종)하여 연구하였고, 공통적용 사항인 국가내진성능목표의 정성적인 표현, 지반분류체계 재조정, 설계응답스펙트럼 분류 조정, 내진성능수준 분류체계 조정, 재현주기체계 재분류, 내진등급 재분류, 내진성능수준을 내진등급별 구분을 위주로 내진기준을 개정하여, 2018년 2월 공청회를 거쳐 2019년 초에 고시되었다.

■ 특이한 콘크리트구조물의 설계 사례 5

그간 참여한 콘크리트구조 프로젝트나 관련 연구과제에서 겪은 특이한 설계 사례에서 콘크리트구조물의 다양성을 살펴 보고자 한다.

• **사례 1: 방호구조물 설계**(Protective design for hardened structures)

방호구조물이란 공중으로 침투하는 폭격기에서 투하하는 폭탄 공격에 인명과 재산을 방호하는 특수 목적의 구조물이다. 대부분 국가중요시설이어서 관련 정보가 대외적으로 알려져 있지 않다. 설계하중도 폭격기의 비행속도나 탑재한 폭탄의 종류 및 중량으로 결정되므로 일반 구조실무자의 판단 범위를 벗어난다. 당연히 시설관리자의 설계지침이 절대적이다. 구조해석 및 설계는 군기술교범(TM855)에 의하고 경우에 따라 군계열의 검증을 받는다. 방호구조물의 부재치수는 상상을 초월한다. 슬래브두께 2.7m~4.0m, 벽체두께 2.4m~3.6m 등 배근방식도 일반적 표준기준과 궤를 달리한다. 수직 또는 수평하중에 따른 휨모멘트나 전단력에 따른 응력의 배근이 아닌 피폭 순간의 부재 내부응력(2차세계대전시 실내실험 자료)과 실내에 면한 슬래브면 또는 벽체면의 순간거동을 중시한다. J-액션(J-action)이니 안티페네트레이션(anti-penetration system)이란 용어도 설계 당시에 익혔다. 군기술교범(TM855)은 1949년 제정 이래 1986년에 단 한 차례 개정 이후 변함이 없다. 그러하니 필자가 1970년 중반에 경험한 설계법이 급변하는 지난 40여 년 세월의 흐름에도 여전히 유효함이 신기할 정도다.

• **사례 2: 콘크리트 프레임드 튜브 구조**(Concrete framed tube)

여의도 북단의 LG트윈타워(1987 준공)는 34층(145m)의 2개 동으로 지금 기준으로는 높은 건물이 아니지만 타워 외주의 콘크리트 프레임드 튜브구조로 수직 및 수평하중을 지지하는 형식이다. 건물 외곽에 3m 간격으로 촘촘히 배열된 콘크리트 기둥열을 강성이 큰 테두리보(보 높이 800mm)로 각층에서 엮어 새장 형상의 프레임드 튜브로 거동한다. 고층건물의 고전적이고 현실적인 구조형식이다.

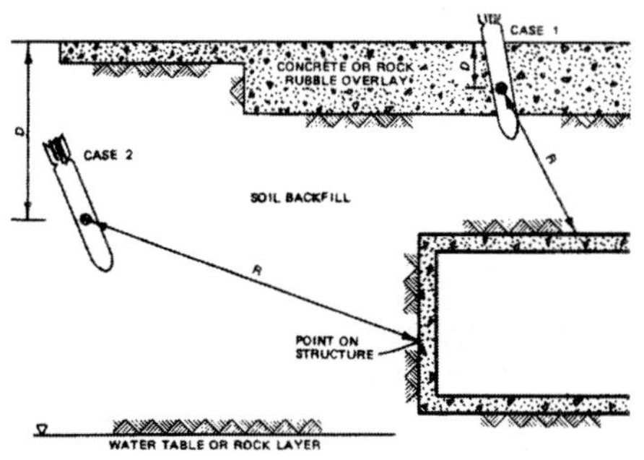

그림 1 방호구조물의 피폭 상황

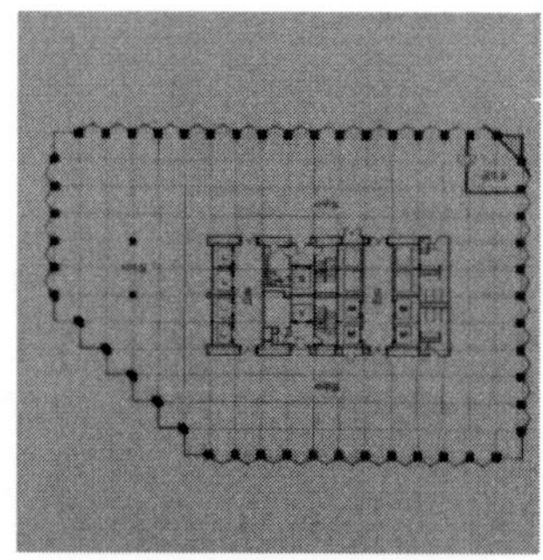
그림 2 콘크리트 프레임드 튜브구조의 평면 예

구조개념이 명쾌하며 경제성도 있다. 이 구조시스템을 또 다른 건물에 활용하지 못한 것이 개인적으로 아쉽다. 이 구조시스템 개발과 활용을 주도했던 파즐루 칸(1982 작고)이 자원 빈국 한국에 콘크리트 활용을 강조한 것은 그의 조국 방글라데시의 가난을 염두에 둔 충정의 발로였다.

• 사례 3: 공기막거푸집과 숏크리트의 사일로(Concrete silo constructed by shotcrete)

숏크리트(shotcrete)는 건나이트(gunnite)라고도 하며 콘크리트를 호스를 통한 진공 뿜칠로 타설하는 공법으로 1907년 미국에서 개발되었다. 일반적으로 굴착절개면 보호에 사용하는 공법으로 알려진 이 공법을 구조물에 적용한 특수 사례가 적지 않다.

공기막거푸집(inflated form)에 숏크리트 공법으로 시공한 금호여수항만의 유연탄저장 사일로가 있었다. 2013년에 시공한 3기의 사일로는 직경 51m, 벽체두께 250~320mm, 높이 59.5m의 스템월(stem wall)에 반구형 지붕의 캡슐형 구조이다. 가동 10개월만인 2014년 2월 그중 1기가 갑작스레 붕괴하였다. 붕괴 원인이 시공 부실 또는 사일로 내부 유연탄 분진 폭발로 추측되어 서로 다른 견해의 대립으로 붕괴 7년이 지나도 원인 규명에 기술적 접점을 찾지 못하고 사법당국의 판단에 맡겨진 상황이다.

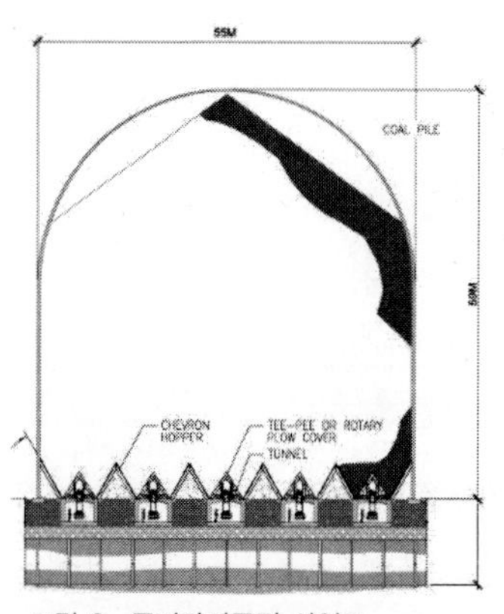

그림 3 공기막거푸집 사일로

구조전문가가 동일한 현상에 대하여 간극이 큰 견해를 보이는 현실이 부끄러웠다. 당시 콘크리트학회는 설계시공사로부터 붕괴원인조사 의뢰를 받아 TF(정 란, 박홍근 등)를 구성하였다. TF는 현장조사, 감정증거 자료, 기초 및 지반안전성 검토, 구조물의 탄성 및 비탄성해석, 설계상 결함 여부, 시공 결함 여부, 저장용량 하중의 초과, 유연탄 분진 폭발 등 다각적으로 조사 · 분석하였고, 미국 등의 동일 공법을 사용한 현장을 견학 · 확인하였다. TF는 분진 폭발의 개연성이 높다는 결론을 맺었다. 특수공법 구조물의 수난이었다.

• 사례 4: 두꺼운 콘크리트 코어벽체내 콘크리트박벽의 거동

초고층건물의 코어내 간벽은 엘리베이터 홀, 화장실 및 설비공간을 구획하며, 이를 금속제 경량벽으로 하는 것이 일반적이다. 그러나 공정상의 사유로 현장치기 콘크리트막벽(두께 150mm 내외)으로 하여 순조로운 공사진행과 공기단축을 꾀한다. 코어는 1,000mm 이상의 두꺼운 콘크리트벽체로 횡력에 저항하게 하는데, 그 내부의 콘크리트 간벽은 타워 거동과 함께 한다고 가정하여 균열을 예측하고 그 예방 대책이 필요하였다.

유한요소해석에 의해 추적한 간벽의 파괴(최대응력요소) 궤적은 여러 문헌에서 나타난 실험 벽체의 균열 양상과 유사하였다. 간벽 주위의 맹줄눈(dummy joint)이 균열(최대응력요소)을 유도하고 응력의 집중으로 에너지가 소산함을 확인하였다. 건물의 횡변위로 인한 균열을 미연에 방지할 수 있는 방안을 찾아 시공에 반영하였다. 2017년 준공한 123층 롯데월드타워의 설계 시공 사례이다.

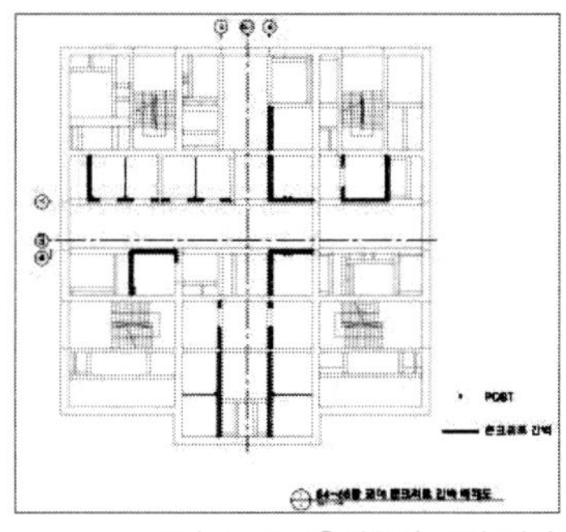

그림 4 초고층건물의 코어 평면

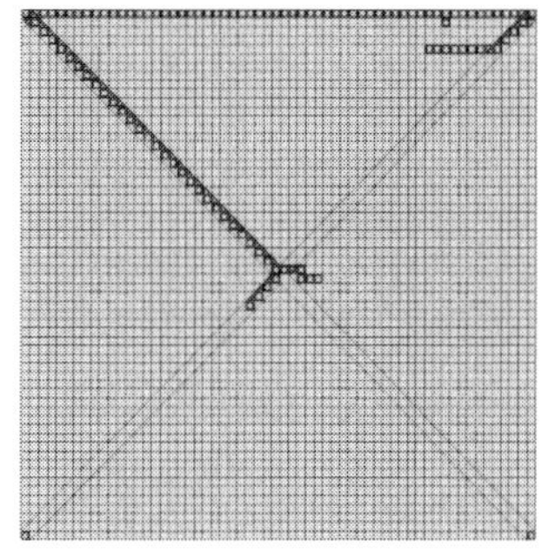
그림 5 균열의 진전

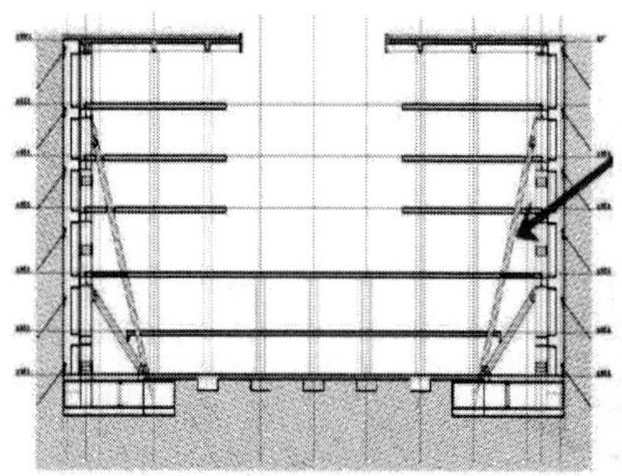

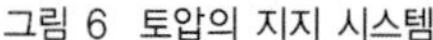
그림 6 토압의 지지 시스템

그림 7 구체공사의 마무리 후

• **사례 5: 토압을 받는 측면 개방 장대건축물**(One side open structure under lateral soil pressure on the other side)

이화여대 캠퍼스 콤플렉스(ECC)는 대운동장을 전면 굴착하여 건물을 건설하고, 2008년에 준공한 병렬 건물에 측면 4개 층이 개방된 장대형 건물이다.

길이 240m, 폭 24m의 2개 동이 병렬로 배치된 콘크리트조 건물이다. 토압에 저항하는 겹ㅅ자 콘크리트 버트레스를 기둥열마다 두었다. 이를 기본설계시 프리스트레싱한 철골조 버트레스로 하고 그 상단에 변위측정 계측기를 두어 벽체의 항구적 안정을 시도하였으나 공법 및 관리운영 관점과 시공 과정에서 콘크리트구조로 변경하였다. 철골조는 시도할 만한 아이디어였으나 무산되어 아쉬움을 남겼다. 길이 240m, 폭 70m의 광대한 콘크리트 지하층 바닥판을 신축이음(expansion joint) 없이 처리한 것도 이 건물의 두드러진 특징이다.

■ 끝으로

콘크리트에 대한 인식이 세월의 흐름에 따라 급변하여 주거용 콘크리트 고층건물이 각광을 받는다. 콘크리트구조설계기준의 변화 및 포항지진과 콘크리트구조물 내진설계기준, 그리고 필자가 경험한 콘크리트구조의 특이 사례를 통하여 콘크리트 구조설계의 환경과 다양성을 살폈다.

26년 전 필자의 기고문에서 제안했던 이슈 중에서 아직은 유효한 몇 가지를 되새기며, 이 글을 마무리하고자 한다. 내력벽코어나 프레임드 튜브 등을 활용하여 자중이 큰 콘크리트의 단점을 고유의 강성 및 수평변위나 국부적인 불안정을 최소화할 수 있다는 장점으로 전환한다. 철근의 기계이음, 기둥의 후프 및 보의 늑근을 용접망으로, 고강도 콘크리트/철근을 사용하여 슬래브두께를 최소화하고 경량골재 사용으로 중량을 최소화한다는 제안이었다. 우리는 지금 지난 과거가 아닌 미래의 도전에 직면하고 있다. 초기능과 초연결이라는 4차 산업혁명의 소용돌이 속에서 콘크리트의 미래가 어떻게 전개될 것인지 흥미있게 지켜 볼 것이다. 2019년 6월 24일. 창립 30주년을 맞는 한국콘크리트학회에 축하인사를 재삼 전하며 전 · 현직 회장단, 임원 및 회원 여러분의 각별한 정성과 노력으로 오늘의 입지를 다져 미래를 열어 갈 디딤돌을 놓았음에 찬사와 감사의 말을 전한다.

남가일몽의 용산국제업무지구 프로젝트 8

그림 1 용산국제업무지구 전경 투시도

■ 되살아나는 용산지구 개발 프로젝트

• 2020.5.8 자 **J일보 사설. "현재 단비 같은 용산대규모 아파트신축... 공급 확대키로"**

정부가 용산철도정비창 부지에 주택 8,000가구 신축을 포함해 서울에만 7만 가구를 신규 공급하는 방안을 그제 발표했다. '수도권 주택 공급 기반 강화 방안은 가뭄 속

단비 같은 공급 확대 대책이란 측면에서 긍정적이다.

• **2020.5.14 D일보 논평**

용산은 역사적 의미가 깊고 앞으로 통일 한국에서도 중요한 역할을 하게 될 지역이다. 마지막 남은 대규모 공유지를 5년 단임 정부가 부동산 가격 안정 수단으로 삼아서는 안 된다. 스페인의 사그라다 파밀리아 대성당처럼 성당 하나도 몇 백년 걸쳐 짓는 나라도 있다. 용산정비창을 포함한 서울의 설계는 100년 이상을 내다보는 긴 안목으로 전문가와 국민들의 여론을 충분히 수렴한 뒤에 결정해야 한다.

• **2020.5.20 C일보 발언대**

"용산, 세계적 랜드마크로 만들어야"

서울의 대표적 노른자위 땅인 용산정비창 터는 아파트 단지 대신 토지의 가치에 걸맞은 세계적 랜드마크로 개발해야 한다.

• **찬반이 극명히 갈린다.**

■ 2008년 국제업무지구 프로젝트

2008년 7월 국제현상공모를 통해 세계적 명성의 5개 회사가 마스터 플랜을 제안하여 2009년 3월 심사를 통해 SDL의 마스터 플랜을 선정하고, 세계의 New Lifestyle을 선도하는 경제 및 문화의 중심지로 단군 이래 최대 규모의 도심지 건설계획으로 한강을 품은 용산의 미래라고 하였다. 사업은 서울 한강로 3가 일대 용산철도정비창 부지(44만 2000m^2)와 서부이촌동(12만 4000m^2)을 합친 56만 6000m^2 부지에 국제업무기능을 갖춘 대규모 복합단지를 건설하는 프로젝트로 출범했다. 여기에는 2017년 말까지 111층에 높이 620m에 이르는 랜드마크 빌딩인 트리플원을 포함, 초고층 빌딩 67개를 세워 서울 도심 속에 최첨단 신도시를 건설하겠다는 목표도 포함되어 있었다. 그러나 2008년 글로벌 금융 위기로 인한 급속한 부동산경기 하락으로 사업 추진이 지지부진해 오다 2013년 결국 청산절차에 들어갔다.

이미 지나간 남가일몽 프로젝트를 거론함에는 물론 좋을 뻔했던 일을 놓친 아쉬움이 제일 크다. 그러나 진행하던 두 프로젝트의 설계 과정이 너무 대조적이어서 이를 밝힘이 후생에 도움이 될 듯하여 기록한다.

23개 프로젝트 (*참여 프로젝트)

번호	건물명	높이	층수
1	트리플 원		
2	부티크 오피스텔 A	437m	88층
3	고급호텔 & 호텔 레지던스	385m	62층
4	부티크 오피스텔 B	378m	77층
***5**	**Diagonal Tower B2-3**	**362m**	**64층**
***6**	**Sky Walk Residence R3**	**333m**	**52층**
7	펜토미니엄 타워 A	320m	59층
8	펜토미니엄 타워 B	320m	59층
9	블레이드 타워	292m	56층
10	더 클라우드 1	268m	61층
11	더 클라우드 2	243m	56층
12	하모니 타워	243m	47층
13	크로스 타워 A	215m	50층
14	크로스 타워 B	215m	46층
15	산들바람 A	189m	50층
16	산들바람 B	189m	50층
17	산들바람 C	189m	46층
18	댄싱 타워 A	188m	47층
19	댄싱 타워 B	188m	47층
20	댄싱 타워 C	188m	47층
21	아카데미 타워	160m	25층
22	외국인 전용 임대아파트	159m	35층
23	프로젝트 R6	144m	36층

그림 2 참가자 패용

■ 계획설계 발표회

2012년 5월 Y업무지구의 '계획설계 발표회' 가 2011년 12월 초에 이어 두 번째로 열렸다. Y업무지구는 사회적으로 많은 화제를 뿌렸고 각 분야에서 초미의 관심을 보이는 프로젝트였기에 향후 여러 전문가가 주제를 달리하며, 다룰 것으로 예상한다. 발표회는 19개 프로젝트 소개 및 인수인계 회의로 연 4일간 진행되었다. 첫날, 국내언론 매체를 대상으로 전체 프로젝트를 일괄 설명 · 홍보하였고, 참여한 유명건축가와의 인터뷰를 주선하였다. 그 다음날 주요 신문의 보도 논조는 전년도와는 사뭇 달랐다. 2011년 11월 19일 모 일간지에서 '국내 초고층빌딩 설계 외국기업 단독수주 명백한 위법 확인' 의 제하로 "서울 Y업무지구에 들어설 100여 층의 건물을 비롯해 국내에서 추진 중인 초고층 빌딩의 주요 설계를 외국업체들이 싹쓸이해 논란이 일고 있는 가운데 현재처럼 외국기업에 건축물 주요 설계를 모두 맡기는 것은 건축사법 위반이라는 사실이 확인됐다. 하지만 법 위반에 따른 처벌 규정이 애매해 제재가 거의 이뤄지지 않은 것으로 드러났다. 이에 따라 정부는 관련법을 개정하고 건축물 인허가권을 가진 지방자치단체를 통해 행정처분을 내리는 방안을 적극 검토하고 있다." 식이었으나, 그러한 핫이슈는 사라지고 주최측이 제공한 자료를 소개하는 데 그쳤다. 이번 발표회가 특정사업에 국한된 것은 분명하지만 19개 프로젝트 규모나 참여한 해외 유명건축가, 엔지니어링회사의 지명도 및 발표 내용은 국제적 초대형 프로젝트급에 속한 것이었다. 이번처럼 건축설계 분야의 세계적 유명인사들이 국내는 물론 해외에서도 진행한

그림 3 발표회 팸플릿

발표회장에 한꺼번에 모인 전례가 없었다. 또한 프로젝트에 대한 설명의 깊이는 일반적인 국제학술대회 수준과는 비교할 수 없었다. 이 발표회에 이르기까지 국내 건축가 및 엔지니어는 지난 5개월간 정기회의, 국제간 화상회의, 해외사의 중간설계보고서 검토 및 의견 제시, 풍동보고서 번역 등으로 건축주, 건축설계회사 및 해외엔지니어를 지원하였다. 이번 발표회는 많은 것을 시사하였다.

해외설계사의 설계 및 발표가 돋보여 그들의 명성이 명불허전임을 보였고, 건축 관련 대학, 학술단체, 국책 프로젝트 연구단체, 타 설계회사 및 건설업계에서의 참석이 극히 저조하여 전문가들의 관심이 극히 저조함이 적잖이 아쉬웠다.

세계적으로 저명한 건축가와 톱클래스의 엔지니어들과의 인수인계 회의에서 국내건축가 및 엔니지어로 구성한 인수팀은 영어 소통이 가능한 소수의 간부 및 중견급 사원이 주축을 이루어서인지 양방 간 실무적 경륜의 깊이에서 큰 불균형을 보였다. 인수인계 내용의 무게는 차치하고 그러한 불균형 회의에 참석한 해외의 인계자들은 편안하였을까? 직업상으로도 예우가 아니었다고 생각하였다. 아마도 5개 국내설계회사가 초대형 프로젝트를 평균 4~6개씩 과점하여 적임자 배치에 무리가 있지 않았는지, 협력업체와의 용역계약은 발표회가 끝난 지 1주쯤 지나서 엄밀히 말해 협업 5개월이 경과한 후에야 시중의 일반건물 설계단가로 협상하고 있었으며, 가격 문제로 벌어진 갑과 을의 틈새로 끼어드는 직업 윤리의식이 박약한 협력업체도 생겼다. 계획설계 도중 풍동실험 과정에 나타난 건물 상호 풍하중의 가중작용현상에 대하여 사전에 적절

그림 4
Sky Walk Residence R3

그림 5 Sky Walk Residence R3

한 대안을 예측하지 않았고, 구조물량의 과다함 등을 국내 구조엔지니어의 업무수행 능력문제로 돌리는 무경우한 일도 있었다. 전우구조는 Diagonal Tower B2-3와 Sky Walk Residence R3에 참여하였다. 그러나 국가의 정책 오판으로 23개 프로젝트가 전부 무산되어서 일장춘몽이요 남가일몽이 되고 말았다. 그렇지만 인상 깊게 각인된 것은 2개의 프로젝트 설계과정이 서로 판이하게 달랐던 상황을 가볍게 볼 수 없었다. 필기했던 설계과정이 서구와 한국의 건축문화적 차이라고만은 할 수 없다. 수주 과욕과 절차를 무시하는 우리나라 건축계의 관행이 문제일 뿐이다. 결국 23개 프로젝트가 전면 취소된 대한민국 건설사들의 최대의 비극적 사태였다.

■ Sky Walk Residence R3

건축가: 오스트리아 Coop Himmelblau+해안건축

구조: 독일 Bollinger und Grohmann, B&G+전우구조

지상 116m 및 260m 높이에 매달린 스카이워크는 360도 조망/ Y자 형태의 구조/ 200개의 다양한 주거 유닛들이 결합해 각 세대가 전용 엘리베이터를 이용하는 독립적 프라이버시 보장/ 최상부에는 스카이바(Sky bar)와 수영장/ 주거외 오피스텔 18

실, 수영장, 고급 커뮤니티시설로 52층, 높이 333m, 연면적 11만5180m^{2}이다. B&G는 이번 프로젝트에 구조설계파트너로 전우구조와 같이 할 것을 건축설계사 COOP에 공식 제안하였다. 이러한 절차가 파트너를 결정하는 유럽의 관행인 모양이었다. 전우구조는 부산 영화의 전당 설계를 두 회사와 함께 한 적이 있었다. B&G가 COOP에 전우구조를 추천하며 전한 문서를 번역 전재하며 그들의 절차를 살핀다.

2011.10.28

수신 : COOP 영업담당 미하엘 폴크 사장

참조 : 공학박사 다니엘 파너 이사

제목 : 용산프로젝트의 한국측 레코드엔지니어 추천 요청의 건

폐사는 귀사의 매우 특별한 용산프로젝트에 성심을 다하고 있습니다. 한국프로젝트의 구조설계에 대하여 매우 훌륭한 참고자료가 있음을 상기하여 드립니다. 한국의 건설실무를 잘 알고 우리의 설계성과를 매끄럽게 인수인계할 고도의 기술력을 지닌 한국의 구조설계사와의 협업이 매우 중요함을 잘 압니다. 이에 가능하시다면 한국의 발주측에 한국파트너 선정을 제안하여 주실 것을 요청합니다. 잘 아시는 것처럼 우리는 부산 영화의 전당 프로젝트에서 한국의 레코드엔지니어와 함께 업무를 처리한 경험이 있습니다. 그 프로젝트에서 전우구조 전봉수 대표는 엄청나게 복잡한 프로젝트를 그의 경력과 참여 의욕으로 성공적, 그리고 확실하게 마무리하였습니다. 이에 금번 YIBD프로젝트에 전우구조의 전봉수 대표를 추천하며 그의 연락처를 알려 드립니다. 귀하의 이해와 힘써 주심에 항상 감사드립니다. 조만간 뵙기를 고대하며.

B&G 대표 교수/공박 만프레트 그로만 배상

■ Diagonal Tower 2-3

건축가 및 구조엔지니어 : SOM-NY

국내 파트너 : 건축 HK, 구조 : 전우구조

마름모 모양의 오피스타워이다. 지상 64층, 높이 362m, 연면적 28만1454m^2, 층고 18m의 초대형 1층 로비, 3개의 스카이 로비 및 스카이라운지, 1,000석 규모의 이벤트

홀, 기업 쇼룸 형태의 상업시설 2개 동.

구조설계는 순항하였다. 정사각형 평면이 64층까지 상승하며 2회전하는 매우 특이한 형상의 초고층건물이었다. SOM사의 설계 성과물을 검토, 질의 및 검증을 하여 미비점 및 쟁점 사항을 토론하고 보완을 요청하는 등 완벽을 기하도록 하였고, 2011년 12월 5~6일 및 2012년 4월 30일~5월 4일 발표회 및 핸드오버 미팅에 참여하면서 계획설계 성과물을 공식 인수하였다. 구조설계비도 잠정 합의하여 DD 및 CD 진행에 대비하고 있었다. 전우구조와 SOM사는 특별한 관계가 있었다(제1편 5장 참조). LG트윈타워, GS타워, ASEM타워, ASEM컨벤션센터 등의 굵직한 국내 프로젝트에 함께 하였고, 이 책 1편 10장의 파즐루 칸을 비롯하여 스탠 코리스타 선생을 비롯하여 핼 아이엔가 선생(1편 2장 참조), 빌 베이커 파트너, 척크 비작 디렉터 등 SOM의 핵심 인사들과의 인연이 깊다.

새 프로젝트에서 다시 협업관계가 되어 분위기는 더 이상 좋을 수 없었다. 게다가 이 프로젝트를 담당한 SOM-NY의 공도환 박사는 도미 전에 전우구조의 핵심 스태프였고, 그 또한 기분 좋은 프로젝트였다. 그런데 이해하기 어려운 상황이 발생하였다. 2012년 5월 15일, 국내 건축설계 파트너사의 담당임원이 내방하여 전우구조와의 업무진행 타절을 일방 통고한 것, 그 요청은 무례하였고 사유는 더욱 이해하기 어려웠다. 그 임원은 전우구조를 대체할 구조사무소가 배상비용도 감당하고 용역비도 전우구조와 기합의한 금액으로 한다고 전했다. 좌초 위기에 직면

그림 6 Diagonal Tower

하여 그 구조회사의 대표 앞으로 항의 제안했다고 문서를 전했고, YIBD사업단에도 이 사실을 신고하며 해소를 탄원하였다. 용산국제업무지구 내 23개 프로젝트 모두 전문 분야의 협력업체와의 계약이 추진중에 있던 시점에서 5개월간 협력해온 협력사를 일방적으로 교체하는 것은 상도덕, 건축가/기술사의 윤리 및 개인적 양심 등에서 심각한 문제였다.

당시 제기한 문제점은

1) 일방 타절한다면 건축사 윤리 및 기술사 윤리강령 4항(사명감과 품위 유지) 및 5항(신뢰와 협동)에 저촉되며
2) 주관사 AMC는 전우구조가 지난 5개월여 SOM과 협업하고 있고, AMC주관 각종 회의에 참석하였고, 특히 SOM과 주기적인 화상회의를 통한 업무를 해온 사실을 파악하고 있어서 전우구조의 프로젝트 참여를 묵시적으로 승인한 것. 이에 AMC의 승인 없이 협력업체의 임의교체를 수수방관하지 않을 것.
3) 만약 무리하게 협력업체를 교체하는 방향으로 진전된다면 코레일측 단장 및 AMC 건설본부장은 물론 한국기술사회 등에 탄원할 것과 용산국제업무지구는 그간 사회적으로 불미스러운 일로 세인의 관심을 끌어 온 것을 감안하여 발주 시스템을 공정하게 관리하고 있어 타 프로젝트에 모범이 되도록 하고 있으므로 세간의 관심이 집중된 이 사업에 불필요한 오해가 생기는 것을 우려한다. 사업단은 이러한 사실을 통보받을 경우 SOM사의 당혹함과 항의를 수습하여야 한다.

결국 전우구조의 구조설계계약은 이루어지지 않았고 대체 예정사와 업무의 인수인계도 없었다. 그 프로젝트를 포함한 23개 프로젝트가 일거에 사라진 황당한 일장춘몽이었다.

어느 해외 프로젝트에서 9

■ 개요

국내 한 건설사의 소개로 2013~2014년 동남아에 소재한 도시의 주상복합건물 구조설계(CD)를 하게 되었다. 이 프로젝트에서는 레코드엔지니어나 디자인엔지니어가 아닌 시공설계 엔지니어였으나 계약은 건축주를 대신하는 현지 구조설계사무소 DE와 맺었다. 그 나라의 규정이라 했다.

건물 규모 : 지상 54층 주거동, 지상 23층 사무동 및 8층 포디움 주차장, 지하 2층

연면적 : 132,600m²(40,100평)

구조설계 용역비 : 총액 ₩2.7억+현장 출장비 별도

지불조건 : 계약 1주 내 20% 착수금 지급 이후 4단계로 각 20%씩

계약 기간 : 2013.7.11~11.10(4개월)

■ 문제가

구조설계를 여건상 4개월이 지연된 8개월만에 마무리할 당시 용역비는 60%가 결재된 상황이었고, 결과에 쌍방이 불만이었다. 전우구조는 2014.3.19자 문서(영문 원본을 번역)로 설계도서납품확인서를 제출하며 미제 사안의 해결을 DE에 요청하였다.

■ 현지감리사 사장에 전한 메시지 2014.3.19

계약에 따라 최종설계도서(이미 납품한 설계도서 포함, 33층-지붕바닥의 구조도면 60

매, 구조계산서 400매, 최적화설계 StrAuto보고서 및 협의용 BIM자료 등)를 성과물로 제출합니다. 본인은 귀 프로젝트에 참여하여 건설에 기여하였음에 자부심을 갖고 있습니다. 다음의 미제 사안을 상기하오니 조속히 해결해 주실 것을 요청합니다.

1) 설계비 지불지연 및 설계기간 연장에 따른 보상비

귀사와 체결한 계약서에 따르면, 설계비의 결재는 선수금 20%, 설계기간(2013.7.9~2013.11.15) 4개월로 나누어 단계별 20%씩 지불하는 공정입니다. 그러나 실제 설계기간이 4개월을 초과한 8개월이 경과하였고, 설계비는 3단계에 거쳐 총 60%가 지급되어 40%의 잔금이 있습니다. 설계기간이 늘어났고 설계비 40%는 연체되고 있습니다.

a) 귀사가 제공한 DD도면은 당초의 언약과 달리 PDF형식이었기에 활용이 가능한 형식으로 바꾸어 줄 것을 귀하와 S건설사를 통해 수차 요청하였으나 끝내 제공받지 못했습니다. 또한, SD/DD단계의 설계에 이용한 ETABS 프로그램은 설계개요 및 설계조건(하중 및 재료강도 등)이 누락되어 있어 DD도면과 맞추기 위하여 역추적하여 설계근거 확보 및 도면화 등에 비효율적인 긴 시간을 소비했으며 정상적 구조도서로 발전시킴에 많은 애로가 있었습니다.

b) 도서작성이나 제출 등 귀국의 행정적 규제에 대한 귀사의 도움을 요청하였으나 이에 대한 귀사의 적기 조언이 없었기에 여러 차례의 차질이 있었습니다.

c) 또한 타업체가 설계한 바레트기초 및 톱다운공사용 킹포스트(강재기둥)에 대하여 귀사와 S건설사가 요청한 구조검토를 위하여 폐소는 별개의 노력과 시간이 필요하였습니다.

d) 8층 이하의 램프, V형 기둥 및 상층부의 건축계획이 늦어져 많은 기간을 대기하게 되었고, 제출도서에 대한 귀사의 승인도 늦었습니다.

e) S건설사는 설계기간 중 구조전담팀을 현장에서 운영하지 않았기에 S건설의 요청에 따라 시공관련 구조의 검토를 수차에 걸쳐 수행한 바 있습니다.

f) S건설의 요청으로 8층 바닥의 강재트러스거더를 콘크리트보로 변경함에 추가 시간과 노력이 필요했고, 그 바닥의 가설하중을 지지할 거푸집 및 가설구조에 대한 공사계획이 늦어져 그 직하 7층바닥의 구조설계도 지연되었습니다.

g) 기둥 및 벽체 등의 크기 및 콘크리트강도 등에 대하여 특화프로그램으로 최적화 설계를 해서 제안했던 바 귀사는 이미 분양된 건축공간에 영향을 미칠 부재의 치수를 변경할 수 없다는 규정을 들어 거절하였습니다. 그러나 귀사는 건축공간에 심대한 영향이 있을 변경을 여러 차례 요청하여 반영한 바 있었습니다.

2) 설계비 보상 요구

a) 이상의 사유로 지연된 설계진도를 만회하고 설계변경 요구에 대응하는 초인적인 노력을 하였으므로 설계비 잔금 40%를 우선 해결해줄 것을 요청합니다.

b) 타의에 의해 설계기간의 4개월 연장으로 야기된 비용과 시간에 대한 보상을 요청합니다. 보상비용은 S$80,000(4months×S$20,000/월(₩6400만 상당) 입니다.

3. 향후에 이러한 사안 발생시 보상비용은 S$20,000/월(₩1600만 상당)이 될 것을 제안합니다.

계약한 설계비의 20%를 받아 모두 80%의 기성·추가 청구 설계비 등 해결은 답보상태에서 3년이 지났다. 2017년 4월 건설회사 임원을 통해 전달받은 DE의 주장이 황당했다.

- 전우구조의 설계진도가 부진하여 도면의 출도가 늦어져 결과적으로 제대로 일을 하지 않은 결과가 되었다. 이에 DE는 공정에 맞춘 설계진행을 위해 건설사에 '도면작성 큰 팀'을 조직하도록 하였고, 이를 관리한 DE측 비용이 추가되었다. 제출한 BIM자료도 내용이 불충분하였다. 그러나 DE나 건설사는 이러한 사실을 전우구조에 알려준 바가 없었다.
- 건설사는 이러한 상황을 파악하고 있었으나 구조사무소의 도면을 기다리지 않고 상세설계의 정황을 DE에 직접 보고하며 진행하였다.
- DE는 진도 만회와 도면완성을 위하여 새로운 팀과 함께 업무를 수행하였다.
- DE는 구조설계비를 건설사 공사비에서 지불한다. 이에 전우구조가 2014년 3에 제기한 클레임 내용을 확인해 줄 수 없다. 다만 설계실적자료를 제출한다면 준공도서로 검증할 수는 있다.

■ 3년이 지나서 현지감리사가 건설사 담당임원에게

• 계약서

2013년 6월 계약시 전우구조는 설계팀을 현장 건설사와 합류해야 함을 계약서에 명시하고 S건설사의 입회 서명을 제안했으나 수용하지 않았다. 업무범위를 CD로 한정하고 기간도 4개월인 2013년 10월에 종결하도록 하였다. 그후 전우구조는 최종납품서(2014.3)에서 보상 요청 사유로 건축계획의 결정 지연, 강재구매 지연, 타 용역업체 설계에서 심초기초의 시공성 검토 등 전우구조의 현장지원 등을 열거하였다. 계약서에는 준공도 및 현장설계 변경은 포함하지 않고 있다. 더구나 BIM도서는 비용 문제가 합의되지 않아서 회의시 참고자료로 사용하는 수준으로 작성할 것으로 합의한 바 있다. 이를 DE가 숙지하고 있는지 확실하지 않다고 본다.

• 의사 소통 문제

DE는 설계기간 중 현장상황에 대하여 전우구조와 문서로 소통한 적이 거의 없다. 도서의 원활한 진행을 위해 현장에 '큰 팀을 조직했다'는 사실도 설계기간 내내 전우구조에 알려 준 바 없었음을 DE도 인정하였다. 전우구조는 설계기간 중 각 분야의 담당자와 현장회의를 계약상 2회 외에 추가로 가질 것을 여러 차례 제안했으나 DE는 번번히 무시하였다.

• 클레임

1) 지불이 지연되고 있는 잔금 20%(2014.3 이후 20% 지급)를 바른 시일 내 우선지불해야 한다.
2) 전우구조는 2014년 4월 도서납품 이후 3년 간 도서의 승인 및 용역비 지불을 수차례 요청하였으나 감리사는 무응답으로 일관하였다. 만약 감리사가 추가 및 보상 용역비의 축소 협상을 제안했어도 계약서상 설계비 잔금 20%는 그 대상이 될 수 없다.

설계기간이 당초 4개월에서 외적 사유로 8개월로 늘어났고 건물이 완공되어 입주했어도 용역비의 추가보상은 고사하고 계약된 금액의 잔금 20%도 받지 못한 개운치 않은 이 사례를 정리해 보면,

1) 건물이 2017년 완공되어 도심을 화려하게 장식하고 있음을 인터넷에서 본다.
2) S건설은 초기에 현장 엔지니어링팀을 운영하지 않으려 하여 전우구조를 DE에 추천하고 CD설계계약을 맺도록 한 이후 아무런 관여를 하지 않았다. S건설은 현지의 대관 및 대DE의 행정력 및 현장관리능력도 미숙한 듯하여 해외건설의 화려한 경력이 의심스럽게 보였다. 기간 중 현장의 관리직 직원들이 순차적으로 현장을 떠나 전원이 교체된 정황도 그러했다.
3) 현지 DE는 자체내 기술 및 행정인력이 부족하여 CD 검토가 늦고 전우구조와의 문서 소통도 거의 하지 않았다. 짐작하건대 기술인력 부족을 국가시스템에 의존하여 해결하려 하였고, 발주 및 당국의 우월적 지위를 십분 활용했다는 인상을 지울 수 없다.
4) 전우구조는 당초 계약, 문제 해결 및 소통에 S건설이 도움될 것으로 예측하였으나 현지 요청으로 DE와 직접 계약이 되어 S건설은 소통을 단절하고 모르쇠로 일관했다. 전우구조는 현장과 격리된 서울에서의 설계 진행과 타 현지업체의 기초구조설계와 시공 및 건설사의 현장문제 해결 등을 적극 지원하는 등 지나치게 관대하게 처리하였으며, 해외 프로젝트의 성격을 제대로 파악하지 못해서 미숙한 관리로 손해를 자초하였다. 한때 해외건설 관련 소송도 고려하였으나 비용, 기간 및 효과 등을 검토한 결과 실효성이 없다는 주변의 조언에 따라 중도 포기하였다.

■ 자성의 변

전우구조는 건축주가 제공한 SD도서를 근간으로 DD 및 SD 도서를 EURO code에 따른 설계로 마무리하였다. 외부 여건으로 계약 설계기간이 4개월에서 8개월로 연장되었다. 2018년 건물은 준공되었다. 구조설계 용역비는 납득이 어려운 사유로 잔금 20%의 집행이 정지되었고 건설사 및 현지감리사는 모르쇠로 일관하였다. 그간의 건설사, 현지감리사 및 전우구조의 주요 쟁점을 살폈다.

건설사 문제

- 턴키방식 수주. 정작 공사과정에서는 현지감리사의 지침이 절대적.
- 구조설계 계약시 업무범위, 기간, 용역비 및 제반 조건 등을 협의해놓고 계약 며칠 전 당사자에서 이탈하여 (갑=현지감리사, 을=전우구조), 서울 본사 및 현장의 설계 지원 등을 끊어 계약 내용의 기본 바탕을 흔들었다.
- 현장관리의 잡음에 따른 관리자의 잦은 교체 및 담당임원의 업무처리 한계 노정
- 전우구조의 현장근무에 소극적이어서 현지감리사와의 소통에 문제 야기

현지감리사 문제

- 설계자료 (해당국 구조 규제, SD 파일, 체계적 구조계산서 등)의 제공에 인색
- 자사의 기술 수준, 인력 및 행정처리 능력의 한계 노출
- 건설사 및 설계자 3자간 대면회의 회피로 소통 부재 자초
- 전우구조의 문서 질의에 무성의로 일관
- 건축적 의사결정 지연으로 설계 진행에 막대한 지장 초래
- 기성고 지불의 매번 지연에 잔여 20% 집행도 거부

전우구조 문제

- 해외프로젝트에 디자인엔지니어로 최초 참여
- EURO Code에 의한 설계 및 BIM에 의한 설계협의 진행
- 설계자료를 적시에 받지 못하여 설계자료 재구성에 설계기간 허비
- 해외 타사의 탑다운공사 도면 검토 및 보완하여 건설사를 지원.
- 단계별 현장회의를 요청하였으나 현지감리사의 거부로 진행상 애로 현장에 반입된 지하층 공사용 H형강재의 활용 방안을 구상하여 건설사 지원
- 건축설계의 의사결정 지연으로 구조설계 진행에 막대한 지장 초래
- 잔여 용역비에 대한 법률적 제소 등을 검토하였으나 비용상 실익이 없어서 포기

일상사의 기록 10

■ 기억의 한계

2020.5 D일보의 고정칼럼 〈책의 향기〉에서 유윤종 문화전문기자가 찰프 버니유의 "당신 기억의 반은 허구다"라는 글에서 "우리는 기억이 마치 마음속의 도서관과 같은 곳에 차곡차곡 분류되어 쌓여 있어서, 필요할 때 끄집어내는 것으로 생각한다. 그러나 영국의 심리학자 찰프 버니유는 이런 '기억=소유물' 관점을 해체한다. 그에 따르면 기억은 인출이 아니라 재구성 과정이다. 두뇌의 특정 장소에 잘 보관돼 있는 무엇을 꺼내는 것이 아니라 예전에 가졌던 단편적인 인지 요소들을 매회 다시 통합하고 구성하는 것이 기억이다. 그때마다 우리는 새로운 감정과 믿음, 뒤늦게 얻은 지식들을 더한다. 왜곡과 편향을 피하기란 불가능한 것이다" 그렇다면 기억에 의존해서 사실을 찾거나 규명하기 보다는 일상사를 기록함은 어떠한가.

■ 일상사 기록

나에게는 일상사를 업무일지에 기록하는 오랜 습관이 있다. 연말 사무소 송년회에선 지난 해를 회고하고, 덕담을 주고 받으며 그해의 개인적인 공사간 일상사를 행적별 숫자로 정리하여 직원에게 보고한다. 이를 위해 짧지 않은 시간을 투자하여 그해의 각종 회의, 경조사, 미술관 관람, 영화보기, 여행, 구입도서, 병원 출입 등을 숫자로 정리한다. 또한 예년과 비교도 하며 그 때를 되새긴다. 내년부터 이런 방식으로 정리해 봄이 어떠한지를 좌중에 은근 강조한다. 당장 면전에서는 모두 수긍하는 얼굴을 하고 있어

그림 1
㈜럭키엔지니어링
1980년 업무일지 겉표지

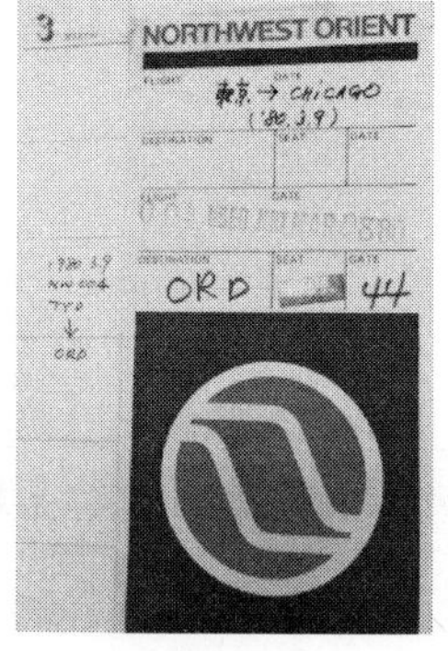

그림 2
1980.3.9 일지의
동경-시카고
노스웨스트항공 탑승권

도 다음 해의 송년회에서 이행 여부를 물으면 그렇게 한 직원이 아무도 없었던 것으로 안다. 모두 '작심삼일'이라 했다.

■ 업무일지

1980년부터 지금까지 40년간 일상사를 업무일지에 기록하고 있다. 처음 몇 년은 소속 회사의 업무일지(그림 1, 2)를 사용하다가 전우구조를 시작한 1987년부터는 매년 동일한 출판사의 검정색 표지의 연간 업무일지를 구입하여 기록한다.

기록한 업무일지는 테이블에서 가장 가까운 서가에 꽂아 보관하여 권수를 늘려간다(그림 3). 매일 출근하면 어제 한 일을 업무일지에 기록한 후 데스크탑 자료와 공유한다. 시간이 지나며 업무일지에 기록한 사실이 진가를 발휘한다. 주변에서 오래된 일의 정황을 물어오면 날짜와 관련자의 정보를 즉시 회답하는 기민성을 발휘한다. 그러면 상대방은 신기해 하며 고마워 한다. 어떤 친구는 그 업무일지를 박물관 등에 일괄 기증하여 풍속자료화함이 어떠냐는 립서비스를 한다. 《건축구조 25시》도 이 업무일지에 기록된 팩트가 근간임은 물론이다.

■ 2013년 업무일지

여기서, 40년간의 업무일지 중에서 2013년의 일상사 기록을 짚어 본다. 2013년을 택한 것에 별다른 사유는 없다. 그해도 보통의 해였고 지금부터 6년 반 전의 일이어서

그림 3
업무일지 서가

기억도 아직 남아 있으며 설령 다른 해의 것을 택하여도 행적 등이 크게 다를 것이 없고 이 글의 취지와 크게 어긋남이 없겠다는 판단에서다(그림 4, 5).

2013년에도 일상사를 10종으로 구분하여 정리했었다(괄호 속의 숫자는 횟수).

1. 저술 출판(1)

4/3 '초고층건축의 예술', Mir Ali 원저, 전봉수/윤호기/강연도 공역, 기문당

2. 자문회의, 학술대회 발표, 컨퍼런스 및 이사회 등(36)

건축학회(18): KBC2013 자문회의, 1/9, 1/16, 1/17 잠실롯데타워 메가기둥 균열

안전진단회의, 2/8, 2/10, 2/16, 2/22, 2/27, 3/6, 3/16, 3/27, 4/19, 5/2, 5/24, 6/4, 6/11 하이포합성보 건축심의 12/4, 12/23

기술사회(9): 당시 부회장, 회장단 회의(1),

기술사 CEO 포럼 및 IEAM 2013 5/20, 6/7, 6/17~21,

구조기술사회(2): 김포아파트 자문 6/2, 6/8

단국대 초고층빌딩설계기술연구단 : 4차년도 자체평가 등(3), 1/21, 1/26, 2/13

김수환 추기경 라파엘클리닉 이전 자문(2) : 김진균과 함께 5/5, 5/21

서울대(2) : 잠실롯데타워 ACS거푸집 낙하에 따른 안전진단 7/3, 7/8

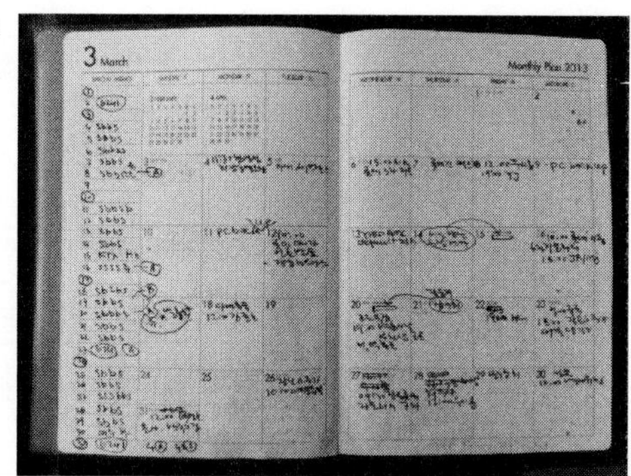

그림 4
2013년 3월의 메모

3. 강의 및 강연(17)

9/7~12/14 서울대 대학원 초고층과정 강의(객원 교수), 15주

10/30 09:00 중앙대 특강, 11/06 17:00 광운대 특강

4. 애경사

혼사(9)

경사(3) 1/13 조카의 서울대법학대학원 입학축하연

상사(6) 2/14 서한건축 신국범 회장 별세 조문, 현대아산병원

8/9 송기덕 회장 별세 조문, 삼성병원

제사, 추모 및 성묘(11) :

5. 식사 모임(49)

건축과 동기모임 5/16

맑음회 3/29, 4/26, 5/24, 6/28, 7/26, 9/27, 10/25, 11/29

삼수회 1/16, 2/20, 3/20, 6/19, 8/21, 11/20, 12/18 외

6. 미술관, 박물관, 전람회 관람(6)

1/29 백남준 추모 7주기전

10/9 British Museum, Westminster Abbey, Buckingum Palace

10/10 Musee Rodin, Musee du Louvre, Bellsailles Palace,

10/12 Milano

그림 5
2013.7.7 일지
투숙한 호텔의 방열쇠, 항공탑승권이 붙어 있다.

10/13 Venecia, Fierence,

10/16 Musei Vatican

7. 영화 감상(4)

* 1/19 레미제라블

* 2/11 베를린

* 6/2 위대한 개츠비

* 10/29 건축이야기 시티홀

8. 나들이, 여행(2)

7/9~7/13 싱가포르 UIC 출장 등

9. 도서 구입(14)

* 월간조선 1, 2

* 난설헌, 최문희, 다산북스

* 일기로 본 조선, 규장각한국학연구원, 글항아리, ₩23,000

* 나는 내일을 기다리지 않는다, 강수진 자전, 인플루엔셜, ₩14,000

* 나는 죽을 때까지 재미있게 살고 싶다, 이근후, 갤리온, ₩14,000

* 나미야 잡화점의 기적, 히가시노 게이코, 양윤옥 역, 현대문학, ₩14,000

* 조정래, 태백산맥 10권, 장성준 장서 대본

* 교양있는 엔지니어, 새뮤얼 플러먼, 문은실 역, 생각의 나무,

* 나는 천국을 보았다, 이븐 알렉산더, 고미라 역, 김영사, ₩12,000

* 우리가 아는 중국은 없다. 한우덕, 청림출판, ₩16,000

* 대학글쓰기와 커뮤니케이션, 서울과기대 김세령 외, 아카넷,

* 정관정요, 나채훈,

* 삼국유사, 일연,

10. 병원 출입(7)

위와 같은 일상적 행적 외에 매일의 출근시간, 승용차, 버스 또는 지하철 등 교통편 이용 등 불필요하게 세세한 기록도 한다. 술자리 장소, 함께 한 주붕 및 주대(주대를 부담한 경우만), 항공탑승권(그림 5), 미술관 입장권 등도 해당 일에 붙인다. 그러한 나는 그때도 '좁쌀영감' 이었다.

■ 휴대전화 및 컴퓨터와 연계

요즈음은 SNS에 의한 의사소통이 대세이다. 톡으로 주고 받은 중요 메시지는 컴퓨터에 입력하고 때로는 출력하여 업무일지에 붙인다. 그러니 연말이 가까울수록 업무일지는 그 두께를 더한다. 세모에 지난 1년간 행적을 수치로 정리하며 즐거움과 회한이 교차한다. 업무일지는 평면적이고 정적이어서 이메일과 톡 등으로 쏟아지는 정보를(영상 자료)를 업무일지에 모두 담을 수 없다. 컴퓨터(7. 개인사항)에 보관과 병행해야 한다.

자료를 컴퓨터의 10개 방으로 구분하여 관리한다.

1. 프로젝트 파일

2. 서무행정

3. 기술 및 관련 정보

4. 인물, 시사, 취미 등

5. 대학 강연 및 강의

6. 저술, 기고 및 논문
7. 개인 사항 (가족, 일상사, 사진, 여행)
8. 수상 등
9. 연구 프로젝트
10. 국가표준 한국건축규정개발연구(2015년 이후)

그러함에도 정보의 중심은 여전히 손으로 기록하는 업무일지에 있다. 휴대전화나 컴퓨터에 저장한 자료가 기기 교체, 분실, 손상, 시스템업데이트 또는 순간적 클릭 실수 등으로 허망하게 날린 경험이 몇 차례 있다. 자료를 포털에 저장하는 일도 피한다. 나의 모든 것을 조지 오웰의 대형의 손에 넘기기 싫어서다. 육필의 업무일지는 그럴 염려가 없다. 간혹 필기구의 불량 잉크로 인해 탈색되어 실색하는 경우가 있지만 이런 나의 업무일지는 사무소 이전시 가장 먼저 챙긴다. 나는 아날로그와 디지털의 줄타기에서 아날로그편에 선다. 아마도 이것도 자기중심적 사고에서 벗어나지 못한 탓일 것이다. 손으로 쓴 기록은 적당히 은밀하고 지속적이다.

엔지니어상 11

■ 이달의 엔지니어상, 과학기술부, 2002

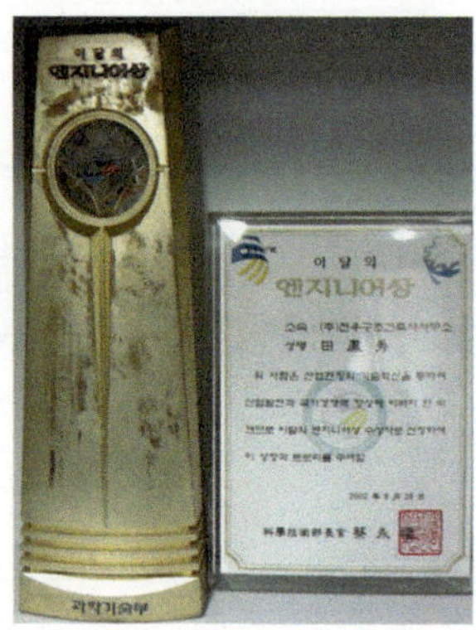

그림 1 상패 및 상장

"이달의 엔지니어상은 산업현장에서 기술혁신을 통하여 국가경쟁력 및 산업발전에 크게 기여한 우수 엔지니어를 발굴 · 포상하여 산업기술인력의 자긍심을 제고하고 현장기술자를 우대하는풍토를 조성하기 위하여 과학기술부와 한국산업기술진흥협회가 2002년 7월부터 시상해오고 있으며, 매월 대기업과 중소기업의 엔지니어 각 1인을 선정, 과학기술부 장관상과 트로피, 포상금 1,000만 원을 수여한다."

과학기술부와 한국산업기술진흥협회는 '이달의 엔지니어상' 의 2002년 8월 수상자로 한국기술사회가 추천한 ㈜전우구조건축사사무소의 전봉수 대표를 비롯한 여러 명을 선정했다. "전봉수 대표는 인천국제공항청사, 아셈타워와 무역센터 확충사업, 서귀포 및 부산 월드컵 경기장 등 대형 국책사업시설의 구조설계를 국내기술과 재료로 성공적으로 수행해 우리나라의 초대형 건물 설계기술을 확보하는데 기여한 공이 인정됐다."

시상식은 2002년 8월 26일 11:20. 과기부 과천청사 회의실에서 과기부장관, 한국산업기술진흥협회 이사장, 문화일보 사장, YTN 임원 및 수상자 가족 및 친지 등 다수가 참석한 가운데 상장, 트로피(그림 1) 및 소정의 상금과 함께 수여하였다. 8/27자 문화일보, 8/30 14:50 YTN 뉴스 및 '건설신문' 에 보도되었다. 이에 앞서 YTN싸이언스(김지영 기자)는 논현동 전우구조에 내방하여 사무소 현장을 취재하였고, 이어 전우구조에서 설계하고, 동부건설이 시공중인 KTX광명역사 신축현장을 동행 방문하여 현장 인터뷰를 하였고 8/30 특집으로 보도하였다.

수상대상자 자격은 새로운 제품의 설계 · 제조, 공정의 개선 및 기술개발 결과의 산업현장 적용 등을 담당하는 기업의 엔지니어로서 최근 3년 이내의 공적이 우수한 자, 수상대상업적은 새로운 제품 설계, 제조 등을 통해 기업의 성장에 큰 기여를 한 경우, 공정개선 등을 통해 원가절감, 품질 향상, 생산성을 획기적으로 향상시킨 경우, 기업 현장의 모범이 되는 활동 등을 통해 관련업계에 큰 파급효과를 미친 경우이다.

■ FEIAP ENGINEER OF THE YEAR, 2010

FEIAP(The Federation of Engineering Institutions of Asia and the Pacific, 아시아 태평양 엔지니어링연합)는 아시아 태평양지역 내 각국의 기술사와 엔지니어 간의 교류와 우호증진을 목적으로 UNESCO 지원하에 1978년 6월 창설된 비영리단체이다. 이 단체는 아시아 및 태평양지역의 기술사 및 엔지니어 중 제도 발전 및 국제적 협력 증대와 기술발선에 대해 기여힌 공로가 큰 엔지니어에게 'FEIAP 올해의 엔지니어賞' 을 격년으로 시상하고 있다.

그림 1 축하장

그림 2 축하 상패 300mm×300mm, 주석제품

그림 3 시상식 기념 촬영

이 상은 2008년부터 매년 2~3명을 선정하여 시상하고, 2019년까지 그 전통을 유지하고 있다. 나는 한국기술사회장의 추천으로 2010년 12월 1~2일 베트남 하노이시 멜리아호텔에서의 FEIAP 정기총회에서 수상하였다. 그 해에는 3명에게 시상하였다. 한국기술사회(KPEA)는 2008년 허 남 박사에 이어 2010년 전봉수가 두 번째 수상하였다.

이 상패에는 "Federation of Engineering Institutions of Asia and the Pacific(FEIAP) Presenred to Jeon, Bong soo for being awarded the FEIAP ENGINEER OF THEYEAR 2010"이 새겨 있다. 시상식은 FEIAP의 Tan Yean Chin 사무총장이 수상자 소개와 축사에 이어 수상자의 수상소감을 피력하는 순서로 진행되었다.

• 수상자 소개

Mr. JEON, Bong-soo, as a innovative structural engineer and a founder of JEON AND PARTNERS, Consulting Engineers in Korea has involved in the structural design more than 800 buildings projects since 1970. And for more than 30 projects, he has collaborated with the overseas firms of the structural engineers and architects of America, UK, France, Germany, Austria, Australia, China and Japan for the various kinds of the projects and expanded his professional horizon internationally. And he is teaching the students in the Seoul National University as a part-time lecturer and delivering the addresses and presentations for his research works and projects.

He is currently working for KPEA, as a Vice President. He has served his clients

국토해양신문
2010년 12월 10일(금) ~ 12월 16일(목) 주간/제 152호 10page

올 최고의 기술사 – 전봉수 (주)전우구조 대표/구조기술사

FEIAP총회서, 2010 올해의 엔지니어상 수상

오는 16일, 대한민국 100대 기술주역상 수상도

대형 건축물 구조설계와 기술사 위상 향상에 기여

여수 EXPO, 부산영상센터, 서울시청사 등 구조설계

(주)전우구조 대표이사인 전봉수 한국기술사회 부회장/구조기술사/건축사가 최근 베트남 하노이시 멜리아 호텔에서 열린 제18차 FEIAP총회에서 '2010 올해의 엔지니어상'을 수상했다.

FEIAP(The Federation of Engineering Institutions of Asia and the Pacific: 아시아 및 태평양지역 기술사회 총연맹)은 아시아 및 태평양 지역 내 각국의 기술사와 엔지니어간의 교류와 우호증진을 목적으로 UNESCO 지원 하에 1978년 6월 창설된 비영리 단체다.

'FEIAP 올해의 엔지니어상'은 아시아 및 태평양 지역의 기술사 및 엔지니어 중에서 제도 발전과 국제적 협력 증대와 기술발전에 기여한 공로가 큰 기술사/엔지니어에게 지난 2008년부터 시상하고 있다.

국내 기술사로는 두 번째 수상한 전봉수 대표이사는 지난 24년간 전우구조를 운영하면서 인천국제공항 여객청사, ASEM 컨벤션센터, 전쟁기념관, 부산·제주월드컵경기장, 광명·천안아산 고속철도역사, GS타워, 서울시청사, 과천과학관 등 대형건물의 구조설계를 수행했다.

또한 APEC Engineer/EMF 사업 등에 참여해 기술사의 국제적인 역할에 기여했으며 수많은 엔지니어 양성과 국제화 시대에 맞는 기술자를 양성하기 위해 영어로 서울대 대학원에서 강의 하는 등 실무활동과 학습활동 등의 공로가 높게 평가돼 수상하게 됐다.

FEIAP의 '2010 올해의 엔지니어상'을 수상한 전봉수 전우구조 대표는 지난 2003년에는 세계 3대 인명사전 중 하나인 '마르퀴스 후즈 후'에 등재되기도 구조기술사로, APEC Engineer 조정위원회 회장직을 수행하고 있는 인물이다.

또 한국기술사회 부회장과 서울대학교 대학원 건축학과 강사로 활동 중이며 한국건축구조기술사회 부회장, 한국강구조학회 초고층건축분과위원장, 대한건축학회 건축설계기준위원장 한국쉘공간구조학회 감사 등을 역임한 건축사/구조기술사/APEC엔지니어다.

최근의 주요 구조설계 작품으로는 여수 EXPO 주제관, 부산영상센터, 서울특별시 청사, 진주시 종합경기장, 국가대표종합훈련원, 국립과천과학관 등에 참여하는 우리나라에서 작품성을 자랑하는 작품에 참여했다.

이외에도 주요 연구 실적은 조립식건축의 구조설계기준, 강구조설계기준및시공지침, 철근콘크리트 구조계산기준 및 해석, 고층건물의 고강도강재사용에 따른 효과분석 연구, 건축구조설계기준 마련 등 다양한 활동을 전개해 왔다.

수 많은 구조설계와 연구 활동 중에도 '건강하고 잘생긴 건물의 구조', '건축구조설계의 이해', '한영통일 건축구조용어사전', 'Design Load for Buildings and Other Structures' 등의 책자도 발간, 건설산업 발전과 기술력 향상에 기여했다.

이같은 실무활동과 연구로 POSCO 강구조 작품의 대상과 최우수상, 특별상 등과 과학기술부장관의 이달의 엔지니어상, 한국콘크리트학회장의 작품상을 수상하는 등 다수 상을 수상한 바 있으며 오는 16일 한국공학한림원에서 수여하는 대한민국 100대 기술주역상을 수상하게 된다.

허문수 기자 hms@kookto.co.kr

◀부산영상센터

▼진주시 종합경기장

▲여수 EXPO 주제관

◀롯데 수퍼타워

국가대표종합훈련원▶

and the societies for the consulting work with the licences of Professional Engineer, APEC Engineer, EMF-IRPE, International Engineer(ROK), Korean Registered Architect. He was chosen as one of the 'engineers who are advancing our knowledge by the 'Marquis Who's Who in Science and Engineering, 2003-2004.' He was recognized and appreciated for the good job of the fantastic stadiums of 2002 FIFA World Cup by Mr. KIM, Dae-jung, the President of Korea in 2002. And he was selected as a 'Engineer of the Month' by Korean Ministry of Science and Technology in 2002.

• 수상 소감

Mr. JEON, Bong-soo accepted the Award and made an address,

First of all, I must confess that I am terribly excited about receiving this great Award in this beautiful city of Hanoi today. I owe it to a great number of people who helped me throughout all my professional years, and I wouldn't be where I am now without the help of those wonderful /people. I'm truly honored and humbled by this special Award recognizing my long involvement with the engineering societies including Korean Professional Engineers Association and my continuous interest in pursuing the objectives of the Federation. And I do believe that FEIAP Engineer of the Year Award will be a great encouragement for both young and veterans. Nevertheless, I wish I were a young rather than a veteran engineer though.Let me close my acknowledgement by thanking you once again for this award and I offer sincere congratulations to Dr. Guo See Sew for sharing the award with me. Thank you very much.

88서울올림픽 및 2002한일 월드컵대회의 참여로

12

■ 88 서울올림픽 참여증서 및 메달, 1988

• 서울시장의 참여메달

그림 1 참여증서

그림 2 참여기념 메달
88서울올림픽대회 대회장
서울특별시 시장 고 건
1988.9.17~10.2

• 올림픽조직위원장

참여증서 : 성명 전봉수

귀하는 제24회 서울올림픽대회 운영요원으로 참여하여 맡은 바 직무를 헌신적으로 수행함으로써 대회의 성공적 개최에 크게 이바지하였으므로 그 공헌을 길이 새기고자 이 증서를 드립니다. 1988년 10월 2일 국제올림픽위원회위원장 Juan Antunio Samaranch/ 서울올림픽위원회 위원장 박세직

■ 2002 한일 월드컵구장건설 대통령 치하서신 2002.2.20

인쇄물로 받은 치하 서신을 보관 및 식별의 편이를 위해 플라스틱으로 감싸 플레이크 형식으로 만들었다. 이에 별다른 오해가 없기를 바랬다. 기록된 내용은,

“대한민국 대통령

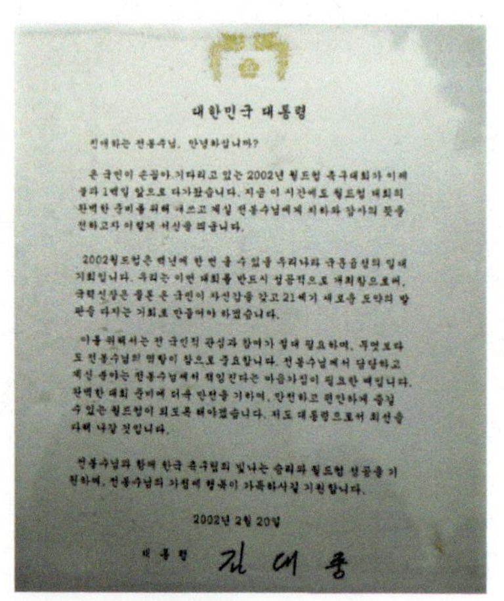
대한민국 대통령

친애하는 전봉수님, 안녕하십니까?

온 국민이 손꼽아 기다리고 있는 2002년 월드컵 축구대회가 이제 불과 1백일 앞으로 다가왔습니다. 지금 이 시간에도 월드컵 대회의 완벽한 준비를 위해 애쓰고 계실 전봉수님에게 치하와 감사의 뜻을 전하고자 이렇게 서신을 띄웁니다.

2002월드컵은 백년에 한 번 올 수 있을 우리나라 국운융성의 일대 기회입니다. 우리는 이번 대회를 반드시 성공적으로 개최함으로써, 국력신장은 물론 온 국민이 자신감을 갖고 21세기 새로운 도약의 발판을 다지는 기회로 만들어야 하겠습니다.

이를 위해서는 전 국민적 관심과 참여가 절대 필요하며, 무엇보다도 전봉수님의 역할이 참으로 중요합니다. 전봉수님께서 담당하고 계신 분야는 전봉수님께서 책임진다는 마음가짐이 필요한 때입니다. 완벽한 대회 준비에 더욱 만전을 기하여, 안전하고 편안하게 즐길 수 있는 월드컵이 되도록 해야겠습니다. 저도 대통령으로서 최선을 다해 나갈 것입니다.

전봉수님과 함께 한국 축구팀의 빛나는 승리와 월드컵 성공을 기원하며, 전봉수님의 가정에 행복이 가득하시길 기원합니다.

2002년 2월 20일

대통령 김대중

그림 3 김대중 대통령 치하 서신

친애하는 전봉수님, 안녕하십니까? 온 국민이 손꼽아 기다리고 있는 2002년 월드컵축구대회가 이제 불과 1백일 앞으로 다가왔습니다. 지금 이 시간에도 월드컵대회의 완벽한 준비를 위해 애쓰고 계실 전봉수님에게 치하와 감사의 뜻을 전하고자 이렇게 서신을 띄웁니다. 2002년월드컵은 백년에 한 번 올 수 있을 우리나라 국운융성의 일대 기회입니다. 우리는 이번 대회를 반드시 성공적으로 개최함으로써 국력신장은 물론 온 국민이 자신감을 갖고 21세기 새로운 도약의 발판을 다지는 기회로 만들어야 하겠습니다. 이를 위해서는 전 국민적 관심과 참여가 절대 필요하며, 무엇보다도 전봉수님의 역할이 참으로 중요합니다. 전봉수님께서 담당하고 계신 분야는 전봉수님께서 책임진다는 마음가짐이 필요한 때입니다. 완벽한 대회준비에 더욱 만전을 기하여 저도 대통령으로서 최선을 다해 나갈 것입니다. 전봉수님과 함께 한국 축구팀의 빛나는승리와 월드컵 성공을 기원하며, 전봉수님의 가정에 행복이 가득하시길 기원합니다.

2002년 2월 20일

대통령 김대중(자필 서명)”

라고 적혀 있다.

2편

「2000년대 이후의 공공건축 프로젝트 15」

1. 부산 아시아드 주경기장 2001
2. 제주 월드컵경기장 2001
3. SBS 목동사옥 2001
4. KAL 인천공항정비고 2002
5. KTX 광명역사 2004
6. 백남준 아트센터 2008
7. 이화여자대학교 캠퍼스센터 2008
8. 국립과천과학관 2008
9. 영화의 전당, 일명 두레라움 2011
10. 전곡 선사박물관 2011
11. 롯데, 허가안 · 112층 수퍼 · 가설커먼 · 123층 월드 타워 2016
12. 서울시 신청사 2012
13. 여수 엑스포주제관 2012
14. 싱가포르 UIC 타워 2018
15. 인천공항 2터미널 케이블 파사드 2018

■ 개괄

• 공공건축 프로젝트 15의 선정

개소 33년 동안 크고 작은 많은 건물의 구조설계에 참여하였다. 더구나 규모와 지명도에서 국내외에 알려진 많은 공공건축물 설계에 구조엔지니어로서 참여한 행운이 있었다. 이 편에서는 2000년대 이후에 준공하여 사용중인 공공건축물에 부산아시아드 주경기장 2001/ 제주 서귀포 월드컵경기장 2001/ SBS 목동사옥 2001/ KAL 인천공항 정비고 2002/ KTX광명역사 2004/ 백남준 아트센터 2008/ 이화여자대학교 캠퍼스센터 2008/ 국립과천과학관 2008/ 영화의 전당 2011/ 전곡 선사박물관 2011/ 롯데 112층 수퍼 가설커먼 · 123층 월드 타워 2016/ 서울시 신청사 2011/ 여수 엑스포주제관 2012/ 싱가포르 UIC 타워 2017/ 인천공항 제2터미널 케이블 파사드 2018 등 15개를 소개한다. 대부분 전문학회지나 학술대회 등을 통하여 그 구조적 특성 등을 알린 바 있다. 프로젝트에 붙인 숫자는 건물이 완공된 해이다.

그 외 전쟁기념관, GS타워/LG아트센터, 인천공항1터미널, ASEM컨벤션센터, KTX천안아산역사, KTX대구역사, 개성 남북공동연락사무소(2020.6.16 북한이 정치적 목적으로 폭파하여 소멸), 평창동계올림픽 아이스하키경기장, 국가대표 종합훈련원 등도 대상으로 검토했으나 여러 사항을 고려하여 제외하였다.

• 최고, 최악의 건축물

2013년 2월, 동아일보와 건축전문지 월간 'SPACE'가 공동으로 실시한 설문조사 결과로 "2000년대 이후 지어진 건축물을 '건축전문가 100인이 뽑은 한국의 현대건축 Best & Worst 20'이라 하여 최고와 최악의 건물 각 20개를 선정하여 순위 목록을 주도하며 주목을 받았다. 아틀리에형 소형 설계사무소의 작품들이 최고 20위 목록을 휩쓴 데 반해 대형 설계사무소의 공공건축물들은 최악의 작품으로 많이 꼽혔다" 조사한 설문 내용의 적절성이나 선정한 건축전문가의 성향 등에 대하여 여러 말이 오간 것으로 안다. 미디어의 한때 흥미거리는 될 수 있겠으나 이미 완공하여 사용중인 건물에 최고니 최악이니 하는 훈장이나 올가미를 덧씌움이 과연 바른 건축문화 풍토인가라는 논란이 있었다.

여기 15개의 공공건축 프로젝트 중 2개가 그 대상이 되었다. 이화여대캠퍼스센터는 '최고의 건물' 7위에, 서울시 신청사는 '최악의 건물' 1위로 영광인가 굴욕인가. '건축은 종합예술'이라면서 그 평가기준에 구조, 설비 및 시공 등 기술 분야를 반영했는지 알 수 없다.

독일인 울프 메이어(Ulf Meyer)는 《서울 속 건축(Architectural Guide, Seoul, 전정희 번역, 안그라픽스, 2012)》이란 책에서 서울과 인근지역에 소재하는 200여 개의 건축물을 마틴 에버레의 사진과 함께 소개하였다. 서울시 신청사를 필두로 이화여대캠퍼스센터, 인천국제공항, 백남준아트센터 등 이 장에서 소개할 4개 건물도 포함되어 있다. 저자 메이어는 책의 머릿글에서 '이방인의 편견 없는 서울 건축 보기'임을 강조했다.

부산 아시아드 주경기장 2001

1

텐스그리티케이블 막구조

그림 1 경기장 내경

그림 2 경기장 외부조감

그림 3 한일월드컵 엠블럼

■ 2002 FIFA 한일월드컵 경기장

2002 FIFA한일월드컵은 한국에 10개, 일본에 10개 등 모두 20개의 경기장을 새로 건설하여 대회를 치뤘다. 한국은 서울, 부산, 인천, 울산, 대구, 수원, 광주, 전

주, 서귀포 및 대전 등 10개 도시에 경기장을 건설하였다. 전우구조가 구조설계에 참여한 부산아시아드주경기장과 제주월드컵경기장의 이모저모를 살핀다. 부산경기장은 당초 아시안게임 주경기장으로 사용할 것을 목표로 설계(공간건축)에 착수하였으나 경기장 규모(결승전을 치룰 수 있는) 및 지역적 안배에서 월드컵경기장으로도 사용하기로 결정하였고 명칭은 부산아시아드주경기장으로 하였다고 전한다. 제주월드컵경기장(일건건축)의 명칭은 당초 서귀포월드컵경기장이었으나 후에 제주월드컵경기장으로 개명하였다.

■ 경기장 개요

위치 : 부산광역시 연제구

관중석수 : 5만 5,982명, 경기장 면적 : 19,586m², 최고 높이 : 56.4m

지붕구조 : 텐스그리티케이블돔(Tensegrity Cable Dome)-중앙부 타원형 개방 고정식

설계자 : 공간건축(장세양+서해천+최탄)

구조설계 : 지붕 텐스그리티돔, 독일 Schlaich Bergermann Partners, SBP, Knut Goeppert 레코드엔지니어, 주기둥 및 피어기초, 전우구조(박홍근, 윤흠학, 이재혁).

현상 설계 및 스탠드구조 : 서울구조(이인세)

시공 : 총괄, 현대건설/ 지붕케이블돔 시공 SBP의 기술지원 하에 KMK 조병헌

재료 : 케이블 1570MPa, 막재 KOCH PTFE, 인장(warp/weft 5.8kn/50mm) 투과도 13%

■ 설계과정

1998년경 착공을 준비하던 중 2002 FIFA월드컵경기장으로 지정되자 공사기간, 공사비 및 잔디 생장조건 등의 제약으로 개폐식 지붕(Retractable Dome)을 타원형 반개방 막구조의 텐스그리티케이블돔 지붕(Tensegrity Cable Dome)으로의 변경이 불가피하였다(그림 1 및 2). 이 방식의 지붕구조 설계 경험이 많은 독일의 슐라히 버거만(Schlaich Bergermann Partners, SBP)을 초청하여 설계하게 되었다. 당시 전우구조는 한양대 STRESS와 함께 현대건설이 발주한 '개폐식 돔에 관한 조사 연구'를 미국 및 유럽의 유명 지붕구조에 대한 현장견학 등 자료수집 후의 연구보고서 등 케이블막구조 설계에 필요한 자료를 수집 · 정리하고 있었고, 담당직원 이재혁의 SBP 장기 파견근무로 SBP와의 협력설계를 강화하였다.

• 인장력과 막구조

순수 압축 또는 순수 인장력을 받는 부재는 케이블이 생성되거나 로드가 좌굴하는 경우에 파괴되고, 각 부재의 재료 특성이 전달하는 특정 하중에 대해 최적화될 수 있다. Tensegrity Dome은 케이블을 트러스 형태로 퍼뜨리는 수직강관, 장력을 받는 케이블로 이루어진 방사형 트러스로 구성된 구조이다. 세계 최초의 케이블돔은 데이비드 가이거(David Geiger)가 설계한 88서울올림픽 펜싱경기장과 체조경기장 등 2개의 실내경기장이 있었다. 이 경기장의 지붕은 직경 93m 및 120m/ Tensegrity는 3개 이상의 압축스트럿으로 구성된 구조시스템/ 3각으로 구성되고, 프리스트레스된 인장력 및 압축부재가 1개 절점에 모이는 장력 네트워크(그림 4~11)이다. 유사한 구조물에 독일 슈투트가르트 소재 SBP가 설계한 Gottlieb-Daimler-Stadium 1993이 있다.

■ 구조적 특징

· 경기장 배치 : 부지의 가장 낮은 레벨을 기준으로 경기장을 계획했으며, 절 · 성토량을 비교하여 장외 배토량을 최소화한 배치를 하였다.

· 신축이음 : 평면적으로 신축이음(expansion joints)을 180m 간격으로 4개소에 대칭적으로 두어 건물을 4분하였다. 이중기둥(double columns) 방식.

· 하부 RC구조 :

- 횡력저항시스템으로 강관마스트로 전달되는 하중(지붕, 2개 층의 지중토압, 풍하중 및 지진하중)에 대하여 지하2층~지상2층의 RC조에 의한 모멘트연성골조를 택하였다.
- 해안의 염해에 대비하여 장경간 경사보(15.5m)는 콘크리트의 강도를 27kPa로 상향 조정하였고, 기둥은 지붕공사의 원활한 진행을 위하여 SRC조로 하였다.

· 지붕트러스의 인발 제어

아치형 지붕 양단 지지점의 인발력을 지중앵커로 제어하는 방안을 검토하였으나 지반이 불규칙한 유공화산암으로 되어 있어 앵커 설치를 위한 천공이 어렵고 인발 저항력 확보에도 문제가 있었다. 이에 지지앵커를 위한 콘크리트

데드맨(concrete dead man)의 중량을 확보하여 인발력 3,600Mt에 안정적으로 저항하도록 하였다.

· 스탠드 바닥판

지하는 RC구조, 지상은 PC구조

구조해석 결과, 스탠드바닥의 고유진동수가 4.9Hz로 계산되어 일반적인 공진범위(1.5~3.4Hz)를 벗어나 안정성 확보

• 구조 개념도

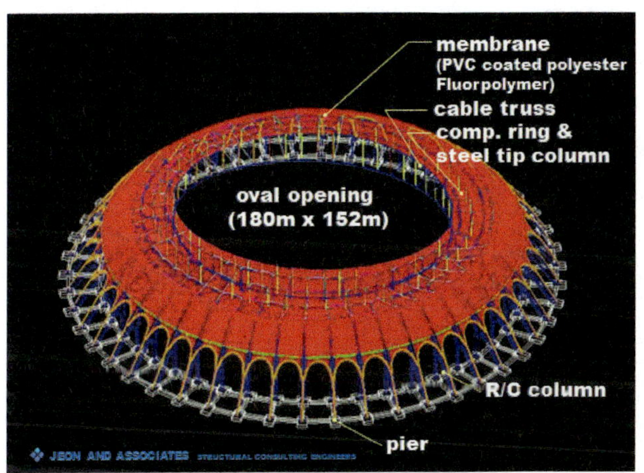

그림 4
경기장 구조 시스템

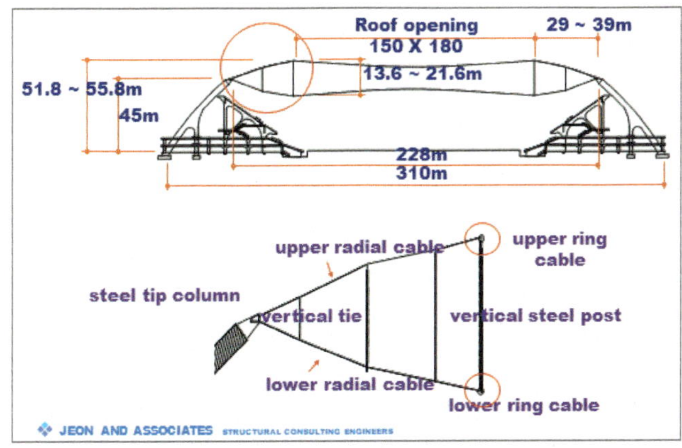

그림 5 텐스그리티돔 및 지지구조

그림 6
한양대 STRESS 개폐식돔 연구시, 독일 슈투트가르트 소재 SBP 방문
좌로부터
인하대 한상을 교수, 광운대 이원호 교수, 전봉수, Rudolf Bergermann

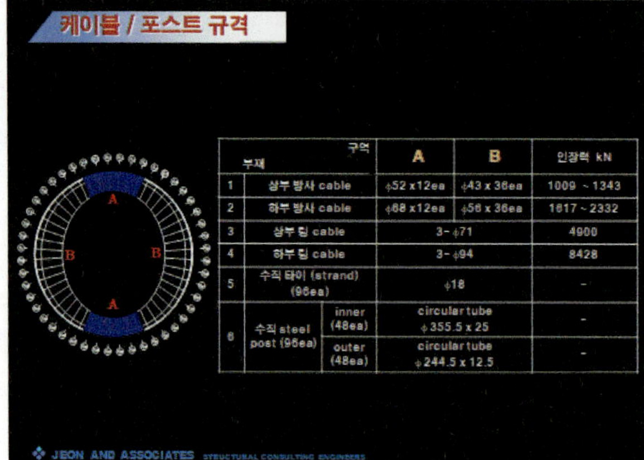

	부재 \ 구역		A	B	인장력 kN
1	상부 방사 cable		ϕ52 x12ea	ϕ43 x 36ea	1009 ~ 1343
2	하부 방사 cable		ϕ68 x12ea	ϕ56 x 36ea	1617 ~ 2332
3	상부 링 cable		3- ϕ71		4900
4	하부 링 cable		3- ϕ94		8428
5	수직 타이 (strand) (96ea)		ϕ18		-
6	수직 steel post (96ea)	inner (48ea)	circular tube ϕ355.5 x 25		-
		outer (48ea)	circular tube ϕ244.5 x 12.5		-

그림 7
케이블 및 플라잉포스트 규격표

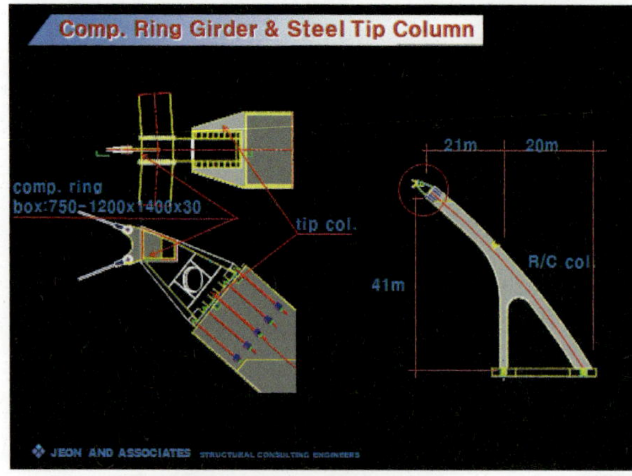

그림 8
압축링의 주기둥과의 접합상세 및 콘크리트 주기둥

그림 9
케이블 및 플라잉포스트
설치공사

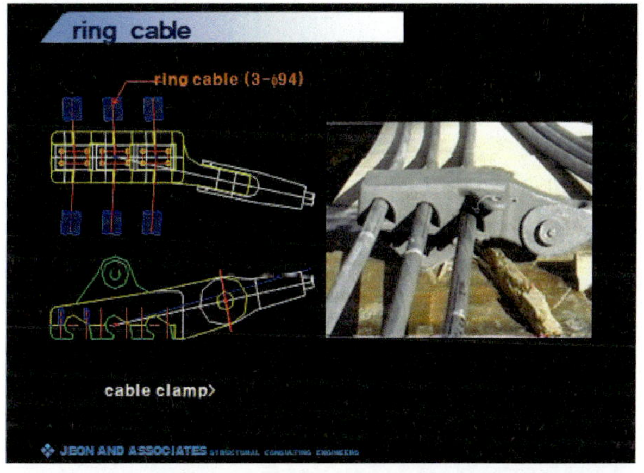

그림 10
케이블 및 연결 접합

그림 11
정상부 강재압축링
및 캣워크

• 케이블 관련 용어

스트랜드 strand: 프리스트레스트 콘크리트용 긴장선. 3가닥 또는 7가닥의 와이어로 만든 강연선을 말함.

- 와이어 wire: 보통은 금속선을 뜻하나 와이어로프의 약칭으로도 쓰임.
- 와이어로프 wire rope: 중심에 마로 만든 코어 둘레에 표준 6개의 강연선을 나선상으로 합쳐서 꼬아 만듦. 1개의 심 둘레에 강선을 나선상으로 합쳐 꼰 것이며, 이 강선을 소선이라고 함.
- 케이블 cable: 와이어로프나 스트랜드 등을 단독, 평행 또는 비틀어 묶어 구성한 가소성이 많은 인장재. 강속선의 인장강도가 높기 때문에 현수구조에 사용됨. 평행선 케이블은 공장에서 소성가공이나 폴리에틸렌 피복을 하므로 현장 방식 작업이 불필요함.

■ 출장 업무협의

2000.7.12~7.17(6일) 독일 슈투트가르트 SBP, 공간 서해천, KMK 조병헌, 전봉수

2000.11.12~11.14.(3일) Fukuoka 돔

2001 이재혁, 독일 SBP 파견근무

■ 2002한일월드컵경기장으로

• 경기 관람

그림 12 대한민국 vs 나이지리아 입장패용 2001.9.16

그림 13 FIFA월드컵 본선 관람티켓 프랑스 vs 우르과이 2002.6.6

■ 스커트막의 파손 사고

경기장의 지붕막은 경사기둥 간을 둘러싸는 외곽막과 스탠드 상부를 덮는 내곽막으로 구분하는데(그림 1, 3) 각각 48매(베이)로 구성되어 있으며, 2002년 5월 13일 외곽막의 여러 군데에서 길이 1mm~220mm의 보수 흔적이 2002년 2월부터 이미 발견되어 보수 후 2002년 FIFA월드컵대회(2002.5.31~6.30)를 마치고 파손 원인에 대하여 대한건축학회보고서(2003.1)는 막재료의 시험, 현황조사, 시공과정 분석, 구조해석 등을 통한 결론으로 "막의 파단이 분산되어 발생했고, 막이나 정착부의 설계 및 시공에는 문제가 없었다고 하였고, 막재는 시방서상 강도를 충족하나 현장에서 채취한 일부 시편에서 강도저하가 확인이 되어 막재의 포장, 운송 및 시공과정에서 막재의 접힘현상으로 인한 파손으로 판단된다. 동일 베이에서는 동일 제품의 막을 사용하고, 현장에는 풍향, 풍속계를 설치하여 유지관리할 것을 권한다."라고 했다.

■ 건축가 장세양(1947~1996)을 추모하며

공간건축의 제2대 소장 장세양 선생이 본설계를 시작한 1996년 9월 5일 과로로 갑자기 세상을 떠났다. 이 경기장의 기본설계를 마치고 장 선생을 두세번 정도 만나며 상세설계를 진행했었는데... 한국 현대건축을 이끌었던 김수근 선생의 타계 후 큰 어려움에 직면한 공간건축과 공간지를 10년 동안 모든 열정을 다해 이끌었던 장세양은 새로운 비전으로 야심차게 도약하려는 시기에 꿈을 접어야 했다. 그는 이 경기장에서 개폐식 돔을 선망했으나 실현되지 못하였다.

제주 월드컵경기장 2001

ASCE가 선정한
세계에서 가장 아름다운
월드컵 경기장

2

그림 1 경기장 원경, ASCE Civil Engineering지 2002.8 표지

■ 경기장 개요

위치 : 제주 서귀포시 법환동 914

건축 설계 : 일건 건축사사무소(황일인, 조성중)

구조 : 전우구조(윤흠학, 공도환, 이준석)

지붕구조 : Weidlinger(Joong C. Lee)

시공 : 풍림건설(Turn Key 방식), 1999.2.20~2001.12.9

그림 2 디자인 이미지

그림 3 경기장 야경

그림 4 마스트, 케이블, 링트러스 및 막구조

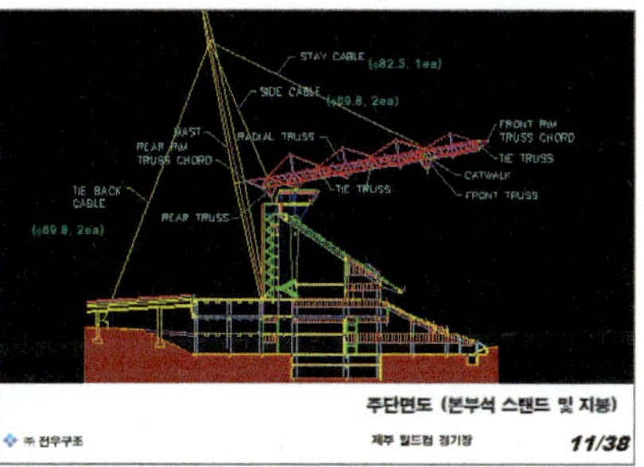

그림 5 마스트, 케이블, 트러스, 막 및 스탠드

수상 : 한국건축가협회상 본상, 2002 / 김수근 문화상 건축 본상 2002/ 2001년 한국건축물 걸작 7선

■ 설계과정

건축가(황일인+조성중)는 제주의 기생화산 '오름'과 전통배 '테우'의 이미지를 살린 설계로 ASCE가 선정한 세계에서 가장 아름다운 월드컵경기장으로 꼽혔다. 경기장은 해안에서 1.5km 떨어져 있고 개방형으로 어디서나 바다와 산 등의 주변 경관을 조망할 수 있다. 경기장은 한라산-고근산-신시가지-밤섬을 잇는 자연환경과 바다로 향한 경관을 보호하기 위하여 관람석의 대부분을 지하에 두고 지상구조를 최소화하였다.

월드컵 경기가 끝난 후 동측데크 상부의 관중석을 해체하여 경기장 수용인원을 약 35,000명 정도로 줄이고 해체된 관람석은 연습경기장 및 학교운동장으로 이전 · 재활용하였다.

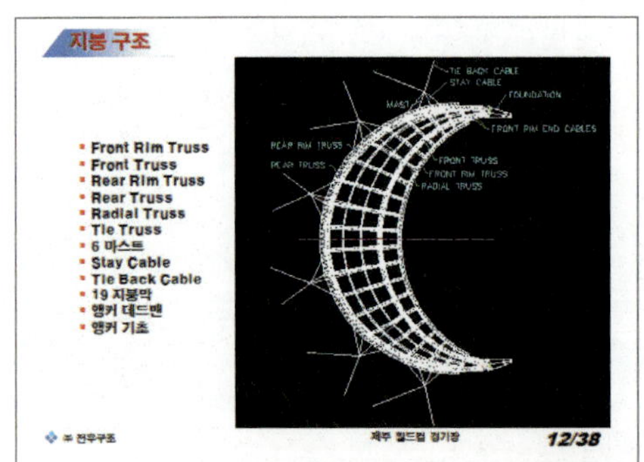

그림 6 지붕 트러스 개념도

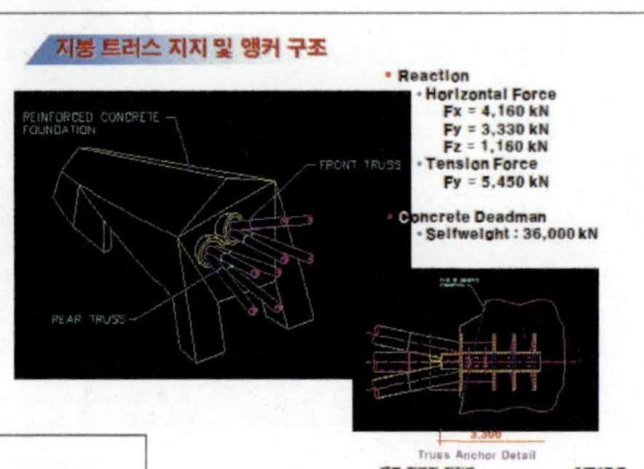

그림 7 지붕트러스의 데드맨 정착

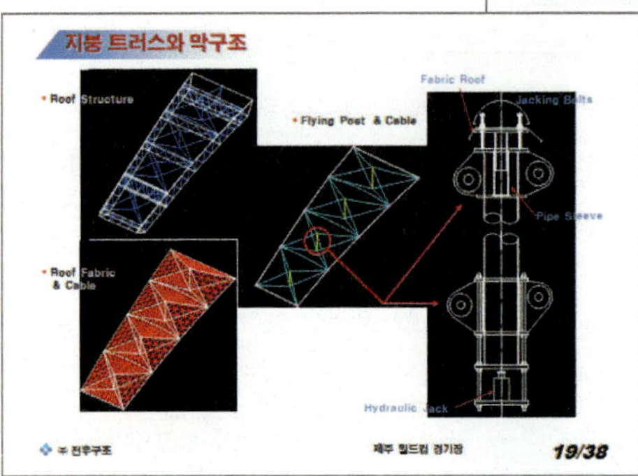

그림 8 트러스, 포스트 및 막구조

그림 9 상량식 2001.6.3

■ 구조적 특징

· 배치 : 부지의 가장 낮은 레벨을 기준으로 경기장을 앉히고 절성토량을 비교 · 검토하여 장외 배토량을 최소화하였다.

· 신축이음 : 평면적으로 신축이음(expansion joints)을 180m 간격으로 4개소에 대칭적으로 두었다. 이중기둥(double columns) 방식을 택하였다.

· 하부 RC구조 :

- 마스트로 전달되는 지붕하중, 2개 층의 지중토압, 풍하중 및 지진하중에 대한 횡력저항시스템으로 지하2층~지상2층의 RC조에 의한 모멘트 연성골조로 하였다.
- 기둥과 경사보는 대기에 노출되어 염해의 우려가 있고 경사보는 15.5m의 장경간이므로 콘크리트 강도를 27kPa로 상향 조정하였고, 기둥은 지붕공사의 원활한 진행을 위해 SRC조로 하였다.
- 지붕트러스의 인발력 제어

  양단 지지점의 인발력을 지중앵커로 제어하는 방안을 검토하였으나 지반이 불규칙한 유공화산암으로 조성되어 있어 천공이 어렵고 인발저항력 확보에 문제가 있었다. 이에 지지점 앵커를 위한 콘크리트 네드맨(concrete dead man)의 중량을 확보하여 인발력 3,600Mt에 안정적으로 저항하도록 하였다.
- 스탠드 바닥판

  지하는 RC구조, 지상은 PC구조이고, 구조해석 결과 스탠드 바닥의 고유진동수가 4.9Hz로 계산되어 일반적인 공진범위(1.5~3.4Hz)를 벗어나 안정성을 확보하였다.

■ 막파손 사고

2002년 7월 26일 태풍 9호 펑센과 8월 30일 태풍 15호 루사로 인해 19개 베이(bay) 중 6개 베이가 파손되었다. 대한건축학회 보고서(2002.12.30)는

서귀포의 설계풍속은 32m/sec, 9호 태풍 펑센의 서귀포 기상대 측정 28.7m/sec, 현장 측정 41.3~44.8m/sec였고, 15호 태풍 루사의 서귀포 기상대 측정 40.8m/sec, 현장 측정 41.9m/sec였으며, 풍공학실험으로 풍속 39.6 m/sec, 풍압 8.9kN/m^{2}로 추정하였

그림 10 막의 파손

다. 막재료의 초기장력 도입과 경과년한에 따른 강도보존율이 일본 기준에 근접했고, 시공상태 검토 결과 국내 시방서와 시공정밀도 기준은 미비하나 접합부, 용착부에는 이상이 없었다고 하였다.

태풍이 한라산-고근산을 거쳐 경기장에 도달하며 강한 와류가 발생하여 막을 파손하였다. 막구조 관련 설계 및 시방서, 시공정밀도 기준이 미정비된 상태로써 구조계획, 설계 및 시공품질 등의 적용과정 미흡과 지리적 특성을 무시했음이 보고서의 최종 결론이었다.

■ 막구조설계 유감

당시 전우구조의 막구조설계 경험은 부산 아시아드 주경기장에 이어 제주 월드컵경기장이 두 번째였다. 공교롭게도 두 경기장의 지붕막이 2002년 같은 해에 파손되었는데, 대한건축학회의 조사 연구결과 부산은 재료의 관리 부실, 제주는 태풍이 직접적 원인이었다고 하였다.

막구조와 인연이 없어서인지 두 경기장의 막 파손으로 한동안 심적으로 큰 부담이 되었다. 엄밀하게 말하면 두 경기장의 막구조 설계를 해외전문회사에 의뢰했던 일이어서 나의 직접적인 책임이 아니라고 설명할 수는 있으나 전우구조는 두 경기장의 구조설계 총괄을 맡았으므로 면책 운운은 군색(窘塞)하다. 제주 경기장의 경우 2002년 9월 3일 막의 파손 사고시 건물주/설계사/시공사의 종합대책회의에 참석한 이후 파손 경위 자체조사와 대한건축학회의 조사연구에 초대나 소환이 없어 적극적으로 설명을 못한 여건도 개운치 못한 일이었다.

레코드엔지니어로서의 소극적 자세라는 오해가 있었다. 인천문학경기장(2002.2. 완공)의 지붕막도 2010년 태풍 곤파스의 영향으로 파손되었다. 서울의 상암동 경기장은 별 탈이 없었다. 그후 전우구조와 ES구조(황보 석)가 함께 설계한 창원시 종합경기장의 막은 건재함을 보면서 막의 파손이 단순히 인연의 소관 문제가 아니라고 스스로 위로했다.

SBS 목동사옥 2001

3

단일스팬 24.3m의 22층의 방송국 건물

그림 1 외관

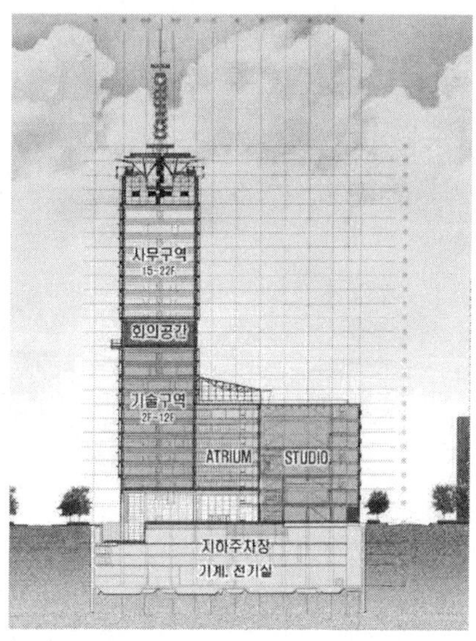

그림 2 주단면도

■ 개요

위치 : 서울시 양천구 목동

건축설계 : 일건 C&C(최관영, 정동명)

구조설계 : 전우구조(윤흠학, 김상범, 정재광, 강정호, 김세익)

PB구조실험 : 광운대 이원호 교수

규모 : 지하4층, 지상22층 철골 및 철근콘크리트구조, 연면적 62,753.30m^2

그림 3
건축가 리처드 로저스

시공: 태영건설 2001.5~2003.12.
감 리: 일건 C&C-정동명, 구조감리: 전우구조-윤흠학
울프 메이어(Ulf Meyer)의 '서울 속 건축 2015'의 건축물 216 중 하나
수상: 2004 한국건축문화대상 준공 부문 우수상

■ 설계 과정

1995년 국제현상설계공모에서 일건C&C와 리처드 로저스 파트너스(Richard Rogers & Partners, RRP, London, UK, 그림 3)의 합작 당선작으로 건설할 계획이었다. 당선작은 지상 50층 연면적 120,285m²로 현 규모의 약 2배였다. 구조설계는 RRP의 협력사 영국의 뷰로해폴드(Buro Happold, Bath, UK)와 전우구조가 상호 방문 협업으로 기본설계를 완성하였다. 지금 그의 사무소(Rogers StickHarbour + Partners)는 런던시내 해머스미스역 근처에 있지만 그 당시에는 런던의 템즈강변에 있었다. 뷰로해폴드는 막구조 설계 전문회사로 업적이 있었고(리처드 로저스를 도와서 런던의 동남부 그리니치 반도에 있는 세계 최대의 돔인 밀레니엄돔을 설계한 바 있다), 대서양에 접한 영국의 옛도시 바스시(Bath)에 있었는데 로마시대 욕탕 등 유적이 유난히 많은 도시이다. 런던과 바스를 기차로 오가며 협의하였다.

1997년 IMF 경제위기를 겪으며 건축주의 건설계획 보류 설계진행이 중지되었다가 1999년초 국내의 경제여건이 호전되어 건물 규모를 축소하여 리처드 로저스의 참여 없이 다른 컨셉의 설계로 마무리하였다. 당초의 당선안의 화려함을 구현하지 못

한 것은 유감스러운 일이었다.

2004 한국건축문화대상 심사에서 “SBS 신사옥은 젊고, 건강하고, 미래를 지향하는 첨단 디지털 방송의 이미지를 잘 표현하고 있다. 건물 전체가 유리로 된 외관은 현대적 감각을 잘 살렸으며, 기둥을 최소화하고 채광을 높인 설계로 밝고 시원한 느낌을 준다.” 그리고 “기능성과 효율성을 강조한 디자인이 돋보인다. 업무 중심의 타워동과 스튜디오동을 유기적으로 연결하는 아트리움에서 이러한 것이 잘 드러난다. 시간과 공간, 인원을 최적의 상태로 관리하는 것, 이것이 SBS 사옥에서 묻어난다.”는 심사평이 있었다.

다매체 다채널 시대로 접어들면서 지상파 방송사의 권한은 점점 약화되는 미래의 방송환경에서 효율성을 강조한 SBS의 경영철학은 경쟁력 강화에 불가피한 측면이 있다. 그러나 완벽한 중앙통제시스템으로 운영되는 SBS 사옥은 편리하지만 한편으로는 사람사는 곳 같지 않은, 야누스처럼 이중적인 모습을 가졌다는 느낌을 지울 수가 없다. 특히 직원들이 언제, 어디를 통과했다는 것이 고스란히 드러나는 출입관리시스템은 업무의 영역을 벗어나 인격권을 침해할 소지도 있다.

■ 구조의 특징

• 24.3m 단일스팬 22층 사무동

사무동은 단일스팬 24.3m의 프리플렉스 합성보로 구성된 55.5m×24.3m(평면형상비 2.3 : 1)의 22층(최고높이 112.3m) 구조이다. 프리플렉스(Preflex) 합성보로 24.3m의 단일스팬 22층으로 내부 공간의 가용성이 높다.

기둥은 강재박스형으로 □-750×750부터 □-400×400까지의 크기를 다양하게 적용하였다. 콘크리트 충전원형강관구조(CFT)로 할 것을 구상하여 설계에서 상당한 진전이 있었으나 CFT내 콘크리트의 밀실충전공법에 대해서 건축계획 담당자, 건축주 측 실무자에게 확신감을 주지 못하여 성사되지 못하였다. 일본에서는 콘크리트충전 상황을 수시 확인하는 감지기기를 설치하여 CFT의 콘크리트 타설 밀실충전에 대한 불안감을 해소하고 있었다. 여기에 CFT를 채택하지 못함에 아쉬움이 있다.

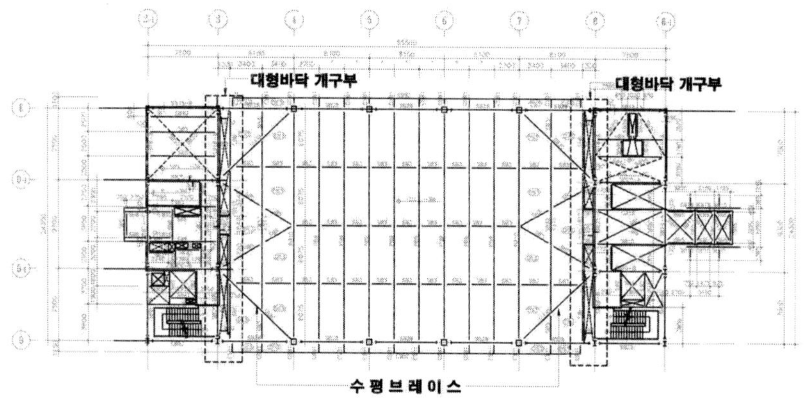

그림 4 기준층 구조평면도(40.5m×27.3m 무주공간)

• 횡력저항시스템

건물의 길이방향은 외부의 모멘트 연성구조와 건물의 양측 코어에 수직브레이스를 설치하여 저항하도록 하였고, 단변방향은 코어벽에 브레이스를 두어 해결하였다.

양측 코어 근처에 대형 바닥 개구부가 있고 사무실과 코어 바닥의 바닥높이차로 인한 다이어프램 강성의 저하를 방지하기 위해 코어와 접한 구간인 3~4열과 7~8열의 바닥에 수평브레이스를 설치 · 보강하였다. 이는 매우 특이한 바닥구조형식이다.

■ 프리플렉스 합성보(Perflex Composite Beam)의 실물대 진동실험

2001년 광운대학교 에센스(ESNS)구조 연구센터(센터장 이원호 교수) 주관으로 24.3m의 1개 스팬을 1:1의 실물대로 제작하여 보 및 슬래브의 진동특성을 규명하였다.

1) 실험체 계획 및 실험방법

실제 하중조건에서 24.3m의 프리플렉스보 실물 크기로 제작하여 프리플렉스 보의 진동성능에 대하여 실험적인 규명을 위해 실물대 실험하였다. 바닥 실험체의 진동원으로 사람의 보행 및 뜀 하중을 적용하며, 충격 진동원으로 임팩트 해머, 모래주머니를 사용하였다. 가진방법에 따른 진동응답은 서보가속도계(servo accelermeter)로 측정하였으며, 임팩트 해머 실험에서는 ICP유형의 압전형 가속도계를 사용하였다. 데이터기록과 분석에는 FFT(fast fourier transform)를 이용하였다

2) 실험결과

슬래브의 모드해석치 및 측정치 비교(슬래브 가진)로 측정치와 해석치 모두 일본의 데크플레이트 시공규준과 우리나라 설계기준에서 정적처짐한계를 고려한 바닥판의 고유진동수 15Hz 이상을 모두 만족하는 것으로 나타났다. 보에서 나타난 고유진동수는 유럽 기준보다는 일본 기준과 거의 흡사함을 보이고 있다.

3) 현장계측

기준층에 대한 현장계측결과 슬래브는 15Hz, 보는 5Hz, 반진폭은 2.45㎛로 실험결과와 유사한 것으로 나타났다.

■ 학술 발표

한국강구조학회지 2003년 9월호, 강정호, 윤흠학, 전봉수〈SBS 신사옥의 구조설계-Structural Design and Construction of MokDong〉

KAL 인천공항정비고 2002 4

180m×90m 다이아그릿 입체 트러스 지붕

그림 1 KAL 인천공항 정비고, 정면폭 180m, 높이 36m

■ 개요

설계 : KACI(이상준)+전우구조(전봉수, 김승원, 윤흠학)+한양대 STRESS(이리형, 이원호, 차승렬, 김영길)

시공 : 한진중공업, 지붕들어올리기(lift up)/ Tony Gee 컨설팅

준공 : 2002년 9월 16일

특징 : B747기 2대 및 B727기 1대를 동시에 정비할 대공간(90m×180m×28m), 다이아그릿(H=11m), 역삼각형 래티스기둥으로 이루어진 포털프레임구조, 높이는 공항 본건물 높이 기준 40m 이하 유지

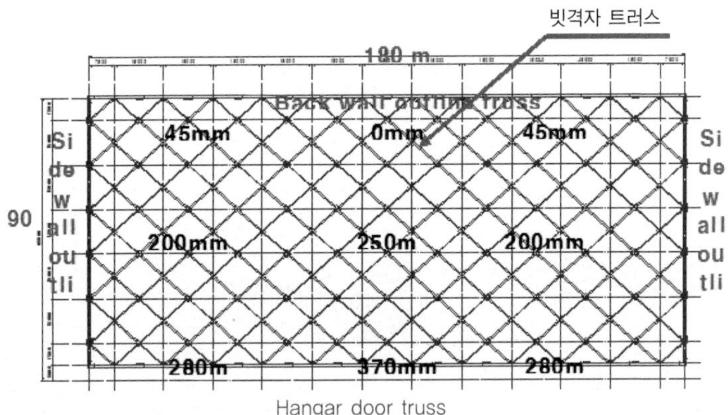

그림 2 지붕구조평면도(수치는 트러스의 캠버)

구조물 개요

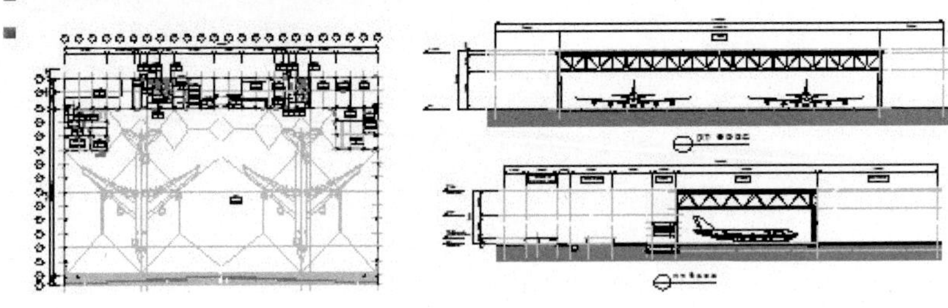

그림 3 정비고 평면도 및 종횡단면도

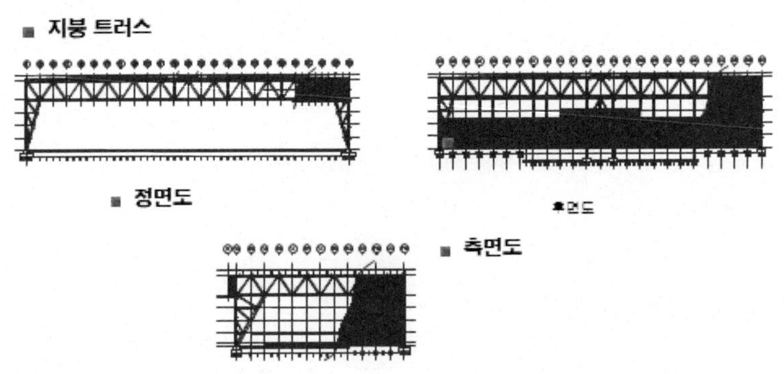

㈜ 전우구조 KAL 인천 국제공항 hangar 10/31

그림 4 종횡단면도

바람 하중

- **설계풍속 : 41.8 m/sec (기본풍속 30 m/sec, 노풍도 D), 설계속도압 : 109.2 kg/m²**
- **풍압 계수 (C_p)**

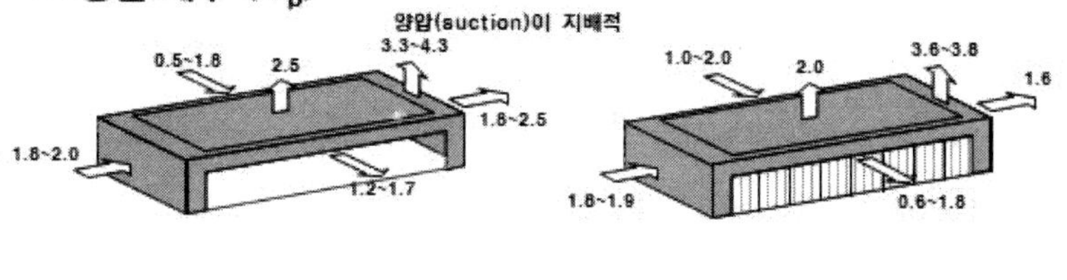

그림 5 풍압실험에 의한 풍력계수

■ 설계 과정

KAL은 김포공항 내에 이와 유사한 규모의 정비고 및 사무소 건물을 미국의 SOM설계사의 설계로 건설한 바가 있다. 그러나 설계 및 건설과정에서 발생한 여러 문제점을 검토하여 인천공항 정비고를 국내 설계자에게 위탁하기로 방침을 세웠다. KAL은 한양대학교 초대형구조시스템 연구센터(STRESS)와 전우구조의 협업팀을 구조설계자로 선정했다.

구조설계용역의 계약서에 '설계도서 작성시 해외유명 용역사의 기술 검토를 받는다' 는 조건이 있었다. KAL은 건축설계사로 인천국제공항여객터미널 설계자인 (주)까치건축(KACI)으로 결정했다. 설계자 선정 순서를 달리한 것은 항공기 정비고에서 구조의 중요성을 충분히 인지하고 있었기 때문이다. 초대형 항공기 정비고에 대한 현존 건물에 대한 조사, 설계자료 수집 및 기술자문을 위하여 STRESS는 니켄세케이를, 전우구조는 홍콩 ARUP을 섭외하였다. 출장전 구조시스템 5개의 안을 구상하고 이에 관한 비교 · 분석자료를 준비했다. 정비고의 구조형식을 결정한 요소로는 주기둥의 스팬, 항공기 출입을 위한 전면 개방, 이착륙 항공기 안전운행을 위한 건물의 높이제한, 천장주행 크레인의 용량과 대수 등이 기본 요소였다.

• ARUP, Hong Kong 방문 협의

건축주측의 담당자를 포함한 견학조사팀을 9명으로 구성하고 1999년 3월 21일부터 3월 25일까지 4박 5일의 일정으로 3월 22~23일은 홍콩 ARUP 일정. John Davis, Craig Gibbons, Steeve Tuke 등은 ARUP의 간부임에도 하루 온종일 귀한 시간을 내주었다. 나와 John Davis가 LG다동사옥 및 금호그룹 광주사옥의 톱다운 엔지니어링 등으로 다진 친목이 한몫했다. 준비한 5개 시안을 중심으로 구조형식별 장단점 등을 의논한 결과 2개 안으로 압축 · 유도하는 과정에서 보인 ARUP의 합리적인 방식에 주목하였다. 당시 영국 히드로공항의 정비고 설계에 참여한 항공기 대형화 추세에 따라 정비고의 규모가 커지고 있어 특히 항공기의 진출입구 높이가 재래식의 26m보다 6m 이상 더 높아져야 하는데 첵랍콕공항의 정비고는 재래식이므로 더 높은 새 정비고를 계획 중이라 하였다. 다음 날 예정된 첵랍콕공항의 정비고 견학이 취소되었는데 항공정비고를 견학하려면 영내 출입을 위한 신원조회에 수일 정도 걸린다고 하여 당시의 일정상 포기하였다. 상세설계 Craig Gibbons와 Steeve Tuke의 자문을 받았다.

• 니켄세케이 협의 및 나리타공항 ANA정비고 견학

3월 24일. 동경 니켄세케이(日建設計, NK) 사무실에서 야노(矢野) 고문의 개괄 설명 후, 쓰노다(角田) 부장 및 실무과장 등과의 회의는 NK가 설계한 정비고와 여타의 정비고 등 실례를 중심으로 회의를 진행하였는데 회의라기보다는 NK의 설명회나 발표회에 가까웠다. 항공기 정비고의 기본성능, 소요높이, 주기방향, 지붕 구조형식, 소요 강재량, 지붕의 양중방식, 천장에 달리는 각종 크레인 설비, 행거 도어 특징 설명과 질의응답으로 진행하였다.

야노 선생은 일본건축구조기술자협회 회장, NK해외담당 사장과 2002년 동경에서의 세계구조기술사대회(SEWC 2002) 회장을 맡은 바 있다. 회의기간 중 NK의 철저한 일정관리, 자세한 설명 및 상세 자료는 기본적으로 일본인 특유성에서 비롯된 것으로 본받을 만했다. 그날 오후 NK가 설계한 나리타공항의 ANA정비고와 JAL정비고 A 및 B동을 견학하였는데, 3개의 초대형 정비고의 구조형식은 물론, 정비 크레인의 종류, 주기 방향, 조류서식 방지대책, 우수 재사용계획, 박스거더의 이음 방법, 건물의

구조형식의 결정 과정

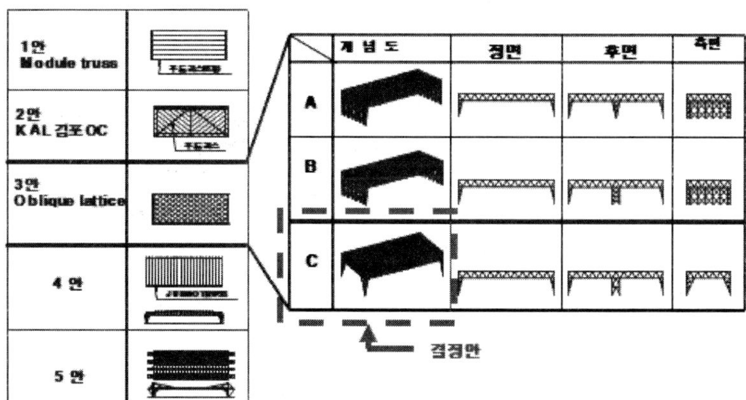

❖ ㈜ 전우구조 KAL 인천 국제공항 hangar **15/31**

그림 6 구조형식의 결정 프로세스

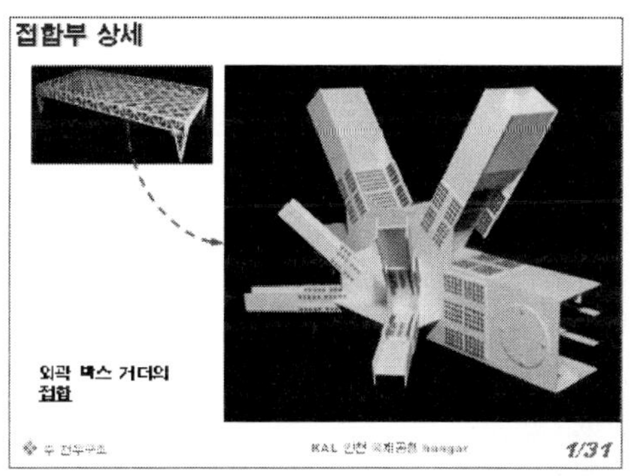

그림 7 접합 상세(모형)

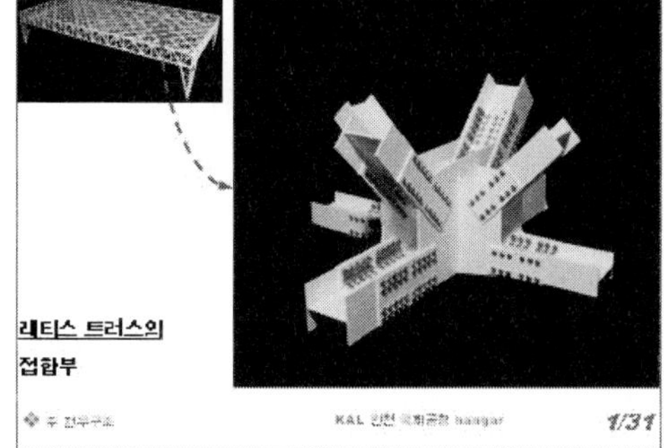

그림 8 접합 상세(모형)

유지관리 등에 대한 설명을 들었다. 공항출입허가 등을 사전에 섭외해놓는 치밀함을 보았다.

다음날 25일 오전, NK본사 회의실에서 야노 고문, 쓰노다 부장, 이쿠치 담당자와 실무적인 협의와 7개 안에 대한 비교 · 검토, ANA정비고 건설시 가설공사, 강재량 등에 대한 종합적인 검토를 하였다. NK는 7개 안 중 2개 안으로 압축하여 추천하였다. 그날 오후 동경역발 나리타 공항행 기차이동 중 출장이 끝나갈 무렵 시스템의 방향이 잡혀가고 있었다. 이중격자 지붕에 포털프레임 형식으로 확정하고 상세설계를 진행하여 자문회의를 거치면서 마무리되어 납품하였다. 접합부 개발을 위해 모형을 제작하여 확인된 소요 강재량이 당초 예상보다 많다고 하여 VE작업을 별도로 절감 조정하였다.

■ 초대형 지붕트러스의 리프트업

180m×90m의 대공간구조물을 Lift-up공법을 선정하였다. 이 공법은 한진중공업이

그림 9 각부 상세 사진

그림 10 지붕트러스의 현장 조립

그림 11 지붕트러스 들어올리기(Lift Up)

영국의 Tony Gee의 자문을 받아서 수행하였다.

Lifting 후 기둥과의 접합 후 Lowering 및 Presetting의 절차가 있었다. 2001년 11월 22일 총중량 6,000톤의 초거대 지붕구조의 양중 행사에서 이 프로젝트에 참여한 모든 이가 가슴을 조이며 6개의 마스트로 양중되어 올라가는 장중한 광경을 지켜보았다. 양중 단추를 누르자 들려 올라가는 구조물이 내는 단 몇 초간의 굉음은 마치 구조물이 탄생하면서 내는 고고한 소리로 들렸다(그림 10, 11).

■ 학술 발표

· 한국전산구조공학회의 소프트웨어 발표회, 2000.4.8

· 대한건축학회 학술발표대회, 2001.11.13

· 한국강구조학회 학술발표대회, 2002.6

· SEWC 2002, Tokyo, 2002.10

· POSCO 강구조작품상 특별상 수상, 2004.7.2

KTX 광명역사 2004

5

스팬 86.1m의
3교절 포물선형 비렌딜트러스,
국내 최초 주강재 접합부 사용

그림 1 KTX 광명역사 야경

■ 개요

규모 : 건축면적-48,184㎡ / 지하2층, 지상2층(철골+철근콘크리트조)

건물 길이 : 297m, 폭 148m

현상 및 기본설계 : 무영건축(안길원)+프랑스 AREP+APG+RFR(Bardsley+Blassel)

상세설계 : 무영건축+전우구조(김호영, 김세익, 정재광)

시공 : 동부건설

그림 2 역사 내부

SNCF(프랑스 국유철도 운영법인)는 TGV를 비롯한 프랑스 철도를 운영하면서 물류, 설계, 건설, 운영 및 유지보수 서비스를 제공하는 회사로서 우리나라의 고속철도 차량 선택 및 검사를 지원하였고 신호, 전차, 트랙, 철도 차량 유지관리, HSR운영, 안전관리, 마케팅 및 승객을 포함하여 광범위한 기술로 다수의 관리자, 엔지니어, 임원들을 교육했다. 그 산하에 종합컨설팅회사인 AREP(1997, Jean-Marie Duthilleul과 Étienne Tricaud가 설립)은 타운 플래너, 건축가, 엔지니어, 경제학자, 기술자, 디자이너, 프로젝트관리자 등 여러 나라에서 온 수백명의 직원이 있다. 무영건축은 이러한 배경의 AREP과 제휴하여 KTX 광명역사설계경기에 임하였다. 당시 양국 정부가 TGV기술과 외규장각의 도서 340권 등 문화재 반환협상이 진행되던 때였기에 시의적절했다.

■ 설계 진행

1998년 마포 사무소 시절. 중앙대 건축과 김덕재 교수께서 만나자고 하셨다. 근처의

가든호텔 로비로 가니 무영건축 안길원 회장과 함께 계셨다. 차를 마시며 "안 회장이 최근에 수주한 KTX 광명역사의 구조설계를 전우구조에 맡길 의향이 있는데, 무영건축은 해외설계사와의 협업 경험이 많지 않고 더구나 구조설계는 더욱 그러하다"면서 내부적으로 의논하여 '전우구조가 적합하다' 고 하여 부탁하고자 한다라고 하셨다.

불감청고소원이었다. 유수의 건축설계사무소 회장이 자신의 스승을 모시고 전우구조를 방문해서 함께 하자는 부탁이니 이런 행운이 또 있나 싶었다. 그후 설계는 일사천리로 진행되었다.

RFR은 'Rice + Francis + Ritchie' 의 이니셜을 따서 1981년에 설립한 구조설계 아틀리에이고 1992년 57세로 타계한 피터 라이스(Peter Rice)의 집념이 서린 곳이며 RFR은 1999년 당시 헨리 바드슬리(Henry Bardsley)가 대표로 있었다. 인천공항1설계에 관여한 휴 더튼(Hugh Dutton)은 회사 HDA를 설립하며 RFR을 떠났고 라이스의 장남 키란 라이스(Kiran Rice)가 있었다. 프란시스 블라셀(Francis Blassel)은 프로젝트 엔지니어로 성실했고 파리 시내를 자전거로 출퇴근하는 건강을 과시했다. 학구적이어서 미국의 한 대학에 출강도 한다고 하였다. 바드슬리 사장은 설계회사 대표라기보다는 교육자처럼 보였다. 수년 후 그는 RFR을 떠나 HDA로 합류했다.

설계를 진행하면서 RFR 본사에 1997.2(6일), 1999.6(9일) 두 번의 출장으로 설계를 마무리했다. 이 건물의 특징 중 하나인 주강재 접합부는 국내에 선례가 없었으므로 RFR의 추가 자문이 필요하여 무영건축 안길원 회장의 배려로 상세설계를 진행할 수 있었다.

■ 구조적 특징

중앙부에 86.1m스팬 3교절 포물선형 아치(3hinged parabolic arch) + 좌우 양측에 37.2m스팬의 눈썹형 비렌딜 각관트러스 지붕

래티스기둥 + 로드바 브레이싱, 복합구조로 수평하중에 저항

다수의 부재가 모이는 번잡한 접합부를 주강재(cast steel)로 해결

37,200
Aisle Truss
86,100
Central Roof Truss
37,200
Aisle Truss
17,200
30,400
13,200
G.L.
Foot Bridge
Cross Section
㈜ 전우구조
고속철도 광명역사
13/45

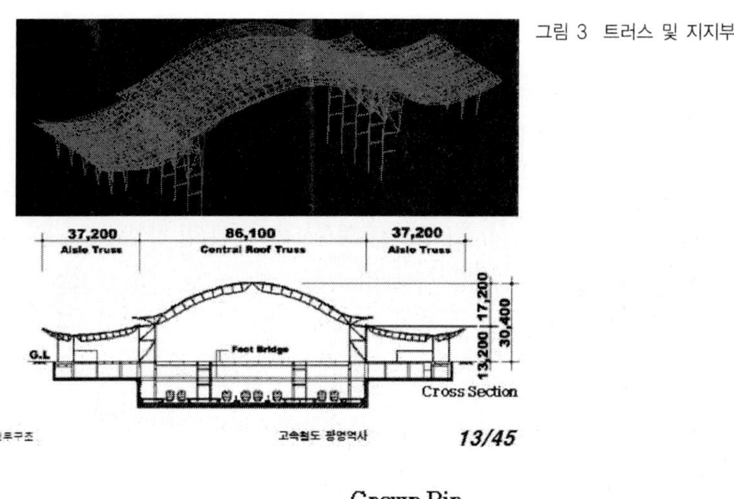

그림 3 트러스 및 지지부

Crown Pin

그림 4 트러스 중앙 정점의 크라운핀

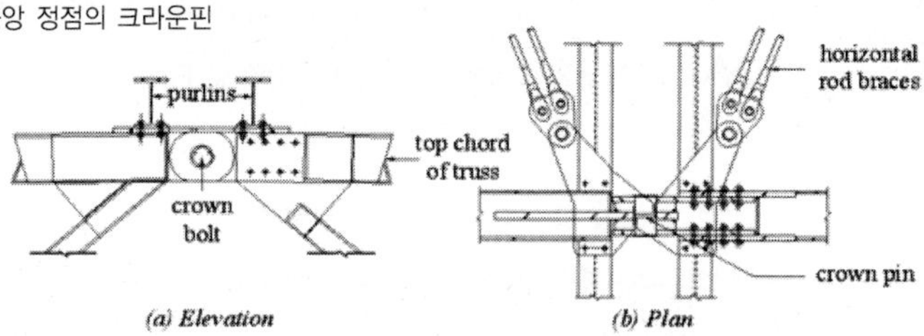

purlins
crown
bolt
top chord
of truss
horizontal
rod braces
crown pin
(a) Elevation
(b) Plan

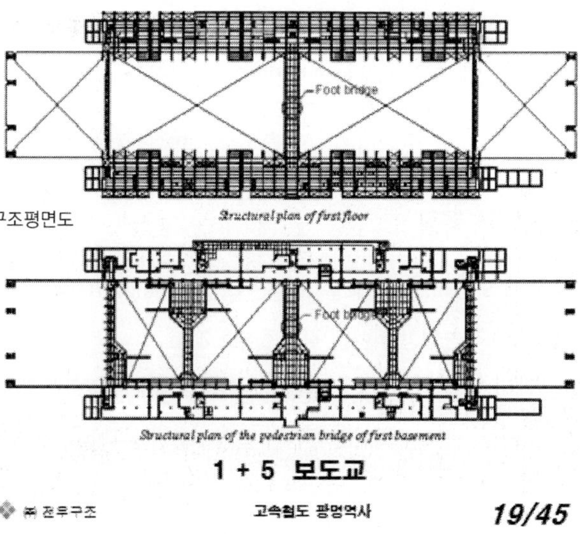

Foot bridge
Structural plan of first floor
Foot bridge
Structural plan of the pedestrian bridge of first basement
1 + 5 보도교
㈜ 전우구조
고속철도 광명역사
19/45

그림 5 1층 및 보도교층 구조평면도

그림 6 내부 트러스 및 지지부 전경

그림 7 내부 천창

■ MEMBERS

	COLUMN	HORIZONTAL MEMBER	HORIZONTAL X-BRACE
SECTIONS	F-168X12	H-194X150X6X9	F22 ROD BAR

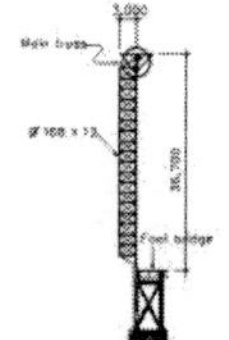

그림 8 파사드 트러스

• **3교절 포물선형 비렌딜 각관아치 트러스 지붕**(3Hinged Parabolic Virendeel Arch Truss Roof)

3교절 포물선형 아치는 곡선보의 일종이고, 중앙부 최고점(crown)과 양측 지지점이 교절(hinged)인 2개 단면으로 구성된 정정구조물로써 수평력이 유지되어 그로 인한 아치의 설계휨모멘트가 현저히 줄어들어 소요 강재량이 적다. 트러스의 사재를 제거하고 사다리형(virendeel)으로 처리하여 시각적으로 단순 · 명쾌하게 하였다.

지붕은 9m 간격의 3교절 아치 트러스로 수직하중은 아치의 휨내력으로, 수평하중은 지붕의 쉘내력과 래티스형 수직트러스 기둥으로 저항하게 하고 좁은 간격의 펄린은 트러스 상현재의 좌굴에 큰 효과가 있었다. 아치 트러스의 부재단면은 각관을 선택하여 단순미 추구와 공기노출, 도장면적을 최소화하였다. 다만, 각관의 규격이 생산규격(rolled)을 초과함으로써 공장 제작(built up)하였다.

• **남북단 파사드 트러스**

폭 56.1m, 높이 36.7m의 남북단 외벽의 파사드를 지붕트러스 및 3개의 수평브레이스로 설계했다.

• **주강재 접합부**(cast steel connections)

접합부의 경제성, 효율성 및 미적 효과를 위해 500여 종의 접합 부분을 20개로 축소조정하여 주강재로 하였다. 건물에서 주강재 사용은 매우 드물며 이 건물이 국내 최초이다. 그만큼 제작 등 시공상 어려움이 있었다.

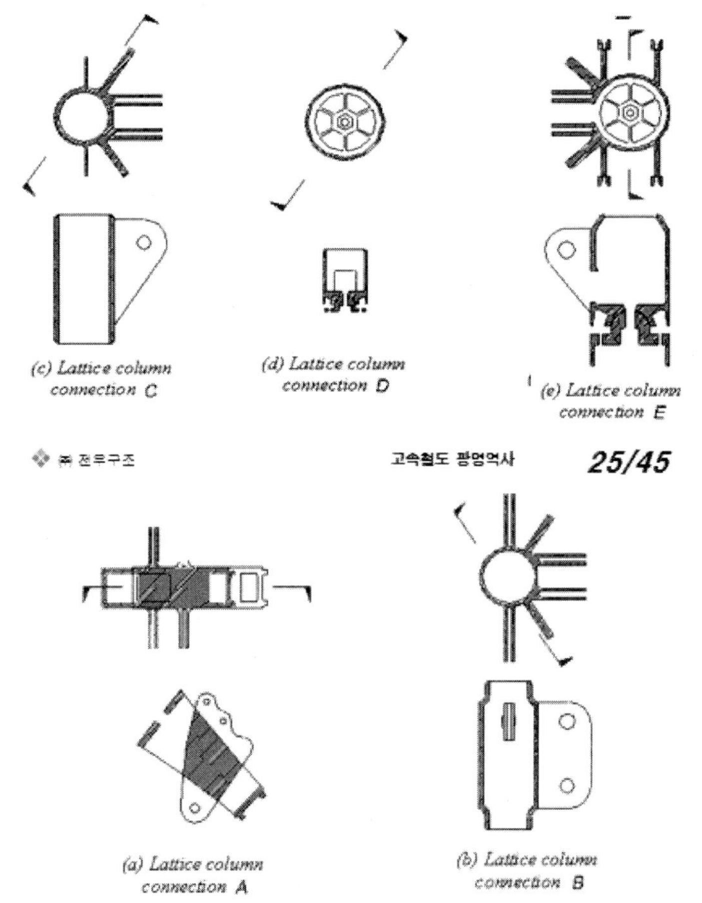

그림 9, 10 주강재 접합부 상세도

그림 11 주강재 주두 접합부

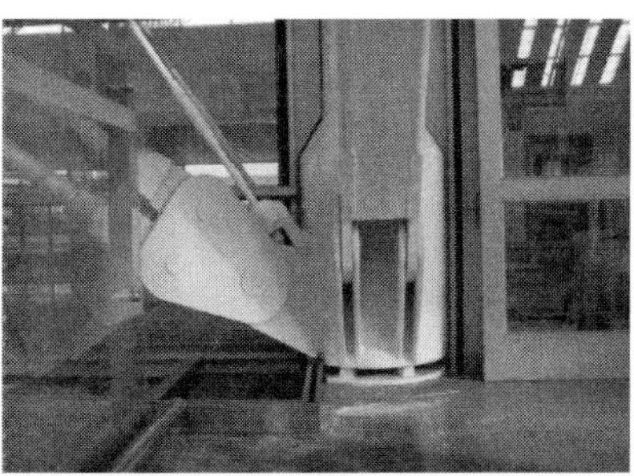

그림 12 주강재 주각접합부

■ 학술 발표 - NASCC 2004, The Steel Conference, Long Beach, Ca, USA, March 24~27

프로젝트를 설명함에 논문을 소개함이 일반적이나 2004.3.26 NASCC 2004에서 발표한 PPT슬라이드의 노트(Slide Note)를 별도로 정리하여 발표 당시의 현장감을 상기하였다.

Cast Steel Connections for a High Tech Building in Korea

Presented by Jeon, Bong soo

Thank you Chair Mr. Vayas, Good afternoon, ladies and gentlemen.

I' m very honored to deliver this subject which is 'Cast steel connections for a High Tech Building' .

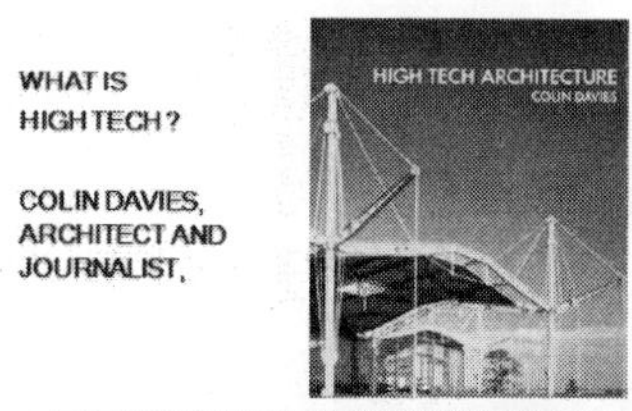

And for our good communication, I' d like to introduce a design case of the terminal building for KTX Gwang-myeong high speed railway station in Korea.

What do you think about the in Architecture? I' d remind you of that Collin Davies, an architect and a journalist, who has contributed regularly to British and European architectural magazines, defined the term in his book titled "High Tech Architecture" which you' re looking at the book cover. He said, it' s very Interesting that 'all the High Tech architects agree on at least one thing;

They hate very much the term "High Tech". Apart from a natural human unwillingness to be pigeon- holed, there seem to be three main reasons for this as Davies described.

The first is that in the early 1970' s, "High Tech" was often used as a term of abuse by the architects who had taken up the fashionable cause of "alternative technology".

As the term passed into more general use it lost its negative connotations, but High Tech architects themselves still prefer to use some phrases as "appropriate technology".

Secondly, it is an ambiguous term. High Tech in architecture means something different from High Tech in industry. Actually in the industry, it means electronics, computers, silicon chips, robots, and the like.in the architecture, it now means a particular style of building. But as soon as we use the word style we come up against the third objection. In the USA the term High Tech does refer mainly to a style, but in UK it mean something much more than rigorous.

Most people interested in contemporary architecture know what High Tech means, at least in general terms. And if High Tech has nothing to do with high technology, well neither has Gothic anything to do with Goths. So exactly what does it mean? The physical and ideological features of High Tech are analyzed in some details. For now we can simply say that its characteristic materials are metal and glass, that is purports to adhere to a strict code of honesty of expression, that it usually embodies ideas about industrial production, that it uses industries other than the building industry as sources both of technology and of imaginary, and it puts high priority on flexible of use.

Let me say this. If Mr. Davies allow me to put one more thing into the definition of High Tech Architectures, I' d like to add the "cast steel connections as an characteristic expression of architecture". The cast steel connection is a kind of "The plug-in pod- A practical strategy".

Mies van der Rohe

- Architecture be outmoded and replaced by technology.
- Whenever technology reaches its real fulfillment it transcends into architecture"

I' d like to recall here again Mies van der Rohe' s address delivered at the IIT, Chicago. He said; 'Some peoples are convinced that architecture will be outmoded and replaced by technology.

Such conviction is not based on clear thinking. The opposite happens. Wherever technology reaches its real fulfillment it transcends into architecture' Now I' ll present briefly the terminal building for KTX Gwang-Myeong high speed railway station which used a lots of details with the cast steel connections.

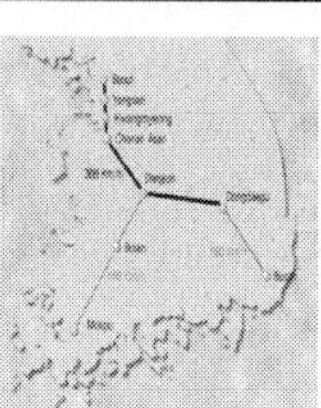

The KTX, Korea Train Express, built over 12 years at a cost of 12 billion US $ and modeled on the TGV of France, began its services for the public from April 1, 2004. This map shows the routes of KTX. The thick line indicates the speed of 300 km/H and thin ones are 160 km/H. Five stations were newly constructed and the other were expanded or remodelled. This is a south-west exterior view of the station. Roof shape architecturally looks like the symbolized curves of the traditional buildings in Korea. The terminal building is connected with underground concrete tubes for trains at north and south ends.

And we see an evening view of the station at the same place. I have known one senior architect. An architect who involved in design of this building confesses what he didn' t expect such a great view of the roof and the fantastic harmony of sun rays and shades, and he adds even though he is professional architect, he is not able to imagine all what he designed. This view is the interior side of the 300 meter long aisle,

Here you see the Virendeel trusses of the roof and side curtain walls. And outside roof trusses and the tube columns with the vertical bracings of rods...We' re looking over-

all structural system at a foot bridge. And also looking the roof trusses, purlins and supporting columns. The building is horizontally 306 meters in length, 160 meters in width, and, 30 meters above grade and 15 meters below grade in section. Starting from the international design competition to the completion of construction, it needed 7 years quite a long time. 3 years for the design, and another 4 years for the construction with a discontinuance by the financial difficulties in Korea for 1998-1999, The construction cost of the building itself was in the neighborhood of 100 Millions US $ The owner of this station is the KTX.

The architect, a consortium of Moo-Young A&E, and AREP of SNCF, France were selected by the International Design Competition. I had a good chance to work with RFR, French consulting engineer, the late Peter Rice founded, from the phases of competition to schematic design. The construction document package was prepared by the local architect and engineers. The general contractor was the Dong-Bu E&C. Design loads for this building were in accordance with the Korean Building Code. The live loads for roof was 1.0 kN/m2 and for entrance hall, passageway and concourse were respectively 6.0 kN/m2 .And the snow loads here. The earthquake loads were based on this formula.

The acceleration at short period was as equal to 0.11g. The temperature difference for thermal load was assumed 45 degree in Celsius. The wind pressure by train speed were simulated, evaluated by a wind tunnel test. and resulted as shown at the tabulated here. But we found them a little bit low pressures than those specified by the Code. A model for structural analysis in red color on top of this slide and a cross section at bottom presents the structural concept of the building. A central roof with two aisles each side covers eight lanes of rail ways and two concrete building blocks connected by foot bridges at grade and B1 level. The platform is at B2 level. Two lanes are for non-stop bullet trains and 6 lanes are for stop/start trains. Substructure with concrete frames is sitting on the 3 meters mat foundations. And the central roof is a three-hinged Virendeel truss arch, and two aisle roof at each

Side wall is also Virendeel truss, all roofs are supported by latticed column units. The architect preferred and insisted strongly the shape of ladder without diagonal members With hollow square tubes. A central truss arch has a span of 86 m and height of 16 m from the top of supporting Column units and this 3-hinged Virendeel arch trusses are connected with adjacent Trusses by knee-braced purlins.

3 Hinged Arch Truss

- TO RESIST UNSYMMETRICAL LOADS BY FLEXURAL FORCES DEVELOPED POINTS OF ARCH TRUSS IN TRUSS
- TO RESIST LATERAL LOADS BY SHELL ACTION OF ROOF TOGETHER WITH VERTICAL BRACINGS AND LATTICED COLUMN UNITS.
- UPPER CHORDS OF CENTRAL ROOF TRUSS, EFFECTIVE FOR BUCKLING BY CLOSE SPACED PURLINS

23

The outstanding points of 3 hinged arch truss are

1. To resist unsymmetrical loads by flexural forces developed in truss.
2. To resist lateral loads by shell action of roof together with vertical bracings and lattice columns s.
3. Upper chord were an effective for buckling resistance by the closely spaced purlin

This shows a unit of 8 latticed columns connected with horizontal members and rod bar bracings. Note that the building is comprised of 5 such units. The latticed columns with vertical and diagonal bracings transmit the loads from roof to foundation, while a lower diagonal members is in compressive forces, an upper diagonal members is in tensile forces, and vise versa. This picture shows end truss and latticed columns with back structures for façade walls. And here we' re looking at the mountains outside thru the gateway façade glass wall. The oval shaped sun roof and foot-bridges connecting with two concourses at B1 level are shown.

At the north and south gateway, the façade curtain walls which are 86 meter wide and 36 meter high and supported by trusses and a foot-bridge at ground level. The loads are distributed to the vertical trusses uniformly by three horizontal X-braces. The upper and lower chords of the truss, Which transmit the loads to the upper end of the foot bridge at B1 floor support the vertical loads.

The member sizes, façade picture and the vertical truss are shown here. A plan view of 6 foot bridges for passengers.

One is at the ground level and 5 are at B1 level. The size of the mat foundation is 297 meter by 143 meter with thickness of 3.0m. Expansion joints in the mat preventing from the cracks and excessive deformation are disposed along N-S direction isolating the platform from the railway line. Concrete piles were driven to improve the bearing capacity of the mat to keep enough stiffness and masses minimizing vibration by passing trains. Three type of connections for the steel frames were used. The shop welds for the splice of hollow sections to maintain smooth appearances.

- CAST STEEL CONNECTIONS
  - 500 PIECES OF CAST STEEL JOINTS CATEGORIZED IN 20 TYPES
  - TO SIMPLIFY A JOINT DETAIL
  - TO SATISFY AN AESTHETICAL VIEW OF THE CONNECTION
  - TO ACHIEVE AN ECONOMICAL AND MANUFACTURING EFFICIENCY
  - FOR 500 PIECES OF CAST STEEL JOINTS CATEGORIZED IN 22 TYPES

ISSS '05 32

2. Bolt connections for assembling large structural blocks such as an the high stren- The size of the mat foundation is 297 meter by 143 meter with thickness of 3.0m

Now we have to talk about the cast steel connections. 500 pieces of cast steel connections were categorized into 20 types aiming at simplification of joints together with the satisfaction of the aesthetic appearances as well as achieving economy and efficiency in fabrication.

Let' s discuss about the specifications for the cast steel,

Material ; - en10113-2 grade S 355 of Korean Industrial Standard / - minimum yield strength of 355 Mpa / - minimum tensile strength of 470 Mpa / Specifications for test in accordance with /- mechanical tests by KS B 0802 / - Ultrasonic examination by ASTM 609 / - Magnetic particle examination by ASTM E709 / - Chemical testing by KS D 1801 / - Welds approved by inspection agency / - Dye penetrate test by BS 6443 /

We' re looking at the typical types of cast steel connections. Here is two types shown by the details of plan and section view, And another details for the 3 types of steel casting connections. It looks complicated and yes it was in the reality. And the details for other two types of the joints. This shows the details for the crown of three hinged arch truss connected by a high strength crown bolt and cast steel, which are braced by horizontal rod bars. And let' s take a look at this picture for constructed cast steel for column bases. This is a connection at the head of lattice column.

For the roof connections between roof blocks for spit and expansion joints.

The cantilevered knee braced purlins projected from each block were installed.

Another complicated joint are here. And a roof joint.

CONCLUSIONS

1. As it open on April 1, 2004, this station with the majestic appearance, the extensive interior space, and the smart structural system is to be a distinguished landmark of the KTX in Korea.

ISSS '05 45

Now here is three concluding remarks which I had. Firstly, The KTX Gwang-Myeong station will be open on April 1, 2004, showing the majestic appearance, the extensive interior space, and the smart structural system as a High Tech Architecture is a distinguished landmark of the KTX in Korea. Secondly, The crucial factor has been the re-emergence of the structural engineer as a creator of High Tech Architecture and the innovative technology needed for daring forms and spans. And the structural engineers are encouraged in experiencing of design, fabricating and installation of the cast steel joints in reality for High Tech Architecture. Thirdly, The cast steel connections in the case of Gwang-myeong station were manufactured and fabricated in the motor shop by relatively high cost. And still at beginning stage in building construction society in Korea. And we recognize that the construction industry is requested to develop itself and to supply the steel cast cost connections by relatively reasonable and economical cost. Thank you very much for your listening and paying attentions.

그림 13 NASCC 2004 발표자 명찰

발표장에서 만난 Robert Tang(미국 Peterson Beckner, CEO) 씨는 청강 후 나에게 건넨 명함의 뒷면에 다음의 메모가 있었다.

"Congratulations for your magnificent achievement! Robert."

백남준 아트센터 2008

6

UIA국제설계경기 규정에 따라 당선작을 선정

그림 1 백남준 아트센터 전경

■ 개요

위치 : 경기 용인시 기흥구 상갈동 146

경기문화재단 : 송태호 대표, 건축가 김종성, 전문위원 김주인, 전시자문 김홍희 박사, 건축 기술자문 신동우 교수

건축가 : 건축가-독일 Kirsten Schemel, Marina Stankovic, KSMS

구조-독일 Knut Goeppert, Schlaich Bergermann und Partners

국내 설계 : 창조건축(김병현, 이강우, 박봉준)+전우구조(전봉수, 윤흠학, 손승현, 강윤구)

규모 : 지상3층, 지하2층, 연면적 5,600sqm

주요시설 : 전시실, 비디오 아카이브, 다목적실 등

시공 : 현대건설, 기공(2006.5.9), 준공(2008.4.30)

수상 : 2008년 한국건축문화대상 본상(2008.9.22)

제4회 대한민국 토목건축기술대상 건축물 위락용 부문 최우수상(2008.12.18)

경기도건축문화상 사용승인 부문 은상(2009.11.27)

좋은건설 발주자상 우수상(국토해양부장관) (2009.12.9)

울프 메이어(Ulf Meyer)의 '서울 속 건축 2015' 의 건축물 216 중 하나

그림 2 외관

그림 3 실내에서 본 외벽

■ 설계 과정

그림 4 백남준의 다다익선, 국립현대미술관 소장

2003년 430여 명이 참여한 UIA의 추천공모전에서 독일의 키르스텐 쉐멜(Kirsten Schemel)과 마리나 슈탄코빅(Marina Stankovic)의 KSMS안을 선정하였다.

1932년생 백남준은 2006년 1월 29일 미국 플로리다주 마이애미의 아파트에서 작고하였다. 향년 74세였다. 국내에서는 '한국적이면서 세계적인' - 문화일보, '백남준, 장한 선구적 예술가' -한국일보에서 기사로 고인을 기렸다. 2월 2일. 국립현대미술관 1층 그의 작품 '다다익선' 앞에 차려진 분향소에서 강윤구 실장과 함께 분향 조문했었다.

"나의 실험적 TV는 항상 흥미로운 것은 아니다. 그렇다고 항상 흥미롭지 못한 것도 아니다. 마치 자연이 아름다운 이유는 아름답게 변하기 때문이 아니라 단지 변하기 때문인 것처럼" - 백남준의 독일 소도시 부퍼탈 첫 전시회 후 자작시에서(1963).

■ 설계 진행

• **Ms. Schemell의 내방**

2003.10.25 KSMS의 건축가 Ms. Schemell과 Thomas Herr 양인이 전우구조를 내방하여 프로젝트 소개, 한국의 설계 및 시공현황 문의 및 전우구조의 설계 합류를 제안했다. 건축가가 구조사무소를 방문하여 함께 설계하자는 제안을 그것도 독일의 여성건축가가... 너무 생소하였기에 직원 모두 창사 16년만의 진귀한 기회라 모든 직원들이 흥분했다. 그녀가 내방한것은 SBP의 Kmut Goeppert의 소개로 내방하였음을 후에 알았다.

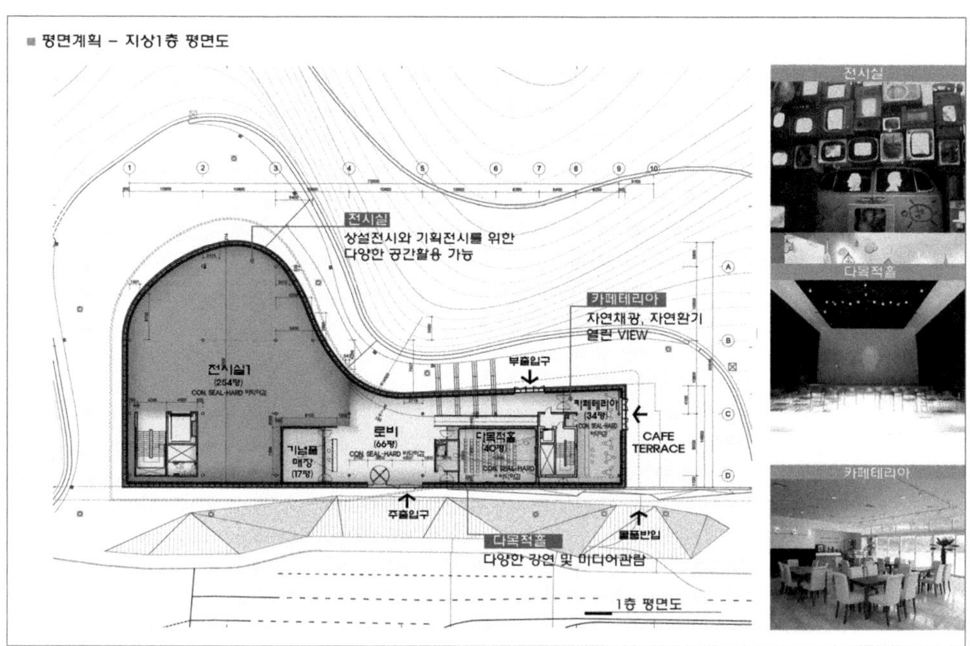

그림 5 1층 평면도

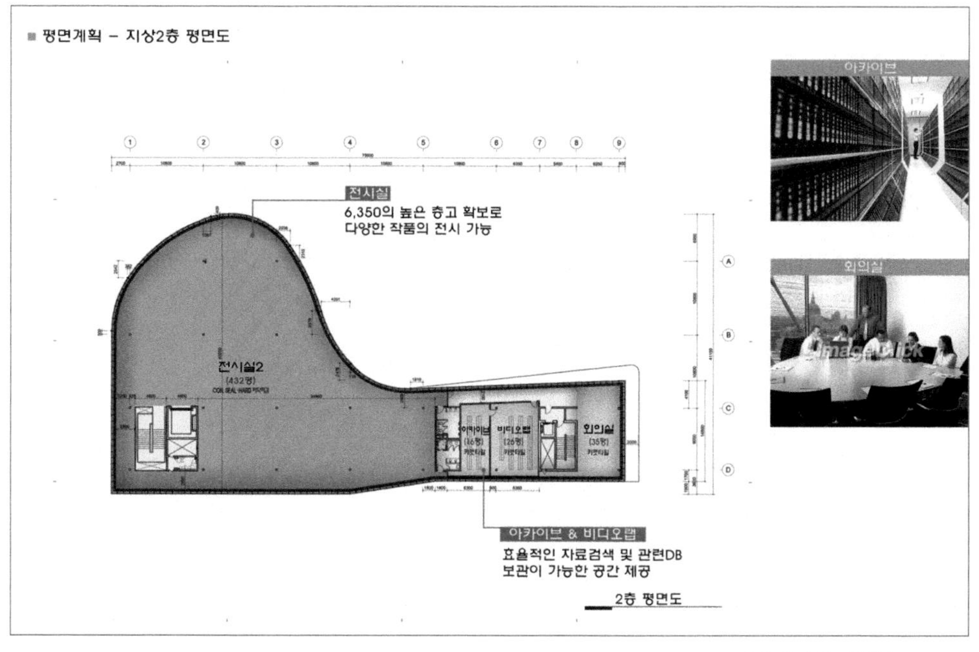

그림 6 2층 평면도

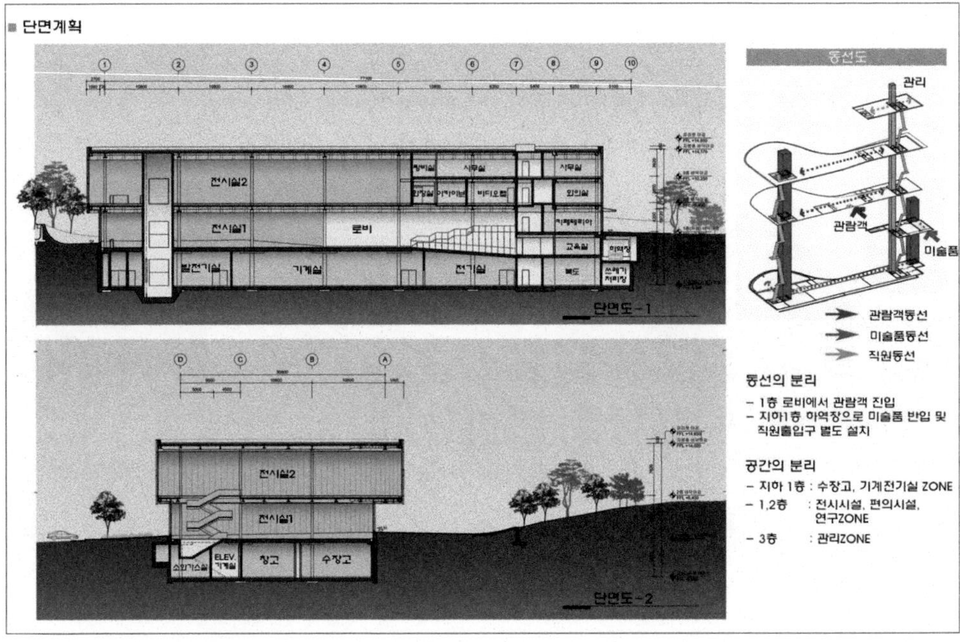

그림 7 3층 종횡면도

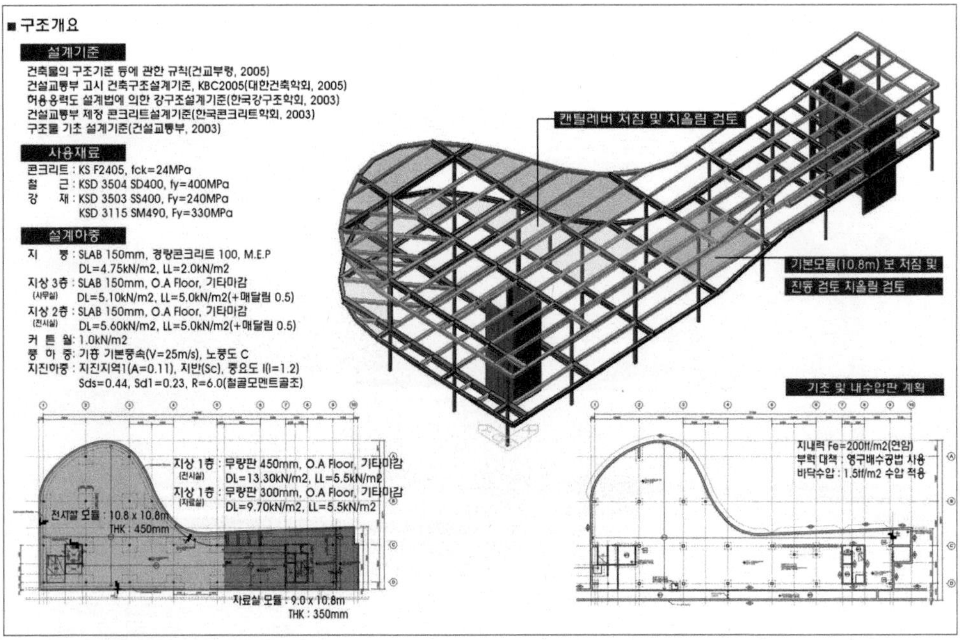

■ 구조개요

설계기준

건축물의 구조기준 등에 관한 규칙(건교부령, 2005)
건설교통부 고시 건축구조설계기준, KBC2005(대한건축학회, 2005)
허용응력도 설계법에 의한 강구조설계기준(한국강구조학회, 2003)
건설교통부 제정 콘크리트설계기준(한국콘크리트학회, 2003)
구조물 기초 설계기준(건설교통부, 2003)

사용재료

콘크리트 : KS F2405, fck=24MPa
철 근 : KSD 3504 SD400, fy=400MPa
강 재 : KSD 3503 SS400, Fy=240MPa
KSD 3115 SM490, Fy=330MPa

설계하중

지 붕 : SLAB 150mm, 경량콘크리트 100, M.E.P
DL=4.75kN/m2, LL=2.0kN/m2
지상 3층 (사무실) : SLAB 150mm, O.A Floor, 기타마감
DL=5.10kN/m2, LL=5.0kN/m2(+매달림 0.5)
지상 2층 (전시실) : SLAB 150mm, O.A Floor, 기타마감
DL=5.60kN/m2, LL=5.0kN/m2(+매달림 0.5)
커 튼 월: 1.0kN/m2
풍 하 중: 기흥 기본풍속(V=25m/s), 노풍도 C
지진하중 : 지진지역1(A=0.11), 지반(Sc), 중요도 I(I=1.2)
Sds=0.44, Sd1=0.23, R=6.0(철골모멘트골조)

캔틸레버 처짐 및 치올림 검토
기본모듈(10.8m) 보 처짐 및
진동 검토 치올림 검토

지상 1층 (전시실) : 무량판 450mm, O.A Floor, 기타마감
DL=13.30kN/m2, LL=5.5kN/m2
지상 1층 (자료실) : 무량판 300mm, O.A Floor, 기타마감
DL=9.70kN/m2, LL=5.5kN/m2
전시실 모듈 : 10.8 x 10.8m
THK : 450mm
자료실 모듈 : 9.0 x 10.8m
THK : 350mm

기초 및 내수압판 계획
지내력 Fe=200tf/m2(연암)
부력 대책 : 영구배수공법 사용
바닥수압 : 1.5tf/m2 수압 적용

그림 8 구조 가구도

• 설계 진행의 부진

예상공사비가 ₩720억임에도 가용은 ₩370억으로 공사비 부족을 전시방법 변경으로 대처하자는 요청에 KSMS가 난색을 표했고, 결국 건축가 Schemel은 도중하차하게 되고, Stankovic이 중간에 투입되기 때문이었다.

2004.4.27 SBP의 구조설계계약 체결과 함께 전우구조는 SBP와 레코드엔지니어 계약을 맺었다. 그동안 을이나 병의 입장이었던 전우구조는 신개념의 갑, SBP의 업무추진은 물론 용역비 지불도 깔끔했다. 갑이 받는 즉시 계약서에 따라 을에게로 전달은 기본이었다.

2004.12.6 M. Stankovic이 내한하여 설계변경을 수용(K. Schemel은 설계 참여 기권)하였다. 그후 개인적으로 M. Stankovic에게 한글을 강의할 기회가 있었고, 외국인을 위한 한글교육 교재로 주기적인 점검도 실시했다.

• 업무 협의 출장

1차 : 2004.11.8~12 베를린 KSMS사무소

문화재단 – 송태호 대표, 김종성 고문, 김홍희 자문, 김주인, 신동우 자문

설계팀 – KSMS Marina Stankovic, SBP Goeppert, 창조 김병현 사장, 박봉준 과장
전우구조 전봉수 사장, 한일설비 김유경 부사장

National Gallery / Carabet 관람

그림 9
SBP의 knut Goeppert와 Berlin의
KSMS사무소에서 2004.11

그림 10
KSMS의 Kirsten Schemel과 함께.
2005.6.22 그녀는 쌍둥이 엄마가 되었다고
사진과 함께 연하장을 보내왔다.

그림 11
베를린 포츠담 2004.11
(좌로부터 신동우, 김홍희, 전봉수, 김주인)

그림 12 전시된 백남준 작품

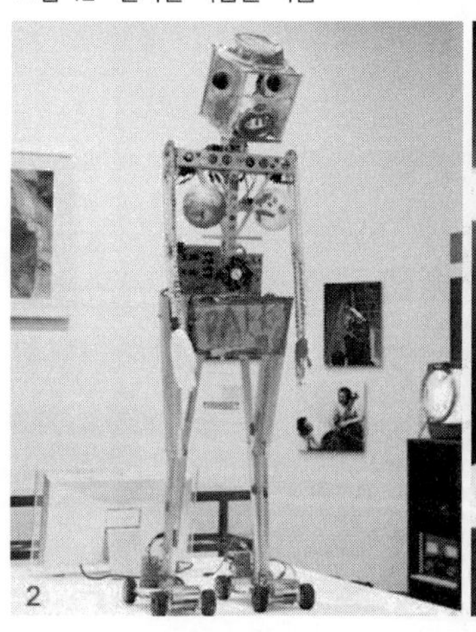

2차 : 2005.6.21~26 베를린 KSMS

문화재단 – 송태호, 김종성 고문, 김홍희, 김주인

설계팀 – KSMS Marina Stankovic, SBP Goeppert, 창조 김병현, 이강우, 전우구조 전봉수, 한일설비 김유경

6.23 베를린 현대미술관 관람

Bueherbogen 서점, Discovery Channel IMAX Theater Berlin, Haie 3D

6.24 14:00~22:00 M. Stankovic/Tobia 안내로 유명건축물 견학

Le Corbusier Unite davitasion, Gropius Berlin Olympic Stadium,

6.25 Potzdam Plaza Sony Center, 독일국립미술관

6.26 독일역사박물관, 독일유태인박물관

이화여자대학교 캠퍼스센터 2008

7

그림 1 캠퍼스센터 입구 및 전경

■ 개요

설계자 : 도미니크 페로 Dominique Perrault, DPA+구조VP Green

국내설계 : 범건축(심재호, 박형일)+전우구조(전봉수, 윤흠학, 김세익, 김진숙)

규모 : 교육연구 및 복지시설, 지하6층, 지상1층, 연면적 68,657m²

시공 : 삼성물산

수상 : 울프 메이어(Ulf Meyer)의 '서울 속 건축 2015'의 건축물 216 중 하나
서울특별시건축상, 대상, 2008 한국콘크리트학회 2008년도 작품상
건축전문가 100인이 뽑은 '한국의 현대건축 Best 20'의 7위, 동아일보

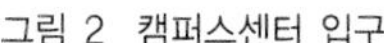
그림 2 캠퍼스센터 입구

그림 3 중앙 밸리에서

■ 설계 과정

• 국제설계경기의 기술자문 그리고 레코드엔지니어로 참여

2003년, 국제지명설계경기에 응모한 3개 작품(도미니크 페로, 자하 하디드, 포린 오피스아키텍트 등 3개 안) 중에서 도미니크 페로(Dominique Perrault) 안을 기본설계로 하여 '범건축' 의 상세설계와 삼성물산의 시공으로 2008년 완공하였다. 국제현상응모작 심사과정에서 기술자문위원(전봉수, 정차수, 윤명오)으로 작품선정위원의 심사를 도왔다. 자하 하디드(Zaha Hadid, 1950~2018) 안도 호평이었으나 반지하구조물에 3차원 곡면을 많이 도입함에 따른 방수 등 시설관리에 기술적인 문제가 있을 것임이 지적되었다. 건설본부는 도미니크 페로 안을 당선안으로 정한 후 국내설계 파트너로 범건축(심재호)을 지명하였고, 범건축은 구조설계 협력사로 전우구조를 초청하였다.

• 설계협의 출장

1차 : 2004.8.29~9.2 파리의 D. Perrault 설계사무소, V. Green 구조사무소

이화여대/ 박경희 본부장, 이광배 자문, 범건축/ 심재호, 박형일, 신정일/ 전우구조/ 전봉수, 한일설비/ 정차수

8. 30 설비회의/ 8.31 음향 · 구조 · 건축회의

9. 1 건축 · 구조회의 후 Pompidu센터, RFR 방문

9. 2 Louvre 박물관

2차 : 2004.11.17~11.20 4일간 파리의 D. Perrault 설계사무소, V. Green
출장자는 1차와 동일
11. 18 설비 · 구조회의, 토압지지 철골형식의 문제점 부각, Preloading 및 관리운영
11. 19 토압지지 철골형식의 문제점 의논, 원안 유지 방침

당초 VP Green이 제시한 토압지지 구조시스템은 철골조로 그림 8과 같았다. 벽에 부착된 연직기둥, 55 · 75도 경사의 두 버팀재 및 지중보로 구성된 프레임을 축열에 배치하고 경사재와 연직기둥이 만나는 두 곳에 스프링 반력기를 두어 벽체에 영구적으로 가력하는 시스템이었다. 이론적으로는 완벽했다. 각 프레임에서의 토압, 수압 및 상재하중은 제 각각이므로 이를 각 위치의 여건에 맞게 인위적으로 가력하여 이상적인 벽체의 수직도를 유지하고 영구적으로 자동화하자는 의도였다. 그러나 이에 대한 우려가 적지 않았다. 초창기에는 인위적인 조절이 가능하나 이를 영구적으로 조절함은 운영관리에 무리라는 점이었다. 50여 개 프레임의 가변적인 하중, 수직도 및 가력량을 자동으로 조절하는 것은 관리상 불가능에 가까운 문제가 될 수 있었다. 학교시설은 관리의 최소화가 설계의 기본이라고 판단되었다. 시공단계에서 삼성건설과 협의하여 고정형 콘크리트로 변경하였다. DPA와 VP Green도 동의를 하였음은 물론이다.

■ 발표 논문

전봉수 / Ahmad Abdelrazaq 공동저자

한국콘크리트학회지 제23권3호 2010.6 발표 논문 〈길이 240m-편측개방 지중구조물의 횡력저항시스템 및 신축이음 없는 바닥판의 설계 및 시공〉

캠퍼스 컴플렉스(Ewha Campus Complex, ECC)는 대운동장을 전면굴착하여 구조물을 건설하고 되메움과 옥상조경을 조성한 지중건축물이다. 길이 240m, 폭 70m, 지하깊이 26m로 지하 6개 층의 연면적 68,700m²의 초장대 철근콘크리트조이다. 지하4층 이상의 층에서 중앙부에 폭 24m의 밸리로 건물을 양분하여 편측개방한 2개 동의 지중건축물이다. 지하5, 6층은 주차장 및 기계실, 지하1~4층은 교육시설 및 강당 용도이며, 국

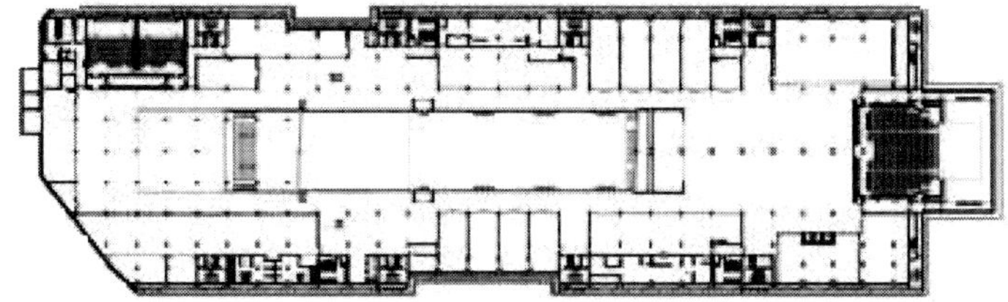

그림 4 지하 4층 평면도

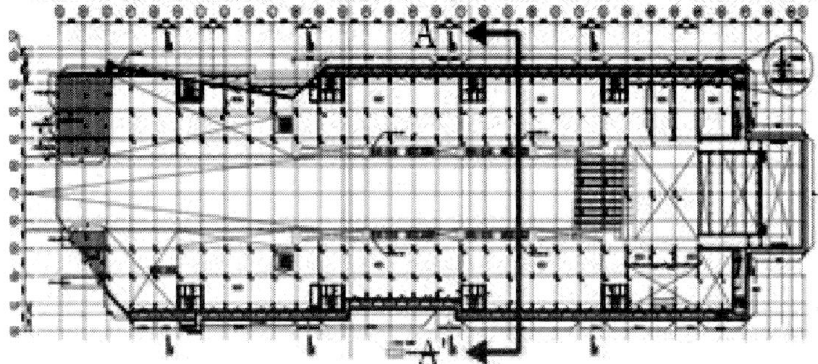

그림 5 지하 2층 구조평면도

그림 6 지붕 콘크리트공사 마무리

그림 7 외벽공사

제지명현상공모전에 제출된 작품 중 2004년 1월 프랑스 건축가 도미니크 페로(Dominique Perrault)의 안이 당선작으로 뽑혀 기본설계를 진행하였다. ㈜범건축과 함께 상세설계를 마무리하였고, 2005년 5월 삼성물산이 착공, 2008년 2월에 완공함.

그림 8 바닥판, 외벽, 버팀버트레스 및 기둥에 의한 횡력저항

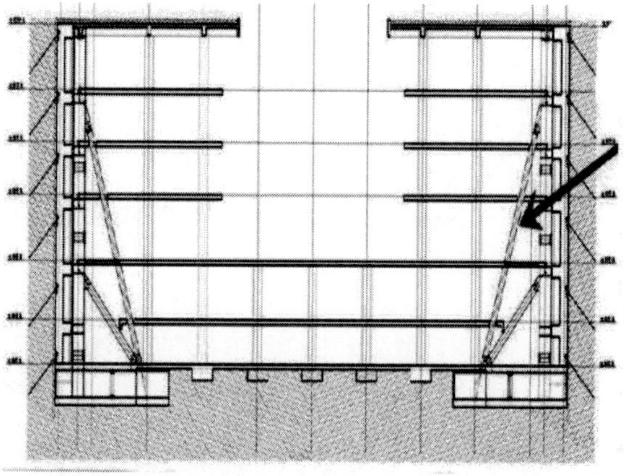

• **지중구조물의 토압**

지하 6개 층에서 상부 4개 층이 수직 캔틸레버형 구조이므로 지하외벽에 작용하는 횡토압과 중력방향의 하중을 동시에 고려하고, 지진시 지진하중과 지진토압에 대한 안정성 확보가 중요하다. 토압 산정에 있어 건물이 캔틸레버형 횡력저항구조로 지하5층 및 지하6층 바닥에 의해 횡방향 이동이 구속되어 있다. 건물의 안전성 측면에서 주동토압계수(K=0.33)가 아닌 정지토압계수(K=0.5)를 적용하고 지진에 의한 동적토압을 고려하였다.

• **횡력저항시스템**

- 신축이음(E.J) 없는 바닥판
- 바닥판의 각 프레임간 구속을 확인하고 위치별 변형을 확인하기 위해 2m 간격으로 메시(mesh)를 나누어 횡력해석
- 벽체를 횡력저항 요소로 적용하여 벽체를 플레이트 요소로 거동하도록 모델링
- 전체 기둥단면 및 강도에 따른 강성(탄성계수)을 도면과 일치하도록 입력, 횡력에 의한 부재력을 2D 해석과 비교 · 검토
- 경계조건 : 흙의 강성 스프링계수 지중보 저면에 적용

■ 해석 및 단면 설계

• 초기 및 장기 처짐

해석결과 각층 슬래브가 각 열의 횡력저항 프레임을 구속하며 밸리 구간을 지점으로 하는 수평보 역할을 하고, 상대적으로 강성이 큰 프레임과 동-서측 간 지붕면이 연결된 부분(DD~FF열)으로 인해 횡력이 재분배되어 처짐이 줄어드는 것이 확인되었다.

■ 건물의 안정

1) 콘크리트 횡력저항 시스템은 수직방향의 캔틸레버형 구조물로 토압하중과 토압지진력에 대하여 전도모멘트가 발생하고, 이에 저항하는 안정모멘트는 골조의 자중+추가고정하중+기초 앞굽판 상단 합벽의 자중+흙의 수직마찰력 등에 의한다.
2) 흙의 수직마찰력은 토압력이 0.3으로 한다.(흙의 재하각 18°의 수직분력 sin18 ≒0.3)
3) 횡토압과 토압지진력에 의한 기초 외측단부에서 발생하는 인발하중
4) 구조물의 전도(Overturning)가 우려되는 프레임은 동측 BB~CC열에 해당되며 바닥판이 없는 선큰 구간으로 예상되었으나 흙의 수직마찰력을 고려할 경우 모든 프레임의 기초에서 인발력이 발생하지 않는 것으로 검토되었다.

3차원 해석시 각 프레임에 대한 바닥판의 구속효과가 고려되었으며, 바닥판의 구속으로 횡토압에 대한 사용시 변형량이 감소되었다. 구속효과를 가진 지붕층~지하3층의 바닥판은 C열 및 EE+4.0을 지점으로 하는 휨부재로 브레이스 프레임의 거동을 구속하므로 이에 따른 바닥판 끝단에 휨철근을 추가하였다.

• 지하4층~지하5층 바닥판

콘크리트 포스트, 스트럿 및 바닥판의 지압력 : 수직프레임과 일체로 타설된 바닥판은 포스트의 횡토압 일부를 전달받으므로 수직프레임과 바닥판 교차 부분의 지압에 대한 검토가 필요하였다. 지하4층에서 가장 큰 지압력이 발생하고 있으나 지압강도 내에서

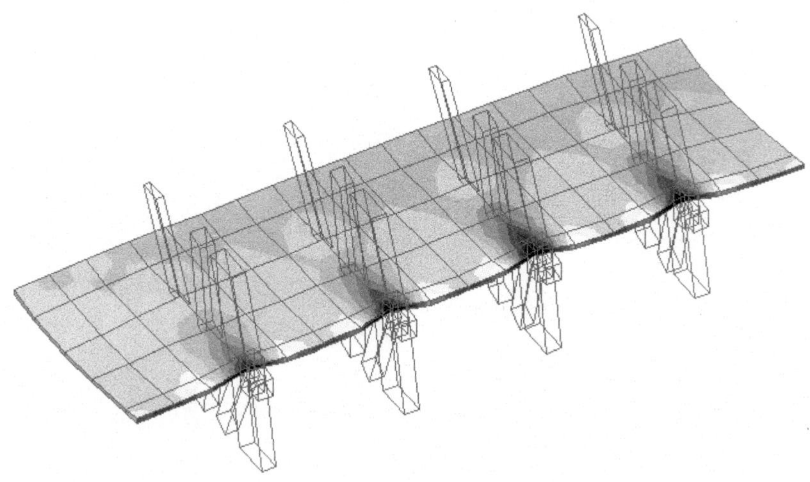

그림 9 지하4층 프레임과 슬래브 접합부

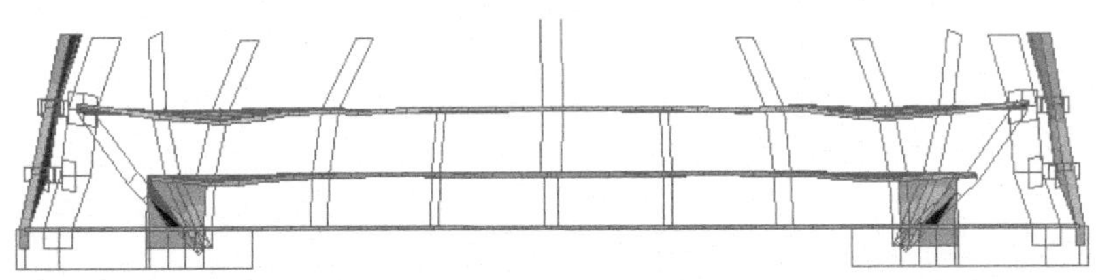

그림 10 횡력에 의한 슬래브 면내 압축력 발생

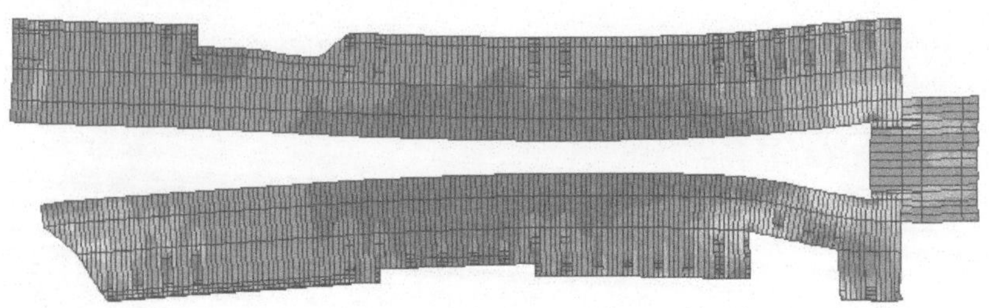

그림 11 지붕 슬래브의 횡토압에 의한 슬래브 휨 발생

만족하는 것으로 확인되었다. 횡토압으로 인하여 지하4~5층의 바닥판 면내 압축력과 수직하중으로 인한 P-△효과로 인한 추가 휨응력에 대한 보강을 하였다.

- **신축이음(E.J.) 없는 240m×70m의 콘크리트 바닥판**

E.J.는 시공이 번잡하고 아무리 철저한 시공을 하여도 하자 발생의 소지가 있다. 더욱이 E.J.로 인한 공정관리가 쉽지 않고 이에 따른 공기지연이 우려되었다. 이에 E.J.를 생략하였다. 건조수축 및 수화열에 의해 발생하는 바닥판 응력은 시공중 지연이음(delay joint)을 두어 해소하였다.

그림 13
Dominique Perrault의 파리 DPA사무소에서
2004.11.18

■ 2018.5.27 ECC건축 10주년 행사

건축 10주년 행사를 삼성홀에서 강미선 교수의 사회로 진행, 건축가 도미니크 페로와 철학과 김애령 교수의 특별강연이 있었다.

당시의 건설을 추진 했던 신인령 전 총장, 박경희 교수, 이윤희 교수, 심재호 사장, 박형일 사장, 김광배 소장 등도 자리를 함께하며 축하를 하는 남다른 감회가 있었다.

그림 12
10주년 행사 안내 포스터

국립과천과학관 2008 8

그림 1 국립과천과학관 조감

■ 개요

위치 : 경기도 과천시 살하벌로 110

용도 : 문화 및 집회시설, 과학박물관, 2008. 8. 7 개관

규모 : 지상3층/ 지하1층, 연면적 : 47,530m²(14,400평)

주관사 : 시공일괄발주방식(Turn Key), 삼성물산㈜/ 코오롱건설/ 세찬건설

개념 설계 : 테리 파렐 Sir Terry Farrell,

설계사 : 삼우설계 / 전우구조(윤흡학, 손승현)

울프 메이어(Ulf Meyer)의 '서울 속 건축 2015' 건축물 216 중 하나

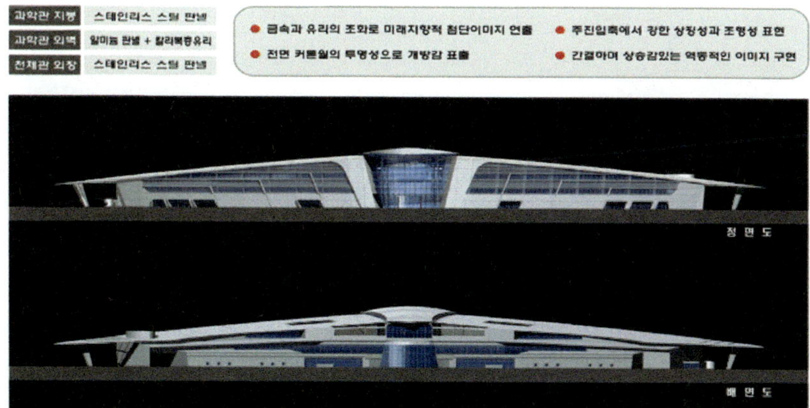

그림 2 외관의 개념

그림 3 국립과천과학관 후면–중앙 천체관 돔

■ 설계 진행

국립과천과학관은 기초과학 · 응용과학 · 자연사 및 과학기술사 등에 관한 자료의 수집 · 보존 · 연구 · 전시 및 교육에 관한 사무를 관장하는 과학기술정보통신부의 소속 기관이다.

기초과학관, 자연사관, 전통과학관, 첨단기술관, 어린이탐구체험관, 명예의 전당 등의 상설전시관과 특별전시관, 실험실습실 등으로 구성되었으며, 전시물은 체험 중심으로 전시 · 운용되고 있다. 천체관은 내부 지름 25m의 돔 내부에 천체투영관이 설치되었다.

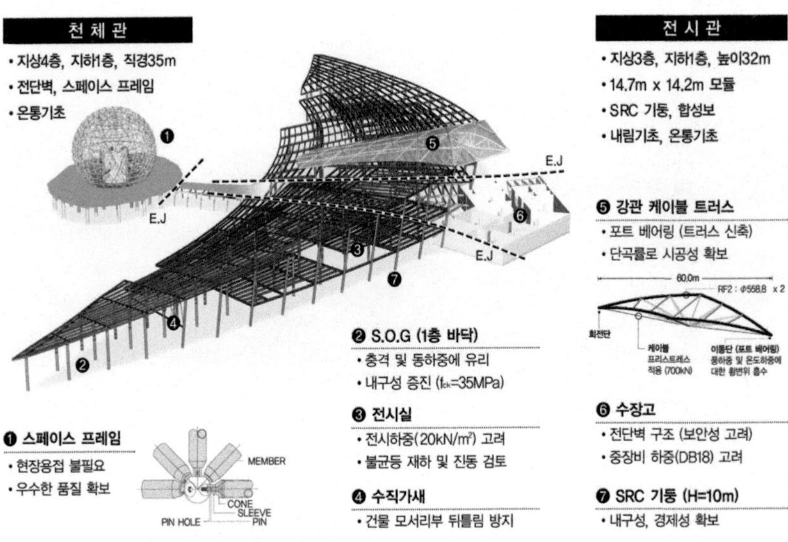

그림 4 구조계획 설명도-1

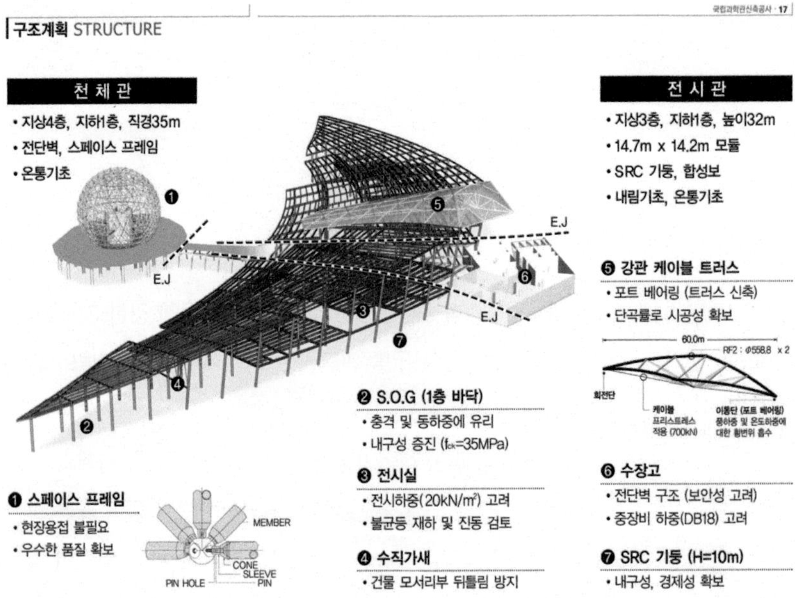

국립과학관신축공사 · 17
구조계획 STRUCTURE
천 체 관
• 지상4층, 지하1층, 직경35m
• 전단벽, 스페이스 프레임
• 온통기초
전 시 관
• 지상3층, 지하1층, 높이32m
• 14.7m x 14.2m 모듈
• SRC 기둥, 합성보
• 내림기초, 온통기초
E.J
❺ 강관 케이블 트러스
• 포트 베어링 (트러스 신축)
• 단곡률로 시공성 확보
60.0m
RF2 : Φ558.8 x 2
회전단
케이블 프리스트레스 적용 (700kN)
이동단 (포트 베어링) 풍하중 및 온도하중에 대한 횡변위 흡수
❷ S.O.G (1층 바닥)
• 충격 및 동하중에 유리
• 내구성 증진 (fck=35MPa)
❸ 전시실
• 전시하중(20kN/m²) 고려
• 불균등 재하 및 진동 검토
❹ 수직가새
• 건물 모서리부 뒤틀림 방지
❻ 수장고
• 전단벽 구조 (보안성 고려)
• 중장비 하중(DB18) 고려
❼ SRC 기둥 (H=10m)
• 내구성, 경제성 확보
❶ 스페이스 프레임
• 현장용접 불필요
• 우수한 품질 확보
MEMBER
CONE
SLEEVE
PIN
PIN HOLE

그림 5 구조계획 설명도-2

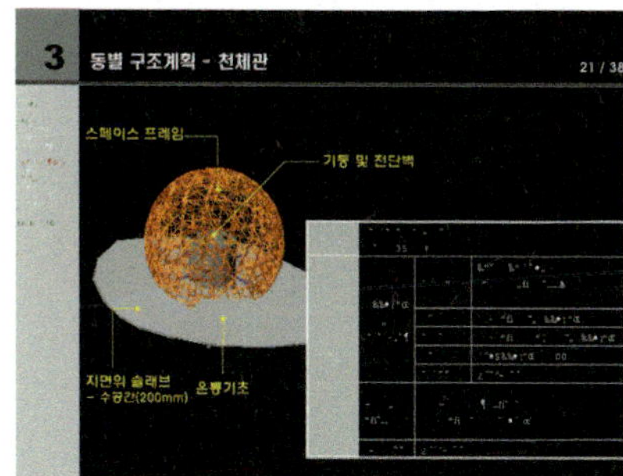

그림 6 천체관 구조 설명

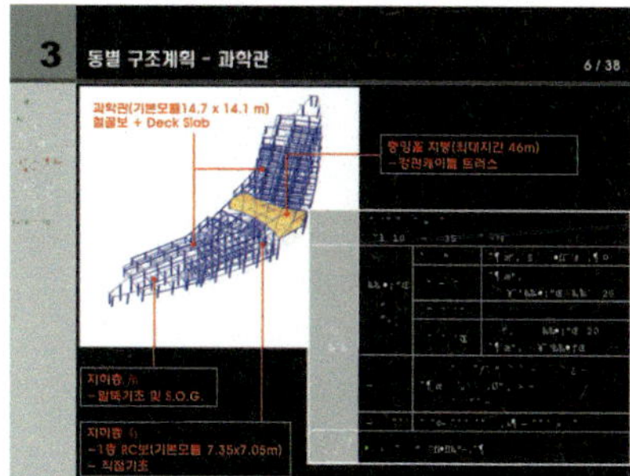

그림 7 과학관 구조 설명

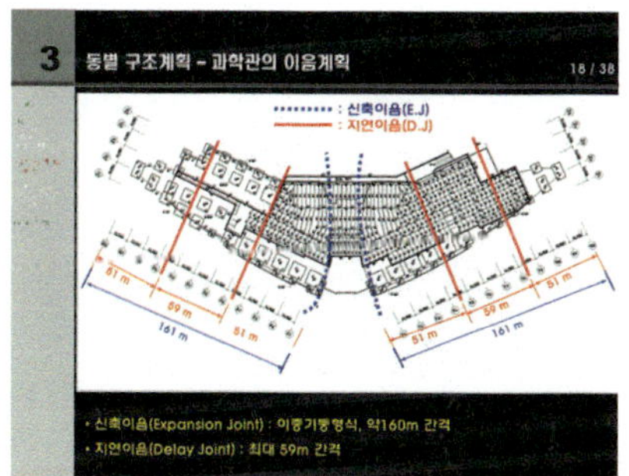

그림 8 과학관 신축이음(EJ)

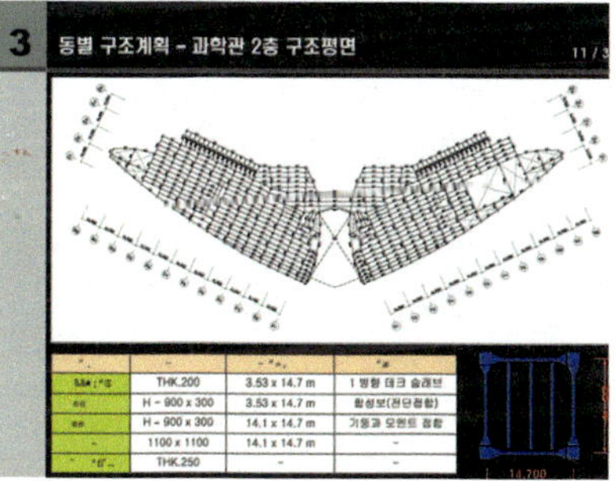

그림 9 과학관 2층 구조평면도

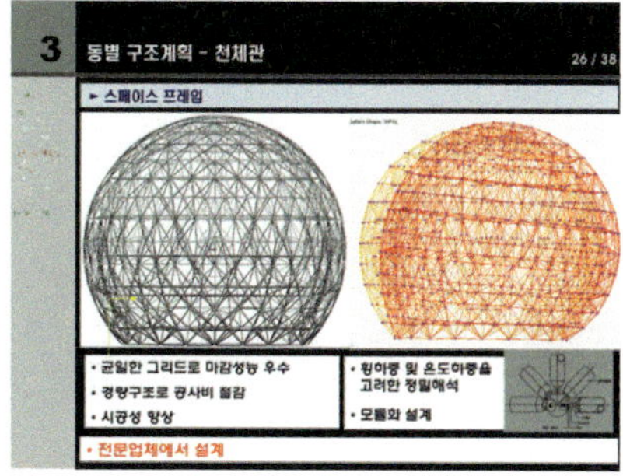

그림 10 과학관의 스페이스 프레임

영화의 전당 일명 두레라움 2011

9

기네스기록의 85m
최장의 캔틸레버 지붕

그림 1 빅루프의 초대형 발광다이오드판(LED) 스크린

그림 2 영화의 전당 야경

■ 개요

위치 : 부산광역시 해운대구 우1동 1467번지

건축설계 : 오스트리아 COOP Himmel Blau+희림건축, 2005.11년 국제현상설계경기로 기본안 확정

구조설계 : 독일 Bollinger & Grohmann+전우구조(윤흠학, 손승현)+상원구조(강석규)

시공 : 한진건설, 2011.9 개관

공사비 : 1,679억원

그림 3 2011 부산국제영화제 포스터

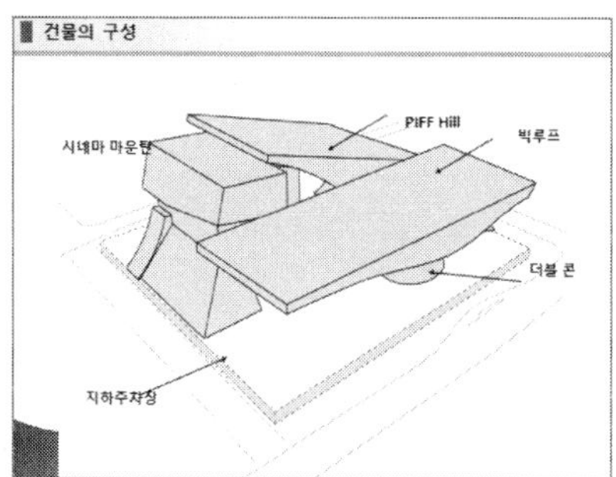

그림 4 건물군의 구성

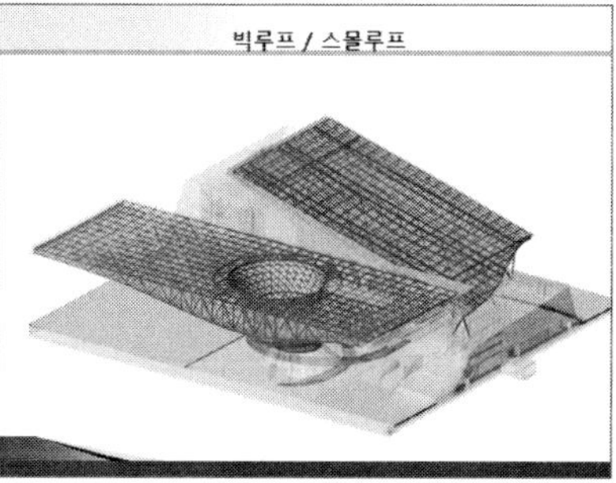

그림 5 적색 빅루프와 청색 스몰루프

그림 6 빅루프의 골조개념도

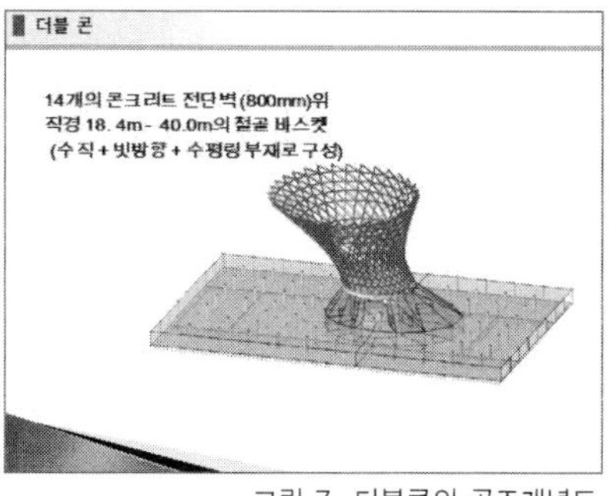

그림 7 더블콘의 골조개념도

그림 8 더블콘을 지지하는 14개의 콘크리트 전단벽

수상 : 2012 한국건축문화대상 준공건축물 부문 우수상
2012 부산다운건축상 공공 부문 대상
2011 Busan Cinema Center's Big Roof Breaks Guinness World Record
2012 한국강구조학회 작품상, 우수상

■ 건축적 특징

영화의 전당은 1,000석 규모의 극장시설로 450석 규모의 영화관과 200석 규모의 영화관 2개를 갖춘 영화관동(Cinema Mountain), 부산국제영화제 본부사무소의 본부동(PIFF Hill), 조망용 더블콘(Double Cone), 3,000석 규모의 야외원형영화관이 있다. 영화관동과 본부동 사이에 있는 야외원형영화관 상부에 지붕(Small Roof)이 있어 대낮이나 우천시에도 영화 상영 및 행사를 진행할 수 있다.

초대형지붕(Big Roof)의 외부천장에 역동적인 파형의 초대형 발광다이오드판(LED) 스크린을 설치하여 상징적이고 독창적인 형상을 구현했다. 이 지붕은 포물추 모양의 더블콘으로 지지하는데 이와 만나는 중앙이 원형으로 뚫려 있어 식당 및 1층에 햇볕과 대기에 접한다. 165m×65m 넓이의 농구대 바스켓 형상의 더블콘에서 전면으로 85m, 후면으로 45m가 돌출된 춤 3.5~22m의 캔틸레버구조이다.

• 풍동실험

풍동실험으로 지붕의 공력탄성적 안전성과 설계풍하중을 결정했다. 1/250 모형제작 700여 개의 압력게이지(탭)을 부착시켜 실험은 독일 바커(Wacker)의 저속개방회로형 경계층 풍동에서 수행했다. 풍동실 바닥에는 건물의 주변환경을 반영한 조도(표면의 거침 정도) 요소를 두었다.

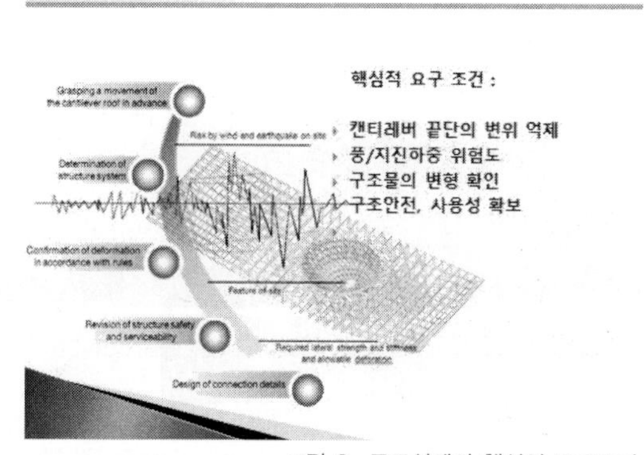

그림 9 구조설계의 핵심적 요구조건

입구에 와류발생기를 설치하고, 인지된 바람의 흐름도를 반영해서 시간계열 무차원풍압계수(time series non-dimensional pressure coefficient)를 계산하였다. 기준 높이에 의한 설계용 가스트 영향계수는 205km/h까지 노풍도 B, 236km/h까지 노풍도 C, 265km/h까지 노풍도 D로 지붕구조의 순풍력지도를 작성하였다.

• **공력탄성거동실험**

공력탄성 모형의 실험은 어느 방향에서든지 소용돌이의 여진이나 갤로핑 또는 플로터 효과에 의해 야기되는 지붕구조물의 동적 불안정이 발생하는 풍속을 결정하는 데 목적이 있다. 지붕의 1차 휨모드는 1Hz, 2차 비틀림모드는 1.15Hz로 계산되었다.

• **구조해석, 처짐, 바닥가속도 및 비연쇄붕괴**

지붕형상은 파상적 형태와 기하학적으로 복잡한 직교격자형 초대형 캔틸레버구조이다. 지붕구조의 모든 내력부재를 포함한 모델링을 함으로써 한 구조요소의 강성을 변경하면 그에 따라 구조물 전체에 걸쳐 정적 및 동적거동에 서로 큰 영향을 미쳐 구조물 전반에 걸친 검토 및 계산을 반복하였고, 비선형해석도 병행했다.

지붕의 구조해석은 FE-Software RStab에 의하였고, MIDAS GEN으로 확인 및 검토하였다. 서로 다른 프로그램을 사용하기에 앞서 소정의 검증 확인을 하였다. 지붕구조의 복잡한 기하학적 형상으로 인하여 별도로 개발한 소프트웨어를 적용하여 Rhino의 3차원 모델링에서 구조해석 모델링으로 바꾸었다.

부재 단면은 대규모 하중, 철골 시공의 편의성과 복잡한 기하학적 형상 등을 고려하여 부재가 충분한 여력을 갖도록 탄성이론으로 정하고 다양화하였다. 더블콘의 콘크리트벽체 크리프와 건조수축 및 파일 이동 등을 고려하여 더블콘의 지지부는 변환된 스프링 강성을 매개변수로 하여 해석하고 지붕의 고유치와 고유주기가 지붕의 실제적 비구조 질량 분포를 고려하여 공력탄성거동을 확인하였다.

동적해석 결과, 구조물의 아이겐모드(eigenmodes)는 1차 모드에서 1.0Hz, 2차 모드에서 1.15Hz, 그리고 3차 모드에서 1.3Hz 등으로 매우 안정적이었다.

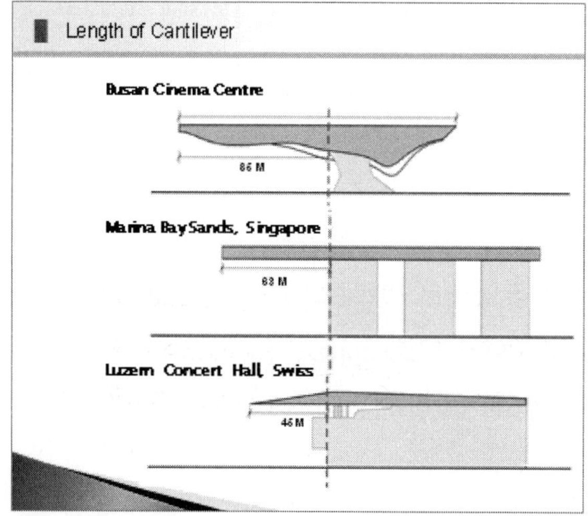

그림 10
긴 캔틸레버 지붕 예

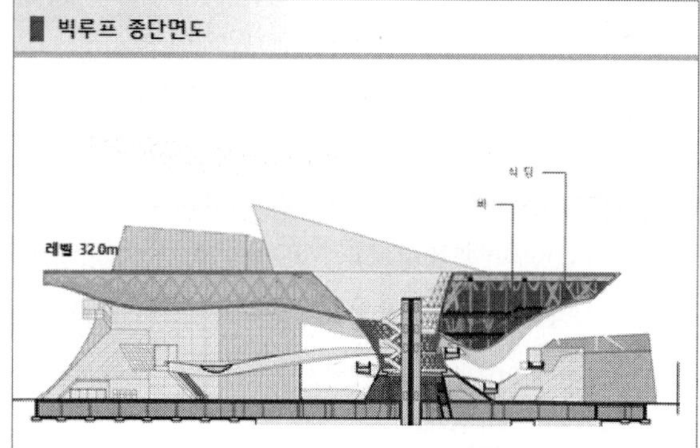

그림 11
빅루프의 종단면도

그림 12 독일 프랑크푸르트 B&G 본사 방문 협의, 2009.10.10~12
좌로부터 K. Bollinger, I. Luedders, C. Mice, 윤흠학 소장, 전봉수 대표, 강석규 소장

■ 캔틸레버 트러스 빅루프(Big Roof)

트러스는 양방 5m의 종횡으로 직교하는 철골트러스 거더형식으로 상하현재에 안정성을 부여하고 양방향으로 내력거동을 할 수 있도록 교차접합부를 강접합하였다. 이는 85m 캔틸레버구조가 갖는 공력탄성거동 때문에 선택이 불가피하였다. 트러스의 웹재 접합은 운반 및 조립의 편의상 핀접합으로 하였다. 지붕의 다이어프램 거동을 위하여 상하면을 각각 20m 간격으로 인장 강봉 브레이싱으로 긴결하였다. 트러스의 상하현재는 단면이 박스형으로 크기는 200mm×200mm~700mm×400mm까지 다양하다.

크라운은 85m 캔틸레버 트러스의 단부 모멘트를 더블콘으로 확실하고 유연하게 전달하는 기능을 가지며, 수직 및 수평부재가 강접합된 2중의 원형구조로써 2개의 원형부재가 5m 간격으로 동일평면에 놓인다. 상부 내원의 직경은 40m, 하부 내원 직경은 33m, 크라운 춤, 즉 상하 2개의 링의 수직거리는 9.5m이다. 상하 2개 원형의 중심은 평면적으로 12m 편심배치되어 있다. 크라운의 링은 32개로 구획되어 상 · 하부 2개 평면이 수직부재와 경사부재로 연결된다. 트러스는 크라운 원형부재의 교차점에서 구속되며 예외로 이 구속지점에서 세 번째 종방향의 거더가 크라운 원형 평면을 관통하고 내부 원과 접하도록 연결되어 있다. 그러나 이 지점에서 부재는 원형 부재와 연결된다. 지붕부재와 크라운 원형 부재 사이의 모든 접합부는 지붕의 평면부터 연직면까지 큰 고정단 모멘트가 교차되므로 강접합을 하였다. 상하부의 내원 부재는 더블콘과 연결하는 역할을 한다. 크라운의 모든 부재는 웨브와 플랜지의 두께가 다양한 각형 또는 원형강관이고 그 접합은 용접에 의한다.

• **연직방향의 처짐**

85m 캔틸레버 트러스의 연직방향 처짐은 고정하중에 의한 431mm는 프리캠버로 조정토록 하였다. 또한 풍방향 180°에 360mm, 풍방향 315°에 810mm이었다. 온도 −35°K에 47mm 처짐이 예상되었다.

• **바닥가속도**

지붕트러스내 식당의 바닥가속도를 시간이력해석법에 의하여 확인하였다. 풍하중은 재현주기 1, 2년 및 10년 풍속에 1Hz의 가스트에 의한 결과, 최대가속도는 1년 재현 풍속시 0.26m/s², 2년 재현풍속시 0.34m/s², 10년 재현풍속시 0.44m/s²로 ISO 2631/1의 기준 이내나 거주자가 느낌을 받는 범위에 있다.

- **비연쇄붕괴 문제**

구조물에 대한 신뢰와 구조의 안전성을 확인하기 위해 비연쇄붕괴(non progressive collapse)에 대한 4가지 시나리오를 상정했다. 이러한 시나리오는 확률이 낮은 상황으로 하중조합의 하중계수를 1.0으로 하였다.

시나리오 1 지붕의 수직타이의 절단: 2개 타이가 모두 절단된 경우는 더블콘의 부재가 탄성한계를 초과하였으나 소성한계에는 이르지 않음. 최대풍압하중시 처짐이 50% 증가함, 1개 타이만 절단된 경우는 더블콘의 부재가 탄성 한계를 초과하였으나 소성한계에는 이르지 않음.

시나리오 2 더블콘과 콘크리트벽체의 접합부 파괴: 더블콘의 부재가 탄성 한계를 초과하였으나 소성한계에는 이르지 않음.

시나리오 3 지붕트러스와 크라운의 현재와의 접합부 파괴: 모든 부재의 응력이 탄성한계 이내임.

시나리오 4 수평지지 댐퍼의 파괴: 지진하중 시 수평지지 댐퍼의 기능이 없는 것으로 했으므로 문제가 안 됨.

결론적으로 4가지 가상시나리오에서 이 구조물은 안전한 것으로 확인되었다. 국부적으로 탄성한계를 초과하는 현상은 있었으나 소성능력 범위 이내였으므로 별다른 문제가 없을 것으로 판단하였다.

■ 더블콘

더블콘은 링부재, 제너럴틱스(generaltix)라는 꼬인 기둥 및 트러스 형태의 경사부재로 구성된다. 트러스는 크라운 하부의 내측 링부재와 직결되고, 원형 링부재도 크라운처럼 32개로 구획되며, 수직간격은 2m, 직경은 40m(크라운 윗부분의 내부 링)에서 18.4m(콘크리트 전이부분 위의 4m 부분)까지 다양하다.

32개의 제너럴틱스는 쌍곡선형태로 수직간격은 2m, 직경은 40m(크라운 윗부분의 내부 링)에서 18.4m(콘크리트 전이부분 위의 4m 부분)까지 다양하다. 부재의 접합은 큰 모멘트로 인한 회전을 최소화하기 위해 강접합으로 하였다. 제너럴틱스 및 경사부재는 건축계획상의 요구로 400mm×300mm의 박스형 단면으로 하였다. 더블콘은 콘크리트벽체로 지지되는데 제너럴틱스의 주각부에 수평링의 박스형 철골보를 두어 하부의 콘크리트 전단벽으로 하중을 전이토록 하였다.

■ 기초 및 더블콘 지지 콘크리트 전단벽

쌍곡선형태로 더블콘의 하부를 구성한다. 벽체 내에 정착용 수직철골부재를 두어 더블콘 상부의 하중이 정착용 철골부재를 매개로 콘크리트벽체 및 기초까지 안전하게 전이될 수 있도록 하였다. 벽체에는 수직근을 배근하여 인장력에 저항하도록 하였다.

콘크리트벽체 두께는 800mm, 높이는 G.L+7.35m이다. 벽체는 기초 슬래브 및 1층 바닥슬래브에 고정단형태로 연결되어 있다. 벽체에 작용하는 양방향 횡하중은 벽체 상부의 콘크리트 테두리보를 통하여 벽의 약축으로 작용하는 횡하중보다 강한 인접한 벽체에 재분배한다.

• 매트기초

64m×32m, 두께 3.5m로 직경 2.5m의 피어기초로 지지된다. 지진하중시 피어기초에 인발력이 발생하지 않도록 그 중량을 계산하여 두께를 정하였다.

■ 발표 논문 4건

논문 1 : Design of the 85 meter cantilevered roof structure of the Busan Cinema Centre, ISSS 2009 March 13, J Prof.

Dr.-Ing. Klaus Bollinger, Dipl.-Ing. Jan Lüdders CEng MICE Jeon, Bong-soo S.E.,

논문2 : Design and Construction of the 85m Cantilever Roof: Busan Cinema Centre, Korea, Structural Engineering International(SEI) Volume 22, Number 1, February 2012, pp. 62-65(4) 1/2012 Bong-soo Jeon, Eng., Senior Partner;

그림 13 현장 시공. 빅루프 외부마감

그림 14 현장 시공

그림 15 외부 천장

그림 16
SEWC 2011, Como, Italy 발표 후
2011.4.1

Heurn-hak Yoon, Eng., Principal; Jen and Partners, Seoul, South Korea; Klaus Bollinger, Prof., Dr, Eng., ~resident,B+GIn genieure, Bollinger+Grohmann GmbH, Frankfurt, Germany; and Young-kyoon Jeong, CEO, Heerim Architects & Plannings Co., Ltd, Seoul, South Korea

논문3 : Die Daecher des Busan Cinema Centers, Stahlbau Volume 81, Issue 12, pages 968-975, Decenber 2012, Dr.-Ing. Klaus Bollinger, Dr. Ing. Daniel Phanner, Jeon, Bong-soo S.E., KIRA

논문4 : Design and Construction of 85M Cantilever Roof of the Busan Cinema Centre, Busan, Rep. of Korea, IASS-SEWC 2011/ Jeon, Bong-soo1 ; Yoon, Heum-hak 2; Klaus Bollinger 3

여기서 논문 1을 전재한다.

Design of the 85 meter-cantilevered roof structure of the Busan Cinema Centre

Prof. Dr.-Ing. Klaus Bollinger, *Dipl.-Ing. Jan Lüdders CEng MICE *
Jeon, Bong-soo S.E.

Abstract

This paper deals with the design of the 85m cantilevered roof structure of the Busan Cinema Centre. It describes the project and highlights the design challenges of the structure and the solutions envisaged by the structural engineers. As the 85m cantilever with the architectural demanding geometry is a non-standard structure, the design challenges faced were to establish the sensible loads for the structure and to find a reasonable workflow process to deal, exchange and analyse the desired geometry in cooperation with the design architects. This structure is now under construction and will be completed until October 2011.

Keywords: Busan Cinema Centre, advanced steelwork design, wind tunnel test

1.Introduction

The Busan Cinema Centre is a new build Cinema and Entertainment centre and home of the Pusan International Film Festival. The centre designed by the Austrian architects COOPHimmelb(l)au awarded by the International Competition by PIFF suggests a new intersection between public space, cultural programs, entertainment, technology and architecture, creating a vibrant landmark within the urban landscape.

The site is located in the city of Busan at the south coast of Korea and is located in the city centre near the harbour. The site is bounded to south by the Su-Yeong river and to the north, east and west by future developments like the urban development centre and the Kyungnan IT college.

The buildings and structures in this project include the Cinema Mountain with cinemas and the 1000 seats audience chamber, the PIFF Hill, the concourse Double Cone and the 4000 seats outdoor amphitheatre bowl. A roof spanning between the Cinema Mountain and the PIFF Hill is protecting the outdoor amphitheatre bowl from rain and sun. This roof has a span of about 85m.

The red carpet area in front of the cinema mountain is protected by a cantilever structure spanning from the concourse Double Cone. This roof is labelled big roof, is covering a total area of 165m×62m and is providing a three storey restaurant with kitchen in the backspan.

2. Big roof

2.1 Structural descriptions

The dynamic shape of the big roof and the LED lighting surface covering the outdoor ceilings of the roof canopies gives the Busan Cinema Centre it' s symbolic and representative iconographic feature.

The upper side of the big roof comprises a flat surface with a circular opening at the double cone intersection plane. The lower side of the big roof is forming a dynamic three dimensional undulating surface.

The big roof comprises a 35.4m high roof structure covering a total area of 165m× 62m. The roof structure is cantilevering from the double cone with a cantilever of 85m and a backspan of 45m. At the backspan tension elements are tying down the roof. The depth of the roof is varying between 3.5m; at the tip of the roof; and 22m in the backspan area.

Within the backspan a 3 storey- restaurant with kitchen is incorporated. Access to the restaurant is either via the spiral ramp from the Cinema Mountain or Piff hill, or via the elevator in the middle of the double cone. Skylights are built into the roof structure to allow for direct lighting into the restaurant. In general the roof is cladded with lightweight metal sheeting. Due to the high deflections due to dead load all members of the roof will be constructed precambered.

The spiral ramp is connected to the underside of the roof with tension rods. The double cone is a hyperbolic shaped steel structure with incorporated openings to allow for access into the double cone areas. The double cone is acting as the clamped support for the cantilevering big roof. The lower part of the double cone is forming the corresponding form to the roof backspan nipple; hence an architectural change of material is desired.

Therefore the lower part of the double cone is to be made of concrete.

2.2 Establishing the geometry and the workflow process

The developed structure does not need to adhere to idealized typologies, which usually are in conflict with the architect's concepts anyway. Rather they result from a multiparty workflow process between architect and structural engineer.

From a structural engineering perspective, one particular challenge was proved to be the geometric complexity of the undulating lower surface of the orthogonal orientated roof grid and the intersection with the circular double cone in combination with the large cantilever.

This high level of geometric complexity needed to be integrated in the analytical software models of the structure, which required the set-up of an extensive model of the complete roof structure including all load-bearing elements. Any significant change to the stiffness of one of the structural elements, for instance , changing the stiffness of the crown members, had considerable consequences for the overall structural static and dynamic behaviour and would lead compulsory the re-evaluation and re-calculation of the overall system.

Therefore the overall design process depended entirely on the intense and accurate collaboration with the architects and depended on clearly defined protocols of data exchange.

Figure 1. Architects Rendering of Busan Cinema Centre

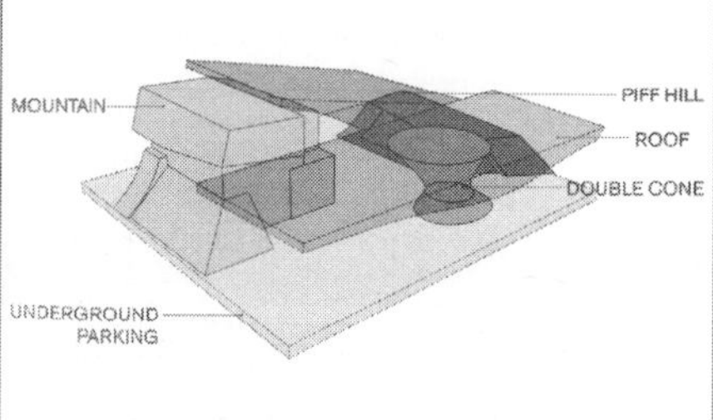

Figure 2. Schematic drawing of the Busan Cinema Centre

2.3 Structural system

The structural system of the roof divided into 3parts consist of the roof, the double cone and the crown, forming the transition between the roof and double cone.

The roof comprises an orthogonal steel truss girder system with longitudinal and transverse trusses. The girder grid spans at 5m centres in both direction. The intersection between the truss main chords is assumed rigid giving the overall chords stability and are allowing a load bearing behaviour in both directions. This was very important due to the sensitive aeroelastic behaviour of the 85m cantilever as described in chapter 5.

All connections of the diagonal truss members are assumed pinned to allow for an easy steel detailing process. For horizontal diaphragm action the lower and upper surfaces are tied together by means of tension rods at 20m centres. The members for the upper and lower chords are made of welded rectangular hollow sections. To minimise the structural weight the members are designed with a varying depth and width. The member sizes are varying between 200mm×200mm and 700mm×400m. The diagonal truss members of standard circular hollow sections, apart from the diagonals in the visible backspan part in the restaurant where the diagonals are the welded rectangular sections.The backspan is incorporating a three storey restaurant into the roof. Thus, the diagonals are replaced by a moment-frame system with verticals and horizontal steel members. Secondary steel members are spanning at 1.6m centres and are carrying the floor structure itself which is a lightweight steel construction with concrete topping. All visible steel members are sharp edges rectangular or squared hollow sections.To withstand horizontal loadings in a case of an earthquake the roof is pinned supported horizontally to the concrete structure of the cinema mountain.

The crown is forming the structural transition between the orthogonal roof structure and the circular double cone structure. The crown allows a smooth transition of the high fixed end moment forces from the roof chords into the double cone sections.The crown consists of two double rings which are connected by rigid vertical and horizontal members. Two rings are placed in one plane and have an offset of 5m. The inner ring of the upper ring plane is having a diameter of 40m. The inner ring of the lower ring plane is having a diameter of 33m. The depth of the crown structure, hence the vertical distance between the two ring planes, is 9.5m. In plan the two ring planes are offset by approx 12m in longitudinal direction. The rings are divided into 32 segments with vertical and diagonal members connecting the two ring planes.At the intersection points between roof beams and the ring elements the roof girder is intermittent. An exception from this interference are only both third longitudinal truss girders which are continuing through the ring planes and are connecting tangential to the inner ring. However, at interference points the beams are connected to the ring. All connection points between roof beams and ring beams need to be a full moment rigid connection as the high fixed-end moment forces are transferred here from the roof plane into the vertical plane. The two inner rings of both planes are forming the transition to the double cone structure. All members of the crown are welded rectangular or squared hollow sections with varying web and flange thicknesses. The double cone is connected to the crown at the two inner rings of the crown. The double cone structure consists of the horizontal rings, the straight twisted verticals, named generatix, and the diagonals forming a truss with the rings and the generatix.The rings are divided into 32 sections, hence 32 generatix are forming the hyperbolic shape of the double cone. The ring vertical offset is 2m and the diameter is varying from 33m at the top (here equivalent to the outer ring of the upper plane of the crown) to 18.4m at the double cone neck 10m above the transition to the concrete. Due to the high moment loading of the double cone all members are forming a fixed moment connection to allow for mini-

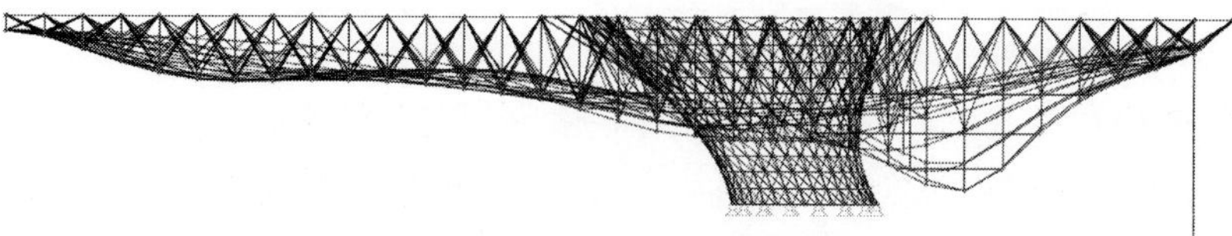

Figure 3. Roof structure- Struct

mum of rotational movement at the connection points. All generatix and diagonal members are 400 mm×300 mm rectangular hollow sections. As most of the double cone members are visible the choice of the sections has been in accordance with the architectural demand. The orientation of the member plane is always flush with the outer double cone plane. As an offset between the member axes at the connection nodes can not be accommodated the section sizes of the ring is slightly larger and comes to 420 mm×300 mm.Due to the access requirements into the double cone area openings need to be incorporated into the double cone structure. At the opening locations a frame with 450mm× 450mm squared hollow sections are transferring the loads around the openings to the neighbouring double cone members.At the transition to the concrete at the bottom of the double cone steel structure the generatix members are supported on a steel transfer ring beam which is transferring the loads to 14 concrete shear walls underneath, thus every second generatix is supported directly onto concrete. Due to possible movements in vertical direction (creep of concrete, pile settlement) and horizontal direction (deflection of shear walls) the impact of an elastic support has been investigated.

The concrete walls are forming the lower part of the double cone. They consist of 14 shear walls which are connected by a concrete ring beam. On top of it the steel ring beam is transferring the loads to the concrete structure. Within the concrete walls large steel elements with the shear studs are allowing to transfer the load safely from the steel into the concrete. These concrete areas are highly reinforced with tension tie bars in all directions. The walls are 800mm thick and are following the shape of the double cone hyperbola. The height of the wall is 7.35m to the ground level and is continuing into the basement. On the ground level openings are incorporated in to the walls to allow for the caf area requirements. The walls are connected to the ground floor slab forming a fixed connection together with the base slab. The walls are loaded horizontally in both direction, thus the ring beam is helping to redistribute the horizontal loading against the weak axis of the wall to the neighbouring walls. The 800m thick concrete shear walls are founded on a 3.5m deep base slab. The 3.5m deep foundation pad is covering a total area of 64m×32m and is supported on the 2.5m drilled piers. Due to the possible seismic loading it had to be assured that no tension forces are applied to the piles which achieved by means of the high mass of the concrete pad.

3. Structural Analysis

3.1 Design loads and computer softwares

The structural analysis of the roof has been performed using the FE-Software RStab and reviewed by MIDAS GEN. The roof has been idealized by means of a full 3D-model. By using in-house developed software tools the advanced geometry of the roof could be easily transferred from the architects Rhino 3D-surface model into the analysis model and backwards.

3.2 Structural analysis

All loads have been applied according to Korean Building Code, KBC 2005 including seismic loading. Cladding loads to the roof are according to the architects' lightweight cladding selection. The live load in the backspan restaurant area has been established to 5.0kN/m^2. A snow load and a man load of 1.0kN/m^2 to the top of roof have been applied. The wind loads are according to the wind tunnel test results. All the load combinations and factors of safety have been applied in accordance with KBC 2005.

All sections have been verified using the elastic utilization theory leaving sufficient capacity for the designing of the geometric complex and highly loaded steelwork details. For the structural calculations a 2nd order analysis has been performed. To take possible concrete creeping and shrinkage effects of the double cone concrete walls and possible pile movements into account the double cone support has been parametrical analyzed with a translational spring stiffness.

3.3 Dynamic analysis

To establish the aerodynamic behaviour of the roof, the eigen-values and eigen-frequencies have been calculated taking into account the actual non-structural mass distributions in the roof.

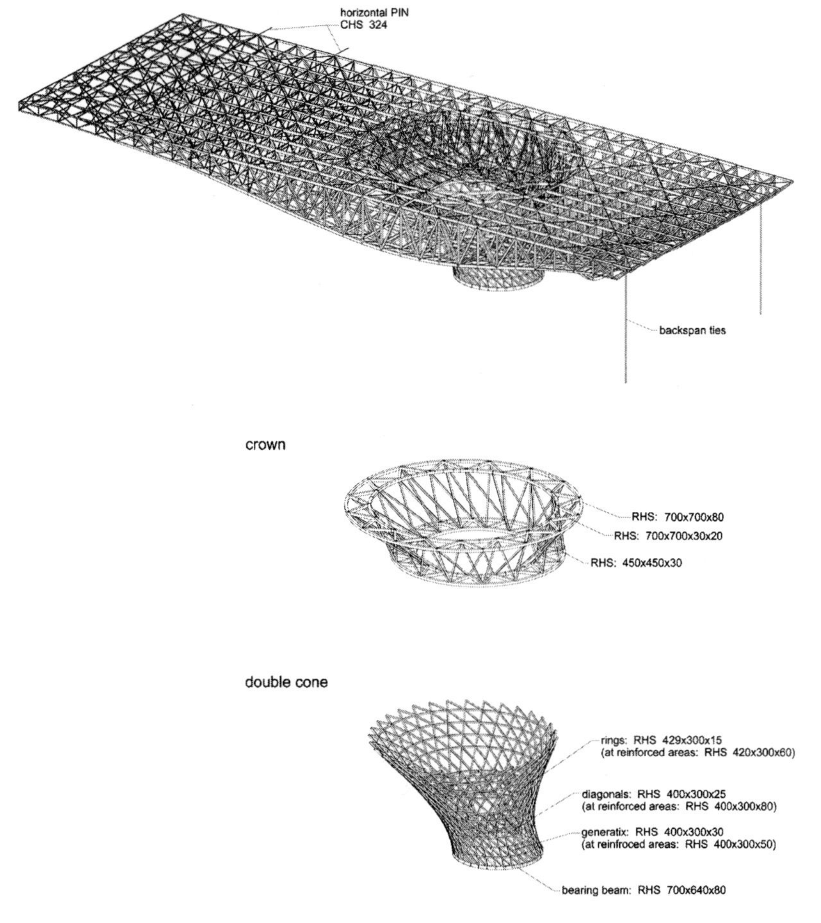

Figure 4. Roof structure- Structural build up

4. Wind Tunnel Tests

4.1 Static test

One important and design decisive point for the design of the roof structure was the establishing of reliable wind forces. As an 85m long cantilevered roof is naturally not considered in international design codes it was imperative to perform a wind tunnel test to achieve a safe and economic structure.

The German wind engineering specialist, Wacker Engineers, Birkenfeld, have been commissioned to determine the design wind loads for the roof and to investigate the aero-elastic stability of the roof.

For the pressure measurements a 1:250 scale model of the building complex was build based on the architect' s 3D-models. Beside the planned building complex the immediate neighbourhood was modelled. Around 700 pressure taps were attached all over the model to measure mean and fluctuating wind pressure at various locations.

The experiments were carried out in Germany in Wacker' s low speed open circuit boundary layer wind tunnel. Along the floor of the wind tunnel roughness elements and vortex generators at the entrance of the tunnel are placed and are simulating the agreed flow conditions. The roof was exposed to 24 different wind directions spaced 15 degrees apart.

From the measured wind pressure time series non-dimensional pressure coefficients were calculated. In order to predict the design wind forces acting on the full-scale roof, obtained from the wind tunnel test, the pressure and force coefficients must be combined with the data on the winds over the site to be expected during the lifetime of the structure.

According to KBC 2005, the design gust wind speed at the reference height were established for the exposure category B to 205 km/h, for the exposure category C to 236 km/h and for the exposure category D to 265 km/h According to the exposure category and the measured pressure coefficients, Wacker engineers produced net wind forces maps from the roof which could be transformed directly into the structural analysis model.

4.2 Aeroelastic investigation of the roof

Due to the large cantilever and the exceptional kind of structure, Wacker Engineers were also commissioned to determine the aerodynamic stability of the roof under wind action.

The first bending mode of the roof was calculated to 1Hz and the first torsional mode was calculated to 1.15Hz. In a aerodynamic pre-study taking the eigen-frequencies, measured force coefficients for lift and torsion for different roof inclinations into account the roof was classified principally prone to galloping and flutter.

For the aerodynamic investigation a full aeroelastic model had to be constructed

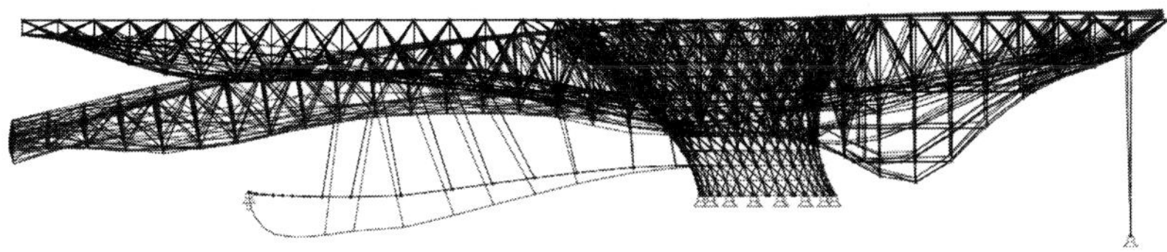

Figure 5. Roof 1st Eigenfrequency 1.0 Hz-Bending mode

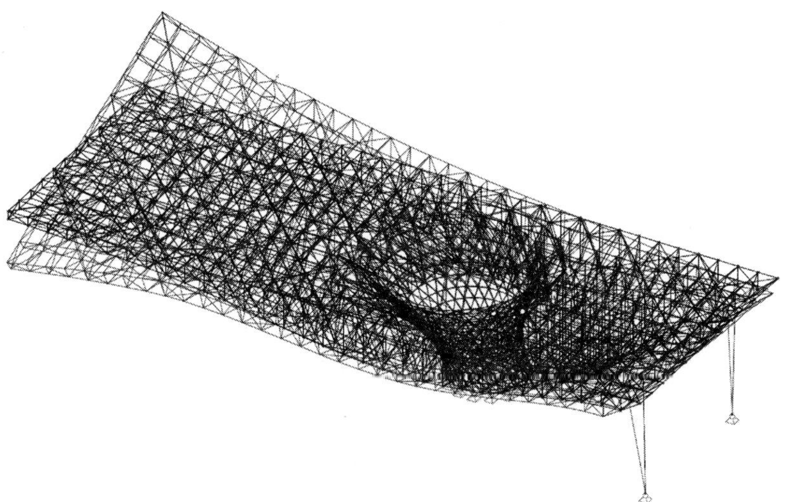

Figure 6. Roof 2nd Eigenfrequency 1.15 Hz-Torsional mode

with the correct mass distribution, bending stiffness and mass inertia. An aeroelastic model of a structure in the wind tunnel allows investigating the displacement of a structure under turbulent wind action as the movement of the model is similar to the prototype.

The cantilever of the roof has been divided into 8 segments with a length of 10m. For each segment the structural properties as centre of gravity, angular momentum of centre of gravity, shear centre and angular momentum of shear centre have been calculated by means of computational scripting in visual basic, allowing to access directly the available finite element-data. According to the calculated structural properties Wacker Engineers have constructed the 1:250 aeroelastic model. The purpose of the aeroelastic model tests was to determine the wind speed where dynamic instabilities of the roof structure caused by vortex shedding, galloping or flutter effects will occur.

An aeroelastic instability is characterized by a rapid growth of the torsional and/or vertical response. The threshold wind speed for the evaluation of the aerodynamic stability was determined on higher safety level than used for the structural design of buildings. Following the Japanese guideline for bridge design "Wind resistant design standard for Honshu-Shikodu-bridges" (HSB, 2001) it should be ensured that the critical wind speed for instabilities is greater than 1.2×E(E: roughness coefficient). Hence, the threshold wind speed was determined for the exposure category B to 55.3 m/s, for the exposure category C to 65.7m/s and for the exposure category D to 72.4m/s.

The aeroelastic roof model has been tested in the wind tunnel within these ranges.

No instability like galloping or flutter was found within the tested range and no resonant vortex shedding effects were found within the tested range.

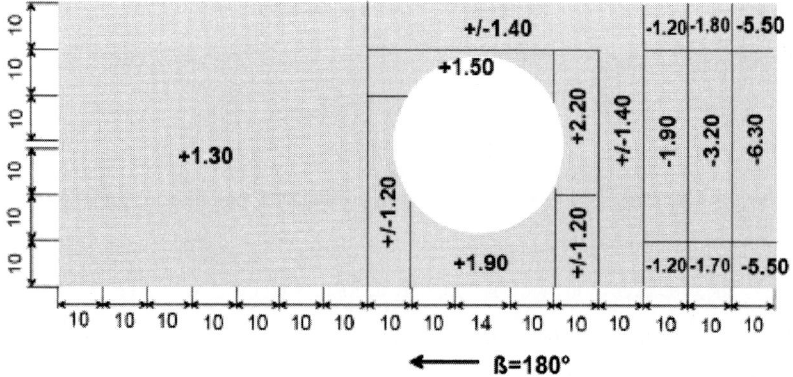

Figure 7 net wind loads for most severe wind direction for downwards forces on the cantilever.

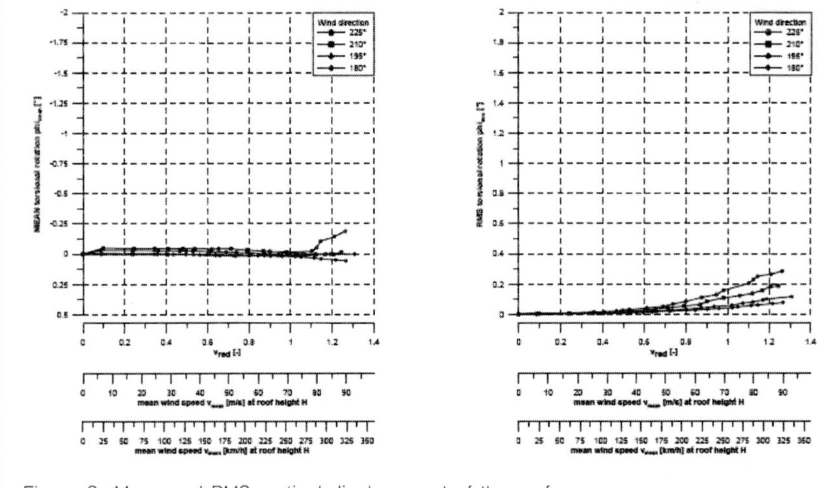

Figure 8 Mean and RMS vertical displacement of the roof.

■ 기네스 세계기록 등재

그림 17 기네스 세계기록 등재(최장의 캔틸레버 지붕구조) 2011

Busan Cinema Center' s Big Roof Breaks Guinness World Record

The cantilever roof (overhanging roof anchored at only one end) of the Busan Cinema Center, simply known as "Big Roof," has earned the Guinness World Record for the Longest Cantilever Roof.

전곡 선사박물관 2011

1978년 주먹도끼 발굴기념관

10

그림 1 건물 조감 사진

■ 개요

위치 : 경기 연천군 전곡읍 전곡리 176-1

건축면적 : 3,484.10m², 연면적 : 5,395.75m²

설계 : Anouk Legendre, Nicola Desmaziere, X-TU Architects, 2007+RFR(Blassel)

레코드아키텍트 : 서울건축/ 레코드엔지니어 : 전우구조(손승현)

2006.4.17 수상자 시상식 겸 전시회 :

2015 대한민국 공공건축상 건축물 건축도시공간 소장상

2013 제36회 한국건축가협회상 본상

2012 한국건축문화대상 준공건축물 부문 우수

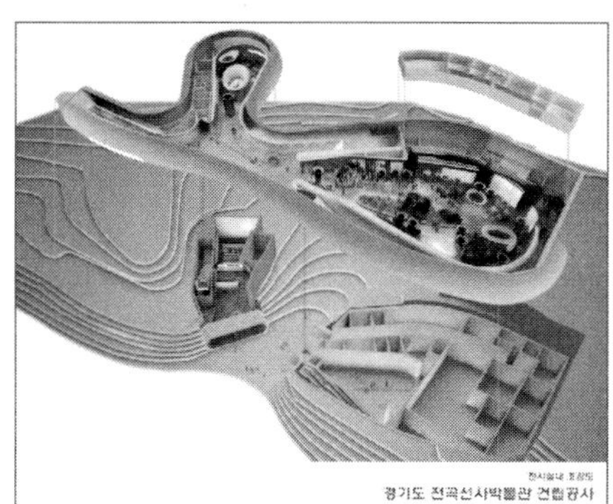

그림 2
2012 한국건축문화전시장

■ 건축평론가 장성준 교수의 답사기

다음 글은 건축평론가인 명지대 지산 장성준 명예교수가 〈건축학회지 건축 2011. 6. '시니어칼럼' 〉에 기고한 '전곡 선사박물관 답사기' 를 장 교수의 동의를 받아 옮겼다.

"2011년 5월 봄날, 가까운 친구 전봉수 소장 내외의 안내로 나의 아내 등 4명이 지하철과 경원선 열차를 타고 나들이를 겸하여 그해 4월 23일 개관한 전곡 선사박물관을 관람하였다. 전봉수 소장은 이 건물의 구조설계에 참여한 레코드엔지니어이다."

요즈음 소위 프레스티지 건물이나 공공건물을 국제설계경기로 공모하는 것이 관행처럼 되었고, 그 당선작과 차위 작품이 전문지 등에 홍보된다. 설계안이 실시설계 단계를 거쳐 완공된 후에는 답사기나 방문기로 전문지 및 일간신문에 나올 법도 한데, 많은 설계경기에도 불구하고 완공 후 모습에 대한 것이 전문지에 소개되는 일은 드물다. 간혹, 소개되어도 형식적이거나 추상적인 수사나 표현에 그치고, 자료의 사실성은 매우 낮아 건물의 전문적인 면모를 분간하기 어려운 화보로서 교양잡지에나 게재될 수준이다. 더욱이 전문적 · 기술적 측면이나 전문가의 답사 소견은 볼 수도 없다. 우리는 건축한 결과가 어떠한가에 무심하다는 점에서 매우 비건축적인 현상을 감내하고 있다. 공모에 참여한 건축가를 비롯하여 관련자는 일상적인 비지니스로, 교수는 경력 쌓기에 급급한 반면, 교양지는 그러한 건물을 볼거리나 품격 있는 건물로 소개하며, 방문자의 글과 사진으로 소셜커뮤니케이션망을 채운다. 오히려 건축 결과에 일반인이 관심을 갖고 전문가는 무심하다. 꺼리를 꺼리로 만들지 못한다면 건축의 발전은 요원하다는 생각이 드는 것은 한갓 시니어의 노파심인가. 설계공모는 2005년 12월에 국제설계경기로 진행되어 건축프로그램에 부지의 범위와 지형, 설계지침, 공간프로그램을 포함시켰다. 제공한 부지조건에 토지이용 현황, 개발 및 보전계획 등의 정보는 없었다. 선사유적지라는 점을 감안할 때 고립된 요소로만 제시하여 건립 이후의 상황을 예측할 수 없는 점은 한계였다. 설계지침은 부지영역 차원의 조경, 주차문제, 건물영역 차원의 건물과 전시물 내용, 건물영역 경계에 있는 현무암 단층절벽의 고고학적 중요성 등을 단순 명료하게 제시했다.

당선작(X-TU Architect, 프랑스)은 서울건축의 실시설계를 거치면서 발전 · 수정되어 건설되었는데 당초 당선작의 도면에서 풍긴 신비함이 건립 과정에서 현실적으로 왜소화된 느낌을 받았다.

건물은 둥근 파이프 한 토막을 굴곡지형에 올려놓은 형태이다. 그 덩치는 역사나 건축적 축적과는 무관하다. 스테인리스 금속판의 마감재료를 의식하지 않는다면 굵은 나무토막이나 전설 속 짐승의 뼈토막 같기도 해서 선사시대 삶에서 주먹도끼(hand axe)로 토막낸 사물을 연상케 한다. 선사시대 사물의 직설적 표현인 듯하면서도 유치한 모조품과는 거리가 먼 첨단시대라는 요즘 시대의 건물 형태에 만연한 건축적 작위, 인위, 기술의 흔적이 덜하다. 특별한 기단이나 포디움 없이 덩치가 그대로 지면에 박혀 드러나는데 그 접면은 매우 모호하고 불안하다. 접면을 이루는 외벽 금속판과 지면은 당장에라도 원시적이고 생명력이 강한 잡초로 가려질 것이고, 여름 장마, 가을 태풍, 겨울 혹한이라는 기후로 인해 급속한 풍화를 겪을 것으로 보였다.

토막의 밤경치는 금속판에 뚫린 으스름한 조명구멍 패턴으로 그 존재를 드러내게 되는데 건물로서 보다는 밤하늘의 성좌군이나 강변에 숨은 구석기 파편들을 유감시킨다. 이 구멍은 내부의 채광이라는 건축적 합리성과는 무관하다.

접근 루트는 지형상 3방향으로 색다른 경험과 상상력을 가능하게 한다. 경원선 한탄강역에서 하차한 후 강변 모래밭으로 내려 진입하는 북향루트는 거슬러 오르는 처음부터 전경을 노출시킨다. 미스터리한 형태와 입지에서는 태고적 신전을 오르는 기분을 느낄 수도 있다. 동측 3번 국도에서 가까운 주차장쪽에서 진입하는 서향루트

그림 3 답사 기념, 우측이 장교수 내외, 좌측이 필자 내외 2011.5.

그림 4 인테리어 이미지

는 인위적으로 다듬어진 굴곡통로와 둑이 수평으로 전개되는데 전형적 관광지 패턴이며 토막형태 측면을 조금씩 드러낸다. 북측 언덕의 수혈주거지와 고구려유적지 부근에서 내려오는 남향루트는 강변 조망은 물론이고 덩치의 디테일과 기계실 장치를 드러내면서 건축물로써의 인식을 가능하게 한다. 이 언덕에서 덩치의 지붕 위에 난 통로에 오르면 태고인의 걸음으로 한탄강변 주거지를 조망하면서 당시의 삶과 고독을 느낄 수도 있다. 내부공간은 하층-상층-하층으로 진행되는 일방향 동선으로 엮이는데 소규모에 다인원 방문객을 대상으로 한 박물관으로서 적절한 패턴이다. 상층의 주전시실은 오픈플랜에 알코브로 형성되는데 시초인류가 현생인류로 진화과정을 타원형으로 배치하면서 처음과 마지막을 나란히 함께 보여주는 것은 일품이었다. 방문자는 지붕 위를 걸음으로써 직립원인으로부터 진화된 호모사피엔스를 확인하는 퍼포먼스의 주체가 된다.

상설전시는 출토된 구석기시대의 타제석기와 유적발굴에 관련된 역사와 시초인류의 삶을 다루었고, 소리와 음악의 진화라는 특별전은 시초인류의 문화적 점화를 짐작하게 했다.

내부의 공간배치는 사진을 찍기에도 근사한 앵글을 형성한다는 점에서 매우 경관적이었다. 실시설계로 진행되는 중에는 사전 발굴조사에서 확인된 서편 언덕의 고구려 유적 때문에 평면을 갈래로 나눈 것과 지붕위 통로를 설치한 것 정도가 변경에 해당된다는 점에서 원설계는 지속되었다고 볼 수 있다. 남측의 식당은 강변을 조망하는 중요한 위치로서 사랑방 구실에 적당했는데 개점하지 못한 상태에서의 밀폐감과 건자재의 가스는 전체의 이미지를 흐리고 있었다. 전시 내용에서 아쉬운 한 가지는 한탄강의 선사유적인 '아슐리언 주먹도끼'를 1978년 1월에 처음 발견하여 오늘을 있게 한 미공군 하사관 그렉 보웬(Greg Bowen)에 관한 언급이 전혀 없다는 것이다. 고고학을 전공하다 입대한 연고로 전기구석기시대 유물에 해당되는 것을 알아보고 국내 · 국외 관계자에게 알려서 정식 발굴을 이루는 계기가 되고, 이후 한반도의 수많은 구석기 유적 발굴의 신호탄이 된 전설적 사건은 빠지고 국내의 고고학자 김원룡, 정영화의 발굴(1979~1983)에 가려지고 있었다. 한탄강유적의 교훈은 소위 전문가만이 아니라 일반인도 관심을 가진다면 강변에서 태고인류의 타제석기를 발견할 수 있다는 개연성과 계몽성에 있는데, 이를 외면하고 국수주의에 묻힌 편협된 사고를 드러내었다는 점에서 씁쓸하다.

당초 건축프로그램은 건물영역 북단부의 현무암 단층절벽에 대해 자연과 인류의 긴 히스토리의 축적을 보인다면서 이 단층이 수직으로 절개되면 중요한 고고학적 전시물이 될 가능성이 있다고 했다. 그러면서 박물관 설계에서 중요한 요소로 삼고, 실내나 실외 전시에 공조시킬 것을 요구했다. 당초 설계안에서는 이를 건물 정면 라인을 따라 고려한 듯했으나 실시설계에서는 반영되지 않아서 선사시대 유적은 실내의 유리상자 속에 고립된 파편으로만 존재하고 관람자에게 현실감 있는 스케일로 다가서지 못한 것은 매우 유감이다. 설계 발전에서는 항상 당초의 프로그램이나 설계지침이 이행되는지 거듭 확인해야 하는데, 이 과정이 소홀히 된 듯하다. 1980년대 유물 발굴 이후 박물관이 완공된 2011년 시점에서 박물관 주변은 큰 변화를 겪고 있으며, 이는 설계경기에서는 제시 또는 계획되지 않았던 상황이다. 박물관의 남측을 굽이쳐 돌아가는 한탄강 강변은 이미 숙박촌과 유원지로 개발되면서 선사시대를 포함하여 몇 만 년간 지속된 유적지로서의 자연스러운 모습은 사라졌다. 강변 주차장은 포장되고 조경된 채 연휴를 즐기는 차량으로 넘치고, 넓은 공터는 인근 부대에서 무기와 장비를 전시하고, 언덕 위 공터에서는 지방음식축제를 벌이고, 군청은 박물관 개관에 즈음해서 구석기축제를 열고 있었다. 연천군이 한탄강 추가령지구대 일원의 지형을 활용하고, 구석기시대 유적과 유물을 보전하면서 지역 발전을 기하고 주민의 삶을 낫게 하려는 현재의 노력은 선사시대 주민과는 또 다른 삶의 긍정적 형식일 것인데, 이들 작업에서 우리 건축 전문가는 자기 책무를 적극적으로 찾았으면 한다. 그러함에도 이 설계 작품의 이만한 가능성을 예견하여 당선작으로 뽑아준 심사위원(위원장 김병현)의 안목에 감사한다."

그림 5 시공 현장에서

그림 6 통로 및 입구

롯데, 허가안·112층 수퍼·가설커먼· 123층 월드 타워 2016

11

123층 롯데월드타워는 2017년 4월에 준공한 높이 기준 세계 5위의 초고층건물이다. 나에게는 그 건물과 지난 24년간 구조엔지니어로서 길고 유별난 인연이 있다. 그 인연은 1993년안에 참여한 이래, 허가안, 에펠탑안, 그리고 112층 수퍼타워 등의 구조설계에 순차적으로 참여하며 이어졌다. 그 인연은 123층 월드타워의 설계단계에서 몇 년간 없어졌다가 시공과정에서 코어내 박벽설계, 가설복공판 및 커먼타워 설계, 그리고 일부 시공상의 안전성 검토연구 자문 등으로 이어졌다. 2015년 상량식의 상량보에 적힌 봉안인사 명단에서 필자의 이름 석자를 보는 감회가 있었다. 기억하는 이 별로 없는 그 길고도 별난 이 인연을 여기에 기록한다.

■ 1993년안

롯데초고층안을 처음 접한 것은 1993년 1월 13일. 미국 RTKL의 데이비드 헛슨, 구조협력사 르 메죠(Le Messourier)의 샹카 나이르(Shankar Nair)와 협의에서였다. 그 회의에 국내설계파트너 서한건축(대표, 고신국범)의 구조협력사로 참석하였고, 1994년 7월 한 차례 협의 후 2년이 지난 1996년 10월 회의로 이어졌는데, 그땐 롯데물산, 오쿠노디자인연구소, RTKL, 서한건축 및 전우구조 등이 협의하였다. 4년 후 1996년 11월 한 차례 회의 후 상당 기간 잠잠했다가 2001년 1월, 2002년 1월의 RTKL과 르 메죠와의 회의에서 구조형식에 대한 논의를 계속했다. 그러다 어떤 사정인지 1993년안은 돌연 폐기되었다. 2003년 3월 롯데는 초고층건물의 면진/제진시스템, 2003년 10월 슬러리

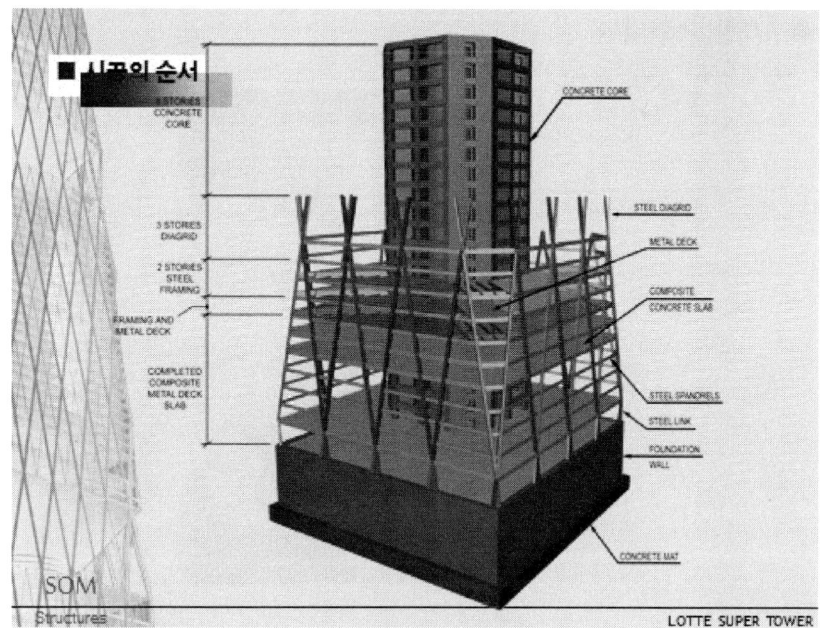

그림 1 112층 수퍼타워안, 기초, 대각가새 및 콘크리트 코어 개념도

월 앵커 문제 등에 또 다른 관심을 보였지만 초고층안은 별다른 진전 없이 10년이 지났다. 이런 과정은 초고층의 건설이 여러모로 만만치 않았음을 말한다.

■ 허가안, 그리고 에펠탑안

롯데는 유휴 부지에 부과될 세금 및 인근 서울공항의 활주로 방해 여부 문제로 롯데는 서한건축, 서울시, 강동구청 및 서울공항측 담당자와 협의하며 다른 여러 안을 검토했다. 그리고 임시방편으로 50층안으로 허가를 취득하였다. 그 50층 허가안에 반영된 부지 경계선상의 슬러리월 벽체 및 동남부 모서리에 한국전력시설 설계에 따른 현장시공은 계속되었다. 그러다 롯데는 한때 이질적이고 희화적인 에펠탑 형상의 대안을 검토하여 RTKL 등 설계자를 비롯하여 건축계 인사 모두 의아해했다. 롯데는 이 안을 내세워 초고층건물 건설의지를 대내 · 외에 홍보했으나 이 별난 안으로 롯데는 세간의 따가운 비판에 접해야 했다.

■ 112층 수퍼타워

그림 2
112층 수퍼타워,
대각가새
그래픽 및 투시도

롯데는 2005년 5월 HOK-Chicago, SOM-NY, KPF 등 3개사의 마스터플랜 및 초고층동의 개념설계경기를 통해 SOM-NY이 제안한 112층 수퍼타워안을 선택하였다. 그 안은 1층의 정사각형 평면이 112층의 원형으로 점진적으로 변하는 첨성대 형상으로 외곽 대각가새 시스템의 구조형식이었다. 국내설계파트너사를 초고층동(희림건축+전우구조)과 저층동(서한건축)으로 구분하였다. 이 수퍼타워는 2006년 2월 SOM과의 현장 협의에 이어 국내파트너사 실무자의 SOM 시카고 출장 등 회의를 거듭하면서 설계는 본궤도에 올랐다. 전우구조는 112층 초고층건물 설계에 레코드엔지니어로서 정식 참여하게 되었다. 회사의 창사 18년만의 개가라고 자긍심을 갖게 되었고, 직원들의 사기와 프라이드는 더할 나위 없이 높았다.

외부의 대각가새 시스템은 엔지니어의 구조지식에 대한 탐구 의욕을 자극하였다. 전우구조는 설계 내용, 대각가새의 거동, 초대형 노드의 주강제작 및 연쇄붕괴 이론 등을 대학, 학회 및 국제학술대회 참가 발표 등을 통하여 탐구한 성과를 대내외에 과시하였다.

그림 3 112층 수퍼타워 대각가새 실물대 모형

그림 4 SOM의 Chuck Bijak과

한편, 최고의 품질을 요하는 초고층건물구조의 법적 책임자인 레코드엔지니어에 대한 턱없이 낮은 구조설계비가 문제였다. 초고층건물 설계를 통한 경험 및 자료축적, 그리고 또 다른 초고층건물 설계에 도전하기 위한 직원교육 등의 투자와 자긍심 축적 명분으로 그나마 위안삼았다. 2008년 7월 국내파트너사는 설계진행 상황을 롯데에 보고하면서 진척되고, SOM은 공정 · 철골 · 설비 · 공사관리 분야의 실무엔지니어를 대거 내한하게 하여 대우중공업 등 강구조제작사를 방문해서 대각가새 제작에 따른 기술조사, 초고층강구조건물의 시공법 등을 의논하였다. 국내파트너사의 실무자도 현장, SOM-뉴욕, SOM-시카고 사무소를 오가며 SOM과 협의를 진행하며 상세설계는 진전되었다. 롯데 현장도 기초공법, 고강도강재 발주 등 시공에 본격 대비하였다. 대각가새의 제작 및 조립공법 연구 실습을 위해 현장 내 공지에 대각가새 접합부의 실물대 모형을 제작 · 전시하였다.

담당 : 윤흠학, 문일원, 김선우, 이준

• **활발했던 학술지, 강연, 강의 및 국제학술대회 발표**

대학교 강연 : 2006~2009, 단국대, 서울대, 대구가톨릭대, 숭실대, 전남대 등

전문학회 발표 : 대한건축학회 2006년 춘계학술대회(4/29) / 대한건축학회 대구경북지회 / 2006 ISSS / 2009년 4월 30일 초고층 포럼(건설회관)

해외 학술지 발표 : William F. Baker, Charles M. Besjak, Brian J. McElhatten, Preetam Biswas, Jeon, Bong-Soo and Mun, Il-Won,

No. 111 International Symposium on Steel Structures : ISSS 2006 555m Tall Lotte Super Tower, Seoul, Korea Jan, 2007

112층 수퍼타워안으로 설계변경허가도서를 준비하던 2009년 9월, 롯데는 사업계획을 전면 수정 · 변경하였다. 사무소 및 호텔 용도의 강구조건물을 위락시설, 아파트 및 호텔 용도의 콘크리트구조로 변경하여 투자 및 사업성을 높이려는 의도였다. 그 배경에는 강구조건물이 콘크리트조 건물에 비해 경제성이 부족하고 특히 초대형강제 대각가새의 시공이 지난하다는 건설 실무진의 건의도 한몫했던 것으로 알려졌다. 여기에는 설계 중단 및 설계진 교체에 따른 설계비 정산 등의 복잡한 행정적 절차가 뒤따랐다.

■ 대각가새 구조설계지침

롯데건설기술연구소, 포항산업과학연구원(RIST), 전우구조 및 영화엔지니어링 등으로 연구진을 구성하여 국토교통과학기술진흥원 R&D 예산을 지원받아 <초대형 대각가새의 구조설계 및 시공기술개발>을 연구할 기회가 있었다. 연구는 2008년 4월 초고층 건축국제심포지엄, 동년 5월 건기평 중간평가 및 2009년 6월 최종평가 단계를 거치며 《대각가새 구조설계지침 및 해설》을 연구성과로 마무리했다. 그 지침의 내용을 요약하면 "…. 최근의 초고층건축은 층수를 더해가며 경사지고(tilted) 상부로 폭이 좁아지며(tapered) 뒤틀린(twisted) 비정형건축물이 되어가는 경향을 보인다. 건물 외관을 경사진 기둥/보가 삼각형을 이루는 형상의 대각가새로 하여 일반 입면에 비해 평면 및 입면 변화에 유연하게 대처할 수 있다. 이는 건물 파사드로, 그리고 랜드마크 역할을 한

다... 최근 롯데의 112층 수퍼타워 설계에서 대각가새시스템을 택하며 세련된 강재의 접합노드를 제시하여 건설계의 기대와 주목을 받고 있다. 그러함에도 설계이론과 지침, 시공에 대한 자료가 적은 것은 구조설계시 만능적 구조해석 프로그램으로 인하여 자료정리의 필요성이 적어지고 형태가 다양함에 따라 이를 설계지침이라는 공통 분모를 찾기가 쉽지 않음에 기인한 것으로 안다.... 이 지침은 이 형식의 설계 및 시공의 기본틀에 불과하다. 추후 지속적인 연구로 보완이 이어져야 할 것이다.…"

담당자 : 전봉수, 손승현

이 지침을 국토교통부의 초고층건축구조기준으로 채택하더라도 손색이 없을 것이라고 자부했었다.

그후 전우구조는 123층 월드타워 구조설계의 역할에서 밀려나고 다른 회사에서 설계한 123층 롯데월드타워의 건설현장을 지나며 오랜 기간 여러 안에 참여했던 전현직 직원에게 본의 아니게 그들의 노력, 성취감, 보람을 앗아서 지울 수 없는 상처를 주어 민망하고 면목이 없었다.

발표 논문

전봉수 · 이철호 · 김선웅, '내풍력이 확보된 초고층 철골대각가새골조의 내진성능평가', 강구조학회 2009년 학술대회

■ 코어내 콘크리트박벽의 설계 (7장 특이한 콘크리트구조의 설계 사례 4 참조)

초고층건물 코어의 엘리베이터 홀, 화장실 및 설비공간을 구획하는 간벽은 금속제 경량벽이 일반적이다. 그러나 때로는 이를 현장치기 콘크리트박벽(두께 150mm 내외 얇은 벽, thin wall)으로 시공하여 쉬운 공사진행과 공기단축을 꾀한다. 두께 1000mm 이상의 코어벽체에 둘러싸여 횡적거동을 타워와 함께 하면 박벽에 균열이 예측되므로 예방 대책이 필요하다. 박벽의 횡적거동에 따른 벽체의 유한요소해석 결과 그 균열은 문헌에 보이는 실험체의 균열양상과 유사함을 나타냈다. 박벽과 코어벽체와 접한 부

분에 설치한 맹줄눈(dummy joint)을 설치하면 박벽의 균열(최대응력요소)을 유도하고 응력집중으로 에너지의 소산을 확인하였다. 이 맹줄눈을 시공에 반영하여 시공에 박차를 가할 수 있었다. 이에 관한 논문을 '건축구조' 에 실었다.

학술발표: 건축구조기술사지 '건축구조' 2016

■ 가설커먼타워

• 개요

2012년 2월 롯데건설은 현장에 월드타워의 높이 515m 가설 호이스트커먼타워(hoist common tower)를 설치하게 되었다. 설계를 위탁받아 현장조사, 호이스트 전문제작자와의 기술 협의, 수평 지지 위치 결정, 구조해석, 내부 자문회의(정하선, 최문식 등), 감리단(한미 파슨스)의 검토 및 대응, 제작 · 작동 확인, 철거시 관찰 등 일련의 과정을 거쳐 설계를 마무리하였다. 이러한 가설구조물 설계는 특별한 경험이었다.

커먼타워란 건설중인 건물 본체의 작업 인원, 건설자재 및 반제품 등을 각층에 수급하는 여러 대의 호이스트 운행로 및 각층에 연결 플랫폼을 갖춘 가설강제타워이다. 1대의 커먼타워에 여러 호이스트를 붙여서 공동으로 이용하여 자재운송효율을 높이고 외벽의 출입용 임시개방부를 최소화하는 장점이 있다. 수직방향력은 타워 기둥의 수직내력으로 저항하고, 수평방향력은 시공하는 건물 본체의 매층 또는 일정 층간에 연결브릿지, 랙(rack)이나 피니언(pinion) 등으로 지지한다. 1개 층 또는 2~3개 층을 유닛모듈로 하여 부속재를 수작업 또는 크레인으로 조작하여 조립 · 해체한다. 본건물이 대형인 경우 커먼타워의 외부 3면에 6대 내외의 호이스트를 설치할 수 있다. 호이스트는 케이지, 가동모터, 치차휠(wheel) 및 웜기어(worm gear)로 구성되는데, 커먼타워 각층의 외곽보에 붙인 수직 웜기어는 치차휠의 주행레일이 되어 호이스트 반력을 커먼타워에 전달한다.

커먼타워는 각층을 포함하여 지상 515m(랜턴타워 첨단부 높이 555m)에 위치한 작업장까지 작업 인원과 건설재료를 수급한다.

설계 조건은 다음과 같다.

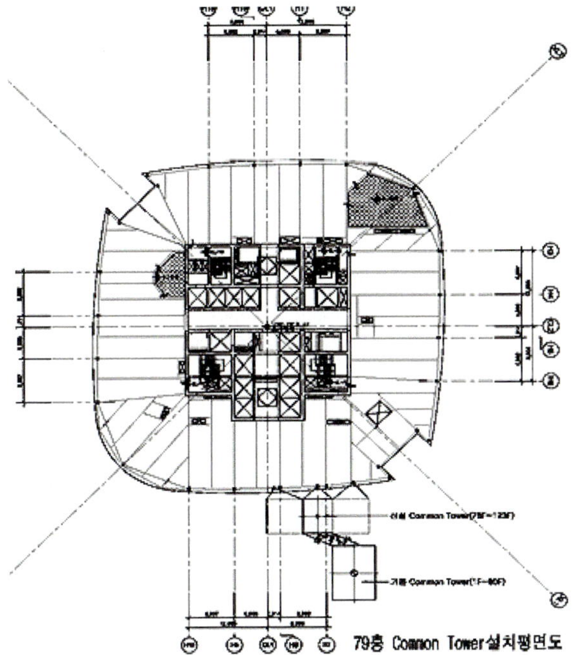

그림 5
커먼타워와 123층 월드타워

그림 6 커먼타워

그림 7 커먼타워의 유닛 모듈

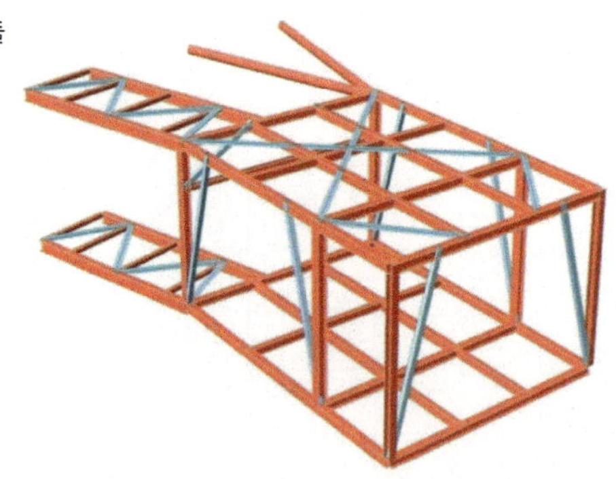

1) 가로 4,500mm, 세로 5,600mm로 지하층 베이스로부터 123층 지붕까지 동일한 평면 크기이다. 건물 본체의 외관이 세워놓은 글씨 붓의 형상을 띠고 있어 상층으로 갈수록 평면이 작아짐에 따라 건물 본체와 커먼타워와의 수평간격은 벌어져 커먼타워의 구조적 안전성과 연결브릿지를 통한 자재운반 등이 우려되었다. 이에 76층에 작업대층(상부 타워의 기초를 겸함)를 설치하여 그 이상의 커먼타워는 건물 본체 방향으로 9.1m 근접 이동한 전이구조로 하였다.
2) 설계기준; KBC 2009 및 EURO Code/ 구조해석 프로그램; STAAD-PRO 및 MIDAS-GEN
3) 123층월드타워 본체와 가설 커먼타워의 수평모드 : 모델링에서 풍하중에 의한 건물 본체의 최대수평변위값을 커먼타워의 각 방향 강제변위로 가력하여 해석하고 불리한 결과를 설계응력으로 대체
4) 구조시스템 및 부재설계 : 커먼타워 외면의 편심브레이스와 연결브릿지, 타이 부재 등으로 횡력에 저항한다. 본체의 횡력저항구조 아웃리거 체결 시점을 고려한 횡력해석하고, 개별 유닛으로 지상에서 조립하여 양중조립, 타워 해체 프로세스 등을 검토
5) 활하중 처짐 제한 : L/300, 수평변위: 지지점간 수직거리의 1/300 (호이스트 제작사의 권장치), 타워의 수명 : 커먼타워 수명은 건물 본체의 골조 완료 후 1년으로 보고 타워 기둥의 재장축소, 수축량 산정을 검토.
6) 지진하중 및 충격하중

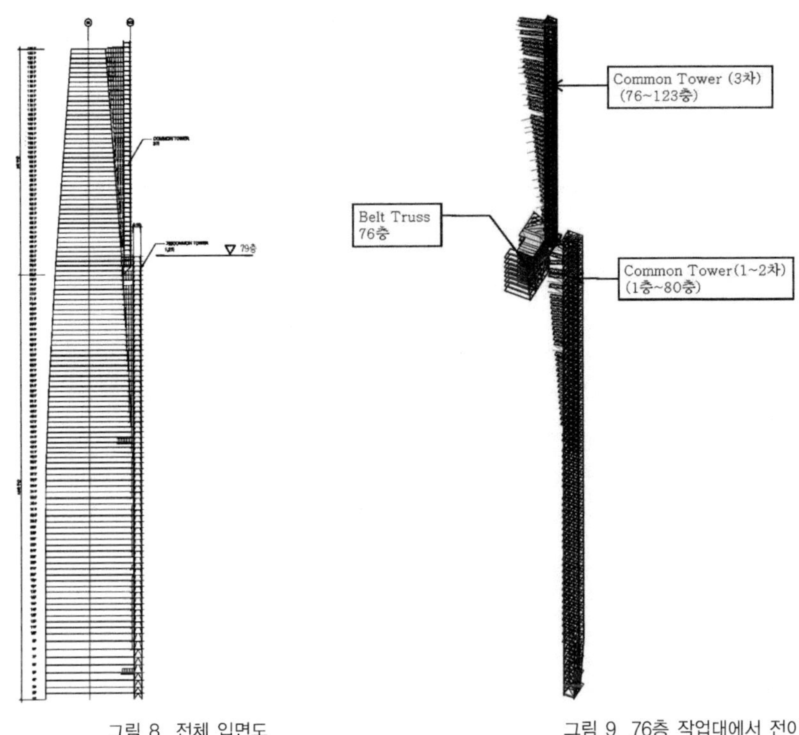

그림 8 전체 입면도

그림 9 76층 작업대에서 전이

자중이 크지 않고, 세장하므로 지진에 대한 영향은 풍하중에 비해 미미하여 부재 크기에 영향이 없다. 다만, 지진하중에 의한 건물 본체의 최대변위값을 커먼타워의 강제변위로 입력하고 응답스펙트럼 해석 결과와 조합하여 건물 본체의 진동모드를 고려했고 강제변위는 안전측의 하중조합이 되도록 커먼타워의 변형과 반대방향으로 가력하였다. 충격하중은 충돌시(타워크레인의 양중하중을 20tf, 충돌속도 0.672m/sec) 외부 충격에너지가 100% 탄성에너지로 전달된다고 가정

커먼타워는 2013년에 설치한 이래 123층 월드타워 건설에 긴요하게 활용되었고 2016년 철거로 4년간의 제수명을 다하고 사라진 최고높이의 초세장(세장비가

1/115) 구조물이었다. 설계도서 및 공사기록이 그 존재를 입증할 뿐이다. 향후 늘어날 커먼타워 수요에 대비하여 이러한 특수구조에 대한 기술보고서, 전문서적이나 설계, 관리지침 등의 마련이 시급함을 인식하게 되었다.

- **발표 논문** : Structural design and construction of the hoist common tower for Lotte World Tower Seoul Aug, 2018 KSSC
    1. 초고층 호이스트 커먼타워의 구조설계, 대한건축학회 '전문가 사례 연구', 2017.4

- **현장의 제문제**

공사를 진행하며 구조적인 검토가 필요한 문제에 대하여 시공사의 요청에 따라 커먼타워 설계를 포함한 가설 복공, 임시 주차시설, 여러 대의 타워크레인 기초, 리프텍 호이스트 구조 및 로딩도크 등에 대한 설계 및 현장 자문을 하였다. 또한, 공사기간중 발생한 여러 문제에 대한 전문기관의 견해가 필요했던 거푸집 낙하 사고, 메가기둥 균열, 벨트 철골트러스와 메가기둥의 접합 안전성, 수족관 누수, 영화관 바닥 진동 등 현장의 돌발적인 어려움을 건축학회나 서울대학교 등 전문기관의 자문위원 또는 연구원으로 참여하여 문제점에 대한 자문을 하였다.

■ 2015.12.22 상량

다음의 글은 건축학회의 '건축' 2017.7의 '초고층 건물의 상량식' 이란 제하로 기고한 글이다.

상량(上樑)을 영어로 토핑아웃(topping out)이라 한다. 고대 스칸디나비아의 습속으로 건물 뼈대로 바뀐 죽은 나무들의 영혼을 달래려 신축건물에 사용된 나무에서 잎이 가장 많은 나뭇가지를 옥상 꼭대기에 올리는 종교의식이었다. 지금은 시공자가 건물 최상부의 마지막 보를 올리면서 치르는 의식 (builders' rite)으로 흥행을 위한 미디어 행사가 되었다. 우리의 전통적 상량식은 목구조건물의 골조공사 마무리단계에서 대들보위에 대공을 세운 후 최상부 부재인 마룻대(종도리, 마루도리)를 올리고 거기에 공사와

그림 10 상량전 지상의 상량보

그림 10 상량식 초대장

관련된 기록과 축원문이 적힌 상량문을 봉안하는 의식이다. 마룻대에 쓰는 상량문은 일반적으로 머리에 용 '용(龍)' 자를 거꾸로 쓰고 밑에는 거북 '귀(龜)' 자를 바로 쓰고 두 글자 사이에 모월모일 입주상량(立柱上樑)이라 쓴 다음, 옆 2줄로 응천상지오광(應天上之五光) 비지상지오복(備 地上之五福) - 하늘의 오색 빛에 감응하고 땅의 오복이 준비하도다 - 라는 축원 글귀를 쓴다. 붓으로 쓸 때는 종도리장혀에 쓰고, 상량문이나 축원문을 종이 등에 별도로 쓸 경우에는 기름을 먹여서 오동나무로 만든 함에 넣고 분에 홈을 파고 그 속에 안치한다.

2015년 12월 22일. 타워 동측 마당에 H-700의 길이 10m 내외의 방청처리한 철골보가 타워크레인 케이블에 연결된 홍청록색 리본을 달고 받침대에 놓여 있었다. 보의 양면에 건축주를 비롯하여 정 · 관계, 예술계, 학계, 건설계 등 200여 명의 봉안인사 명단을 백색용지에 쓰고 투명 플라스틱으로 덮어 볼트로 고정했다. 상량은 첨탑부(지상 555m) 부재가 아닌 최상층 123층의 지붕바닥(지상 515m)의 철골보를 올리는 것이었다. 외국에서는 상량보를 흰색으로 칠하고 참여한 모든 노동자가 서명을 한다고 하는데 롯데월드타워에서는 봉안인사의 서명으로 대신하고 하부 플랜지의 흰색종이에 서명하였다. 상량문이나 축원문을 살

그림 11 상량식 기념품 6면 수정체(60x60x110)

그림 12 웨브에 붙인 봉안인사 명단 아래 하부 플랜지에 서명

그림 13
상량보 측면의 봉안인사

필 겨를도 없이 타워식장인 76층으로 이동해 신동빈 부회장이 엘리베이터 홀에서 손님맞이를 하며 회의장으로 인도하였다. 언론을 통해서 알려진 정치인들이 많이 보여서 예나 지금이나 건설과 정치는 특수한 관계가 있나 싶었다. 같은 층 중강당의 단상에는 귀빈용 의자가 배치되었고 중앙벽에는 초대형 스크린이 걸려 있었다. 객석은 만석이었다. 날씨가 차가워 의자에는 참석인사를 위한 작은 모포가 있었다. 행사가 진행되면서 지상 76층 및 123층 지붕 등 세 곳에서의 진행이 단상 스크린에 중계되었다. 123층 지붕에서 상량보의 볼트 조임과 76층 단상에서의 퍼포먼스가 서로 연계하며 진행되었다.

행사는 축사와 박수 속에 끝이 났다. 당일 언론에 보도된 사진을 보니 인양되는 상량보 밑면 양단에 '龍' 자 '龜' 자, 그 사이에 應天上之五光, 備地上之五福, 상량일, 행사명 등이 보였고 그 외 판독이 어려운 글씨가 어렴풋하였다. 상량보의 디자인은 평범했다. 타워를 상징하는 부착물이나 장식을 붙일 수도 있었을 법도 한데.. 한참 지나서 가까운 지인이 상량보의 보전상태가 어떠하냐고 물었다. 수소문하여 알아보니 그 상량보는 본래 구조부재이므로 현행 내화규정에 따라 보의 양면과 하부면 등 3면을 내화재로 감싸서 보를 밀봉했고 천장에 그 보를 포함하여 그 층의 모든 철골보를 밀봉했다고 한다. 시각 차단은 물론 천장 속의 영구보존 타임캡슐이 된 것이다. 봉안인사의 명단과 서명한 백지 및 잉크의 수명은 영구적일지 생각하였다. 상량보를 그렇게 처리한 정황에 수긍하면서도 그럴 바엔 상량식을 왜 했나 하는 의구심도 컸다. 한옥에서 자란 탓에 유년 시절 가끔 대청마루에 팔베개하고 누워 중도리 장혀에 쓰인 상량문을 올려다보며 집에 대해 이런 저런 상상을 했던 추억이 있다. 상량식은 우리의 전통적 건설문화의 하나이다. 높이 세계 5위라는 월드타워의 상량이 이랬어야 했나 싶다. 지금이라도 상량보 모형을 만들어 한류문화의 자원으로 활용하는 방안을 검토하였으면 한다. 하긴 상량식 이후 1년도 채 안 되어 언론무대에서 사라진 정치인의 명단을 바라보는 일반인의 시각이 부담이 되겠지만,,, 초대장을 받고 나서 봉안명단에 올랐으니 식에 참석해서 서명을 해야 한다는 실무자의 전언에 내심 고마운 마음이 컸으나 한편 의아했다. 요즈음 말로 뭐지? 나? 왜? . 200명의 인사를 어떤 기준으로 선정했는지 알려지지 않았다.

월드타워의 구조설계자가 아님에도 불구하고 봉안인사가 된 연유가 과거 21년 타워 설계에 줄곧 참여한 질긴 인연 때문일 수도 있겠고 전혀 아닐 수도 있다. 그 사유를 누구에게 물을 사안도 아니었다. 지금은 다만, 그 타임캡슐에 필자의 이름 석자를 올리게 된 뜻밖의 행운에 감사할 따름이다.

■ 신격호 회장의 타계

2020년 1월 19일 롯데그룹 신격호 명예회장이 타계했다. 123층 롯데월드타워를 필생사업으로 이루어낸 명예회장에 대해 매스컴은 '맨손으로 글로벌 기업을 일군 우리나라 창업주 1세대의 전형' 으로 꼽았고 '평소 직원들에게, 일하는 방식은 몰라도 되지만 열정이 없으면 아무것도 할 수 없다고 했고, 가장 작은 것에서 시작해 가장 높은 꿈을 이룬 기업가' 로 기렸다.

서울시 신청사 2012 12

그림 1 좌측 전면 본관동과 우측 후면 신관동의 남측 전경

■ 개요

위치 : 서울특별시 중구 태평로 1가 31

설계시공 일괄발주 : 삼성물산 컨소시엄

신관동 설계자 : 삼우설계, 유걸/전우구조(윤흠학, 김성진, 김동관)

본관동 개보수: 센구조

공사기간 : 2008년 5월~2012년 10월

규모 : 지하5층, 지상13층/ 대지면적 : 12,709m^2, 연면적 : 90,788m^2

울프메이어(Ulf Meyer)의 '서울 속 건축 2015'의 건축물 216 중 하나

동아일보 '최악의 건물' 1위, 2013

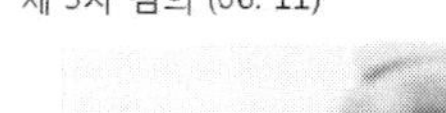

그림 2 6차에 걸친 심의안

서울특별시 신청사는 본관동 일부를 보존 · 개축하고, 북측 부지에 지상13층, 지하5층, 높이 53.4m 규모로 처마를 형상화한 모양(그림 1)으로 건물의 상층에 다목적홀, 아트리움 상부에 시민라운지, 하늘광장 등을 올리고 남측 파사드를 곡면 커튼월로 마감하였다. 신청사 건설을 2006년 설계시공일괄턴키방식으로 발주하여 삼성컨소시엄(삼성물산, 삼우설계, 전우구조 등)이 제시한 설계안을 채택하였다. 그러나 문화재정은 설계심의에서 턴키안은 물론, 순차적으로 제출된 3개의 대안설계도 주변경관과의 부조화를 사유로 모두 부결하고 4차대안을 조건부로 승인하였다. 그러나 서울시는 4차대안도 '세계 10대 도시인 서울의 상징성과 조형성이 부족하다' 라는 이유로 허가를 불허하였다. 그후 제출한 5차대안도 반려하였다. 결국 삼성컨소시엄에 재설계할 것을 요구하였다. 대안설계안마다 특징 및 공사비 판단을 위한 설계도서를 준비하였다(그림 2).

이에 삼성컨소시엄은 서울시 도시계획위원회와 문화재청과의 사전심의를 통해 일부 완화된 지침으로 개념설계(컨셉)를 지명경쟁으로 공모하였다. 2008년 2월 유걸이 제안한 안(이후 새 디자인)을 채택하였다. '턴키방식은 기결정한 설계안을 수정할 수 없다' 는 관련 규정에도 불구하고 서울시는 수차례에 걸쳐 재설계와 새로운 설계경기, 새로운 설계자 유걸에 대한 법적 권리를 제한하였고, 기제출한 4개 안에 대한 기본설계의 설계비 승인 및 지불을 거부하는 등 '건축과정상 반공공성(anti-publicness)' 을 야기하였다. 공기관 프로젝트로써의 정당성에 의문을 갖게 하였다.

■ 본관동

지방문화재로 지정된 본관동은 일제강점기인 1926년 준공한 지상4층, 옥탑2층의 콘크리트라멘조 건물로써 내외부 벽체를 적벽돌에 모르타르 바름으로 마감하였다. 2008년 서울시는 안전진단 결과 D등급으로 판정되어 안전 및 건설계획상의 사유로 철거하려 하였으나, 문화재청은 지방문화재라 하여 보존을 주장하였다. 지하층 공사를 진행하는 2년여 기간 동안 두 행정기관은 보존과 철거로 맞서다가 중앙돔 및 홀, 정면 및 서남측 외벽면을 보존하고 나머지는 모두 철거하고 지하층의 추가건설에 합의하였다. 중앙홀의 구조(슬래브, 보, 기둥)에 전단벽을 추가하여 구조성능을 확보했고, 중앙돔 및 홀을 존치한 상태에서 구조의 보강과 그 하부에 지하 4개 층을 증설하였고, 이를 위하여 언더피닝공법(뜬구조라고도 함)을 택하였다. 언더피닝공법은 기존 건축물의 증·개축을 위해 별도의 가설구조물로 건물을 지지하면서 하부에 기초를 신설하여 구조물을 축조하는 공법을 말한다. 중앙돔 및 홀의 중량 약 6,300톤을 가설구조물로 1년여 동안 지지하였다.

■ 신관동

신관동은 지상13층, 지하5층 규모로 지상층 구조는 10.8m×9.0m 모듈의 철골철근콘크리트구조이고 지하층은 기둥은 철골철근콘크리트조 바닥은 철근콘크리트구조로 탑다운방식으로 건설되었다. 4개의 코어에 엘리베이터실 및 계단실을 둘러싼 전단벽이 있다. 건물 형태가 비정형구조물이므로 동적해석법으로 지진해석을 하였다. 지하층 탑다운공사의 임시기초로 P.R.D피어를 채용하였다. 지하수위로 인한 부상력은 대안검토를 통한 부력앵커공법을 적용하였다.

· 아트리움 상부의 다목적홀

건축물 내부 아트리움 상부에 다목적홀, 시민라운지 및 하늘광장 등이 위치한다. 이러한 공중 공간은 최대 19.2m로 돌출되며, 그림 3 및 4와 같이 3, 4, 6층에서 12층의 지붕에 경사로 연결된 직경 600mm 강관 경사기둥으로 지지된다. 다목적홀의 바닥보와 이를 지지하는 철골 경사기둥의 접합상세는 그림 3-(b)와 같다. 바닥보는 H형강이고,

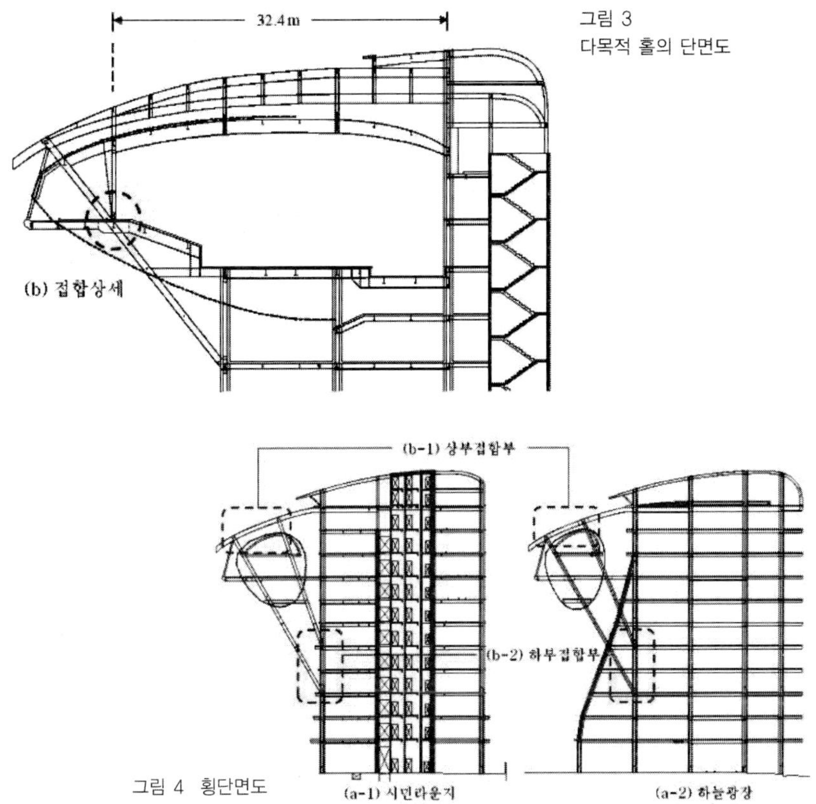

그림 3 다목적 홀의 단면도

그림 4 횡단면도

경사기둥은 강관으로써 강관이 바닥보를 관통하는 형태이며, 경사기둥과 바닥보에서 발생하는 전단력은 경사기둥의 외부다이어프램으로 통하여 바닥보에 압축력으로 전달된다.

- **곡면형 커튼월구조**

신관동의 외피는 비정형의 곡면형 커튼월로 가로 107.3m×34.7m 규모이고, 곡면의 면외방향으로 최대 15m가 돌출되어 있다. 커튼월의 백프레임은 수직방향으로 ø165 강관 @2,250mm 간격으로, 수직방향으로 ø140 강관 @2,250mm 간격으로 배치되어 있다. 커튼월의 백프레임형식으로 3개 안을 검토하였다.

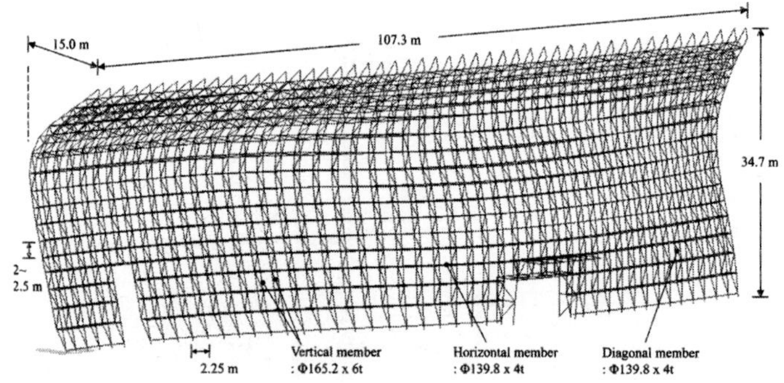

그림 5 곡면형 커튼월

1안, 수직프레임 상 · 하부를 모두 핀접합하는 안

2안, 하부 핀접합에 상부 수직방향 슬롯홀을 두어 수직변형을 흡수하게 하는 안

3안, 상부 핀접합에, 하부 수직방향의 슬롯홀로 수직변형을 유도하는 안

2안, 3안은 커튼월의 곡면변화가 심하여 좌우측면에서 처짐의 차이가 커서 이를 흡수하기 어렵고, 풍하중에 대하여 응력집중으로 부재가 커지며, 하부 접합부에서 방수 · 방습 등의 유지관리가 어려운 단점이 있었다. 따라서 상하 모두 핀접합하는 1안을 채택하고 자중, 풍하중 및 온도하중에 대하여 본 건물과 커튼월의 구조적 상호작용, 커튼월 자체의 거동, 시공 및 유지관리상 문제점을 검토하여 설계하였다. 온도하중에 대하여 국부적인 응력집중이 발생하지만 수직 백프레임 5~6개마다 익스팬션 조인트를 두어 온도변형을 흡수하도록 하였다.

• **상하캔틸레버형 계단**

층간계단의 구조는 다음과 같다.

1) 일방향 슬래브 형식 : 계단참 부근의 별도 수직재와 상하층 바닥으로 지지

2) 캔틸레버 슬래브 형식 : 콘크리트벽체내 계단의 경우 벽체에서 나온 캔틸레버 구조

3) 상하캔틸레버형 계단(공식 용어는 아직 없다)

건축적 사정으로 계단참 주변에 지지부재를 둘 수 없는 경우에 채택한다. 일종의 자립형 계단이다. 이 건물에서 여러 곳에 이러한 형식의 계단을 배치하여 건축적 요구에 부응했다.

그림 6 계단-2

계단-1

신관동의 지하1층에서 지하2층으로 연결되는 주계단은 지하2층 바닥지지, 3.5m 높이의 계단참에서 별도 지지구조 없이 지하1층에서 지지한다. 평면적으로 'ㄷ자' 로 길이 9.8m의 상하 캔틸레버형 계단이 계단참 바닥판을 매개로 엇물린다.

계단-2

지하1층에서 1층에 이르는 길이 8.0m, 계단참 높이 3.5m의 상하 캔틸레버형 곡선계단이다(그림 6).

계단-3

건물 내부에서 2층~5층을 잇는 계단이 외장 커튼월간 아트리움으로 돌출된 상하 캔틸레버형 계단이 있다.

이 형식의 계단을 과거부터 애용했다. 1972년 서울대 관악캠퍼스 중앙도서관(현재 관정도서관)의 1, 2층 규장각 공간 내 작은 계단을 콘크리트조 상하캔틸레버 계단으로 해결했는데, 수계산에 의한 구조해법을 찾느라 어려웠다. 나중에 IBM 1130으로 간이유한요소법으로 안전을 확인하였다. 이 프로젝트의 책임자였던 건축가는 환호했었다.

그후 여의도 소재 한국(증권)거래소 사무동 1층 로비 중앙의 주계단을 철골조로 설계하였다. 모두 이 구조를 신기하게 보았다. 2007년 백남준 아트센터 프로젝트에서도 이 형식을 택하여 독일 여성건축가가 신기해했고, 그녀의 환심을 샀던 기억이 새롭다. 계단은 층고가 높아서 지지부재가 없는 2개의 계단참으로 구조해석시 과도한 흔들림이나 처짐처리에 고심했었다.

■ 서울시의 다섯 차례 대안설계에 대한 설계비 지불 거부로 8년 소송 끝에

서울시가 다섯 차례의 대안설계 및 새 디자인에 대한 설계비 승인 및 지불 거부와 새 디자인 설계자에 대한 법적 권리 제한 등의 조치가 현행 규정에 맞지 않았다. 새 디자인에 따른 건설로 인하여 공사비가 당초 TK공사비 대비 ₩900여억이 증가되어 서울시는 추가공사비로 인정하여 지불하였으나 다섯 차례에 걸친 대안설계 및 새 디자인 설계비(삼성 추산 450억 원)는 모른체하고 있었다.

컨소시엄 책임사인 삼성은 서울시를 상대로 제소하여 1심에서 승소하였고, 서울시의 불복으로 2심에 계류하다 준공 9년이 경과한 근자에 원고 승소하였다는 소식이다. 무소불위의 행정력을 사법력이 9년간 방치하다 재단한 것이다.

여수 엑스포주제관 2012

숨쉬는 해상 건축물

13

그림 1 근해에서 본 주제관

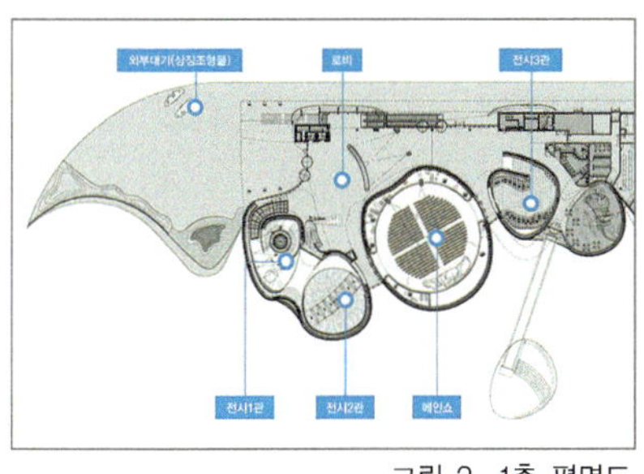

그림 2 1층 평면도

그림 3 조감도

■ 개요

위치 : 전남 여수시 덕충동 351-1번지 일원/ 규모 : 연면적 7,413㎡, 전시공간 3,028㎡

설계 : SOMA-Architects(Guenter Weber, Stefan Rutzinger+DMP+전우구조(전봉수, 김성진, 정희주)/ 시공 : 현대건설

수상 : 2012 한국건축산업대전 준공건축물 부문 우수상

■ 설계개요

국제 설계경기로 오스트리아 소마(SOMA)가 제안한 '하나의 바다(one ocean)' 로 본설계와 공사를 진행하였다. 엑스포의 주제 '살아있는 바다, 숨쉬는 연안(The Living Ocean and Coast)' 을 표현하는 건축물로서 그 형상 자체가 주제를 형상화하였다.

주제관의 중요 디자인 요소인 콘크리트 매스와 움직이는 입면은 그 형상의 구현이 유래를 찾을 수 없는 새로운 시도였다. 구조체이자 최종 마감의 특성을 갖는 노출콘크리트 구현을 위해 공장에서 3차원으로 제작된 강재 거푸집을 현장에서 조립하는 공법을 적용하였다. 이를 통해 완벽한 형상 구현과 공사기간을 단축하였다.

해중공사이어서 공법에 관하여 많은 연구와 검토가 있었다. 움직이는 전면벽(Knippers Helbig)은 길이가 약 14m되는 입면의 움직임을 표현하기 위해 강도와 연성을 갖춘 유리섬유 강화플라스틱을 사용하였다. 상하부에 설치된 구동부는 컴퓨터로 완벽하게 제어하며, 전체 98개 라멜라의 움직임이 통제되고 다양한 연출이 가능하다. 한편, 귄터 베버(Guenter Weber)는 뮌헨대를 졸업하고 비엔나 소재 힘멜블라우(Coop Himmelblau)사무소에서 BMW World 프로젝트의 입면설계를 담당했고, 부산 국제영화제 영상센터 당선작에도 참여하였고, 현재 소마 아키텍트(Soma-Architects)의 파트너로 일하고 있다.

형상이 비정형이어서 상세설계기간과 공사비 예산 등이 빠듯하여 고전하였다. 설계 착수 4개월이 지나서야 콘(Cone)의 형상이(지오메트리) 정해졌으나 해상에서의 공법은 우왕좌왕하였다. 구조설계자도 공법을 고안하여 가설계해서 공사비를 적산해 보고 공법의 선택 여부를 결정하는 어려운 과정을 거쳐 마무리하였다.

■ 설계 수주

- **국내 건축설계사를 향한 메시지**

"안녕하십니까. 저는 (주)전우구조 대표입니다. 귀사는 창업하신 후 괄목하게 일취월장하는 사세에 건축계에서 모두 경의와 축하를 보내고 있습니다. 저는 지난 1987년

이래 구조설계회사를 운영하면서 크고 작은 일을 하고, 대학에서 초고층건축 및 대공간구조 강의 등으로 23년 가깝게 보내고 있습니다. 배송한 3권의 책자는 저와 전우구조의 어제와 오늘을 설명하고 있사오니 잠깐 틈을 내어 보아주시면 감사하겠습니다. 이렇게 글을 드리게 됨은 금번 귀사에서 추진하고 계신 〈여수EXPO 2012 주제관〉의 구조설계에 전우구조에게 참여할 기회를 주셨으면 하는 바램에서입니다. 저는 오스트리아 SOMA의 귄터 베버 씨와는 3년 전부터 그가 COOP HIMELBLAU의 실무책임자로서 부산영상센터설계를 하면서 알게 되었고, 그가 그 회사를 퇴사한 금년 10월 초에도 독일 프랑크푸르트의 보링어그로만 구조사무소에서 동 프로젝트 관련 VE관련회의를 하기도 하였습니다. 저는 지난 10월 20일경 그를 비롯한 4인이 〈여수 EXPO 주제관〉의 현상설계에 당선되어 진심으로 축하를 하였고, 그로부터 설계를 함께 하자는 제안을 받고 제안서 및 계약 등 후속 절차를 대기하고 있습니다. 현상설계에 참여한 오스트리아의 구조엔지니어도 앞으로의 협업에 대비하여 소개를 받은 바 있습니다. 그런 후 국내 설계사로 여러 회사의 경쟁에서 귀사가 결정되었음을 알게 되었고 지금은 주최측과 설계계약 등을 협의하고 있는 것으로 듣고 있습니다.

전우구조는 근년에 부산영상센터를 비롯하여 광명고속철도여객터미널, 이화여대캠퍼스센터, 백남준아트센터, 전곡선사박물관 등 여러 프로젝트를 수행하면서 유럽의 건축가 및 구조설계사와 기술협의와 개인적인 인연을 맺고 있습니다. 귀사의 김정식 선생님께서는 10여 년 전 인천 국제공항여객터미널설계 등을 통하여 전우구조의 저의 고운 점과 고칠 점을 익히 아시고 계시리라 짐작하여 더 이상의 제 소개는 보내드린 자료로 가름하렵니다. 이러한 사유에서 〈여수EXPO 주제관〉의 구조설계에 참여케 하여 주실 것을 요청드리오니 가납하여 주시길 부탁드립니다.

2009.12.17 전봉수 드림

• K 교수께

초여름 재미가 어떠신지? 벌써 조금만 지나면 여름방학이니 좋으시겠군. 매월 전해오는 <뉴스레터>가 동문 간에 인기가 있지? 웬만한 소식은 뉴스레터가 소스가 되더군. 모두 김 교수의 수고로 알지. 지난 주초 〈여수EXPO 주제관 설계〉건으로 SOMA의 건축가 귄터 베버와 랄프 자벨이 나를 찾아왔었네.

아는 것처럼 SOMA 당선안이 해상건축물로 형상이 독특하고 비정형의 전형이어서 형태를 결정하기가 만만치 않은데다가 공사비 예산이나 공사기간이 빠듯하여 여러모로 고전하다가 설계 착수 4개월이 지나서야 여러 개의 콘 형태의 지오메트리가 정해졌고 해상공법은 우왕좌왕. 사전에 정해졌다는 공사비 상한으로 시스템마다 구조설계자가 공법을 고안, 가설계로서 공사비를 적산하고 공법 선택 여부를 결정하자니 전우구조나 건축가 모두 기진맥진이네. 건축설계는 아직 SOMA가 직접 관여를 하고 있으나 구조설계는 일찌감치 전우구조가 온통 싸 안고 있어 골치가 더 아프지. 그런 저런 일로 SOMA와 DMP와는 비교적 자주 회동하고 있는데 랄프란 친구는 조금 특수한 임무가 있어서인지 간혹 회의에 나타나지.

그날 우리 회사에 온 그는 김 교수를 잘 안다고 하데. 등산도 함께 했다더군. 한국에 온 지 한 5년쯤 된 푼수론 우리말은 물론 한국에 대하여 아는 것이 많더군. 특히 국내건축계와 관련된 것은 모르는 것이 거의 없을 정도더군. 그런 친구를 보면 공연히 찜찜하게 느껴지는 구석이 있지만 그래도 아주 좋은 친구로 보이더군. 언제 한 번 맥주자리를 주선함세.

다음 가을 학기에는 건축학과 대학원엘 출강하게 되었네. 〈건축특론-대공간구조의 설계〉. 작년 주제는 〈초고층설계〉였었지. 이번을 끝으로 강의도 그만하려 하네. 준비할 일이 웬만해야지. 영어강의 스트레스도 그러하고 건강하시게나.

2010. 6. 17 전봉수

• K 교수의 답신

전 소장께,

장문의 편지 반갑게 읽었네. 엑스포 건물설계로 더욱 땀나는 여름을 보내고 있는것 같군.

며칠 전 상하이 엑스포에 다녀왔는데, 무릇 박람회건축이 건물보다는 전시내용이 더 중요하지 않나 하는 점을 생각하게 하더군. 랄프는 내가 좀 키워줬지. 2달 예정으로 온 친구가 5년 넘게 체류하고 있는 이유가 일차로 막걸리, 삼합, 산낙지, 묵은지 김치찌개이니, 아마도 옛 조상이 우랄 알타이를 넘어 러시아, 아르메니아, 독일로 들어간 한국 사람이 아닌가 하네. 매주 토요일 학생들과 함께 등산 후 한 잔씩하지. 언제 한번 합석하세. 2학기에 강의나오게 된 것 반가운 소식이군. 지난 29일 동창 운동회에 나왔는데 이제 우리가 점점 연단 앞 좌석으로 바짝 이동하고 있음을 자랑스럽게 여겨야 할지? 좌우지간 자주 얼굴 보는 것이 늙으막에 여러 가지로 도움이 되겠지. 뉴스레터를 잘 읽어 주어 고맙네. 기사꺼리 자주 제공해 주게.

2010.6.18 K 교수

싱가포르 UIC타워 2018

14

EURO Code 및 BIM에 따른
해외 초고층건물의 설계

■ 개요

위치 : 싱가포르 Shenton Way 5

건축설계 : UNStudio

현지 건축가 : 61 Pte Ltd

현지 감리 : 싱가포르 DE 컨설턴트, J Roger Preston (S) Pte Ltd

구조 : 전우구조(윤흠학, 박상헌, 이진국, 정희주)

시공 : S건설

규모 : 주거시설 Residential-저층 lower stack(9~33층, 13종 평면)과 고층부 upper stack(36~51층, 12종 평면), 237m 높이/ 사무시설 23개층, 층고 4.8m, 123m/ 옥상의 철골구조물(Roof Crown)과 루프가든, 도시경관을 풍요롭게 하는 제도적 장치, 친환경 BCA Green Mark Scheme, Green Mark Gold Plus

■ 건축 개요

일간지 국토매일은 2012. 5. 22자에서 "…싱가포르 대표적인 민간 디벨로퍼 UIC의 자회사인 UIC인베스트먼트가 발주한 프로젝트는 도심 비즈니스 중심지인 마리나 베이에 54층 높이 주거타워, 24층 오피스빌딩, 지상 7층 포디엄을 건설하는 공사로… 한국의 SCT가 수주하여 … 2013.6 착공, 2017.7 완공 예정…" 으로 보도하였다.

2018년 10월 대한건축학회 추계학술대회에서의 '전문가 사례 발표' 에서 이 건물의 소개와 함께 구조설계 내용을 발표하였다. 1편 9장 '한 해외프로젝트에서' 와 이 사례를 함께 참고하였으면 한다.

- Structural Design and Construction of UIC Tower in Singapore

1. Introduction

The Architects 61 as an Design Architect, DE Consultants Pte as C&S, Samsung C&T as a general contractor and Jeon & Partners(JNP) as a collaborate engineer for DE have been involved in the project. The building was structurally designed according to EURO Codes. In the phase of detail design and construction, the design was reviewed, refined by BIM and the concrete members were optimized by StrAuto Analysis Program. The Building is expected to be completed in 2017.

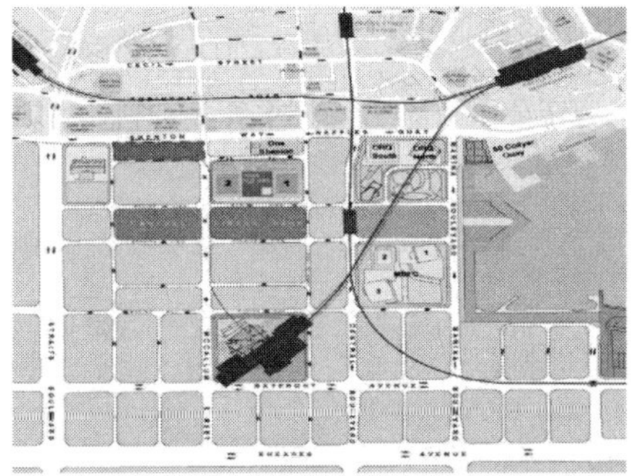
Figure 1. UIC Location Plan

Figure 3. UIC Redevelopment -2

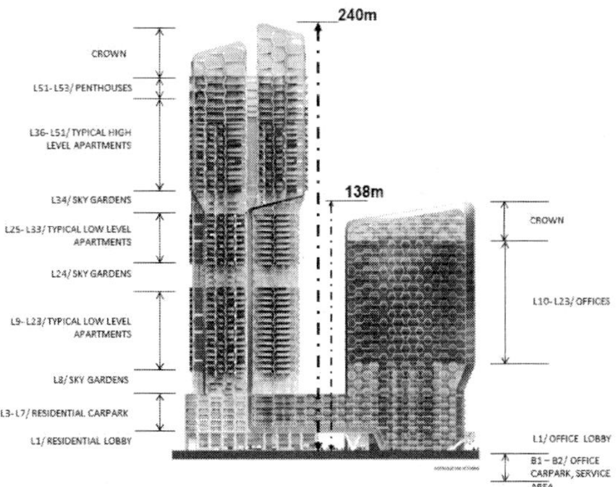

Figure 2. UIC Redevelopment-1

Table 1. Project Summary

Project Name	UIC Redevelopment, Singapore
Construction Duration	60 months incluing 6 months demolition
Location	Lot 00080T at Shenton Way, Singapore
Owner	United Industrial Corporation Ltd/ Singapore Land Ltd
Area	Site: 6,778.2m², GFA: 85,783.4m²
Building Composition	54 storey Residential Tower (510 units) upto 237m high 23 storey office Tower upto 138m high 7storey Podium for F&B/ Carpark / Pool facilities 2 basements for Carpark/ M&E plant rooms area
Original Structural System	Insitu RC Beam/ Slab for Residential Tower Composite RC/ Steel for Office Tower, Composite Steel columns stsrt from B2; Insitu RC Beam/ Slab for Substructure
Exterior Facade	Aluminum Curtain Wall system or stick system Window Wall with 6/8mm THK Low-E Laminated Glass, 6/12/8 mm THK IGU, Residential Tower- GRC Facade System (Opitional)

2. Design Criteria

Structural Materials

Steel : EN 10025-2; 2004 (S275)

EN 10025-2; 2004 (S355)

EN 10025-2; 2004 (S460)

Concrete : EN 206

fck = 60(N/mm^2) For Column and Wall On Residential Tower

fck = 50(N/mm^2) For Wall on Office Tower

fck = 40(N/mm^2) For Beam and Slab

fck = 35(N/mm^2) For D-wall and Bored Pile

Reinforcement bar : BS 4449 grade B500B

Applied Code

Eurocodes are basically used

Concrete:

Reinforced and pre-stressed;

Design of concrete structures - SS EN 1992

Steel:

Design of steel structuress - SS EN1993

Design of composite steel and concrete - SS EN 1994

Design Guide on Use of Alternative Structural Steel Material to BS 5950 and Eurocde 3 - BC 1

Foundation and Footing Design Standard

Geotechnical design - General rules - SS EN 1997

Design Loads Standards

The building resists the loads determined in

accordance with the following standards

Dead Loads

Actions on structures-General actions- Densities, self-weight and imposed Loads for building-SS EN 1991-1-1

Imposed floor and ceiling loads, dynamic loads due

to crowd movement, loads on parapets and balustrads, loads on vehicular barrier for car parks, accidental loads

Actions on structures-General actions-SS EN 1991; and Industrial type flooring and stair treads-BS 4592.

Wind loads

Actions on structures-General actions-wind actions-SS EN 1991-1-4

Imposed roof loads

Actions on structures -Geneal actions - Actions on structures -General actions ?Densities, self-weight and imposed loads for buildings - SS EN 1991-1-1

Vehicular bridge live loads

Actions on structures - Traffic loads on bridges - SS EN 1991-2

Seismic loads

Design of structures for earthquake resistance- General rules, seismic actions and rules for buildings -SS EN 1998-1

Live Loads

Imposed loads (Live loads) are depend on facilities.

Wind Loads

According to Singapore Building Code, the wind velocity and the velocity pressure are composed of a mean and a fluctuating component. The mean wind velocity should be determined from the basic wind velocity which depends on the local condition.

In this case, 50-years return period basic wind velocity 22m/s and 100-years return period basic wind velocity 23.2m/s provided by BMT.

Mean velocity is calculated by following category data. Basic wind velocity: 22m/s (50-years return period), 23.2m/s (100-years return period)

Terrain category: Following the wind tunnel test provided. the orography factor: 1.0

Wind pressure defined by Wind Tunnel Test (BMT) is as in the following

Notional Loads

To allow for the effects of practical imperfections such as lack of verticality of all structural vertical members, structural frames and RC walls are designed to resist notional horizontal force of 1.5% of the vertical DL applied at the same level.

The notional horizontal force acting in the principal direction at a time and be applied at each floor level and roof level.

They should be taken as acting simultaneously with factored vertical DL and LL

Design Soft-wares

-.Frame analysis

ETABS Ver.9.7.2 Midas Gen Ver.820

StrAuto Analysis for optimizing member sizing

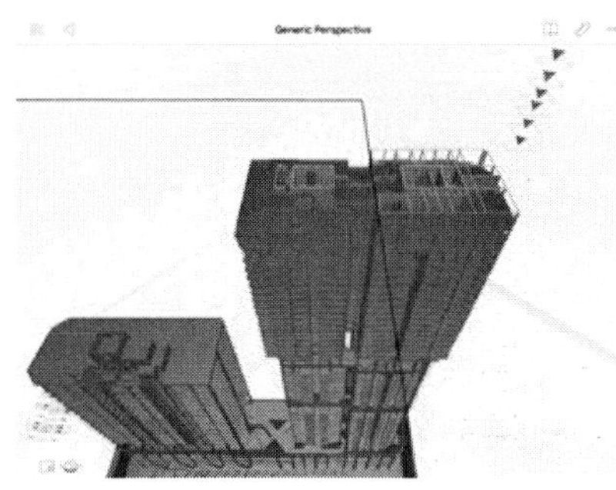

Figure 4. Generic perspective of two towers by BIM

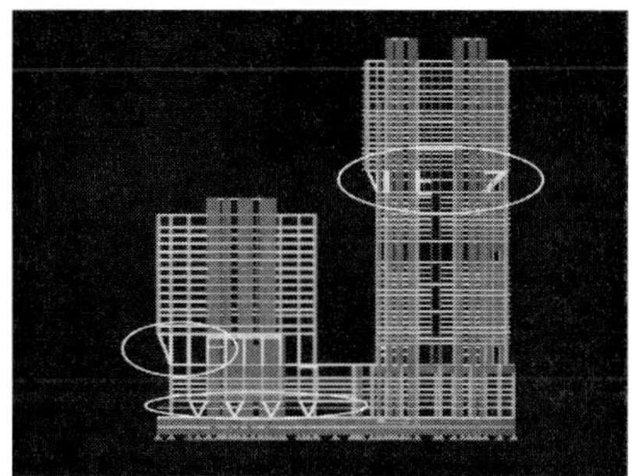

Figure 5. Office Tower on V-Columns

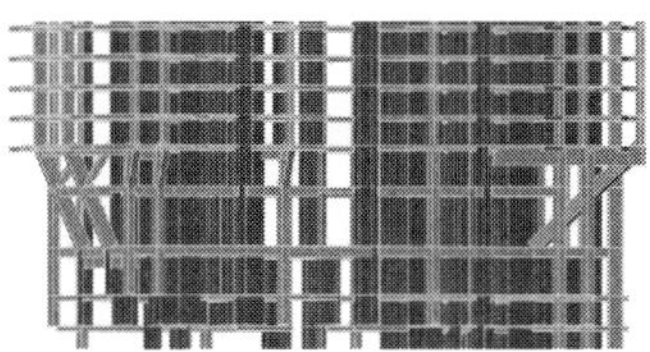

Figure 6. Slanting Columns(8th-10th) in Residential Columns

Figure 9. Generic perspective of 23 tower base

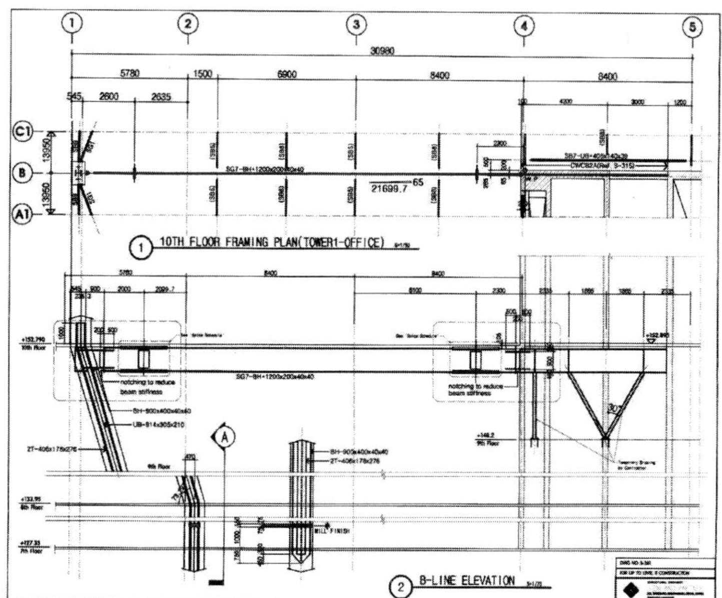

Figure 11 Slanting Columns(8th-10th), 54 Residential Tower

-.Slab and foundation ; Midas Sds Ver.360

-.Member design

ETABS Ver.9.7.2 Midas Gen Ver.820 Midas SET

Midas Design +Ver.300 BEST Ver.2.5.0

-.Optimizing member sizes; StrAuto Analysis

3. 23/54 Towers

23 Office Tower on V- Columns

54 Residential Tower with Slanting Columns

Performance criteria of deeflection for tall building

Lateral deflection under wind of notional loads;

Overall deflection < H / 500, Storey drift < h / 500

Vertical deflection of (under gravity loads) concrete members;

Total deflection (DL+LL) < span / 250 and up to 25mm max

Incremental deflection after < span / 500 or 20mm, whichever application of finishes and is lesser for brittle finishes,. Vertical deflection of (under gravity loads) concrete members;

Total deflection.,

Partitions <span / 350 or 20mm, whichever is lesser for non brittle partitions and finishes

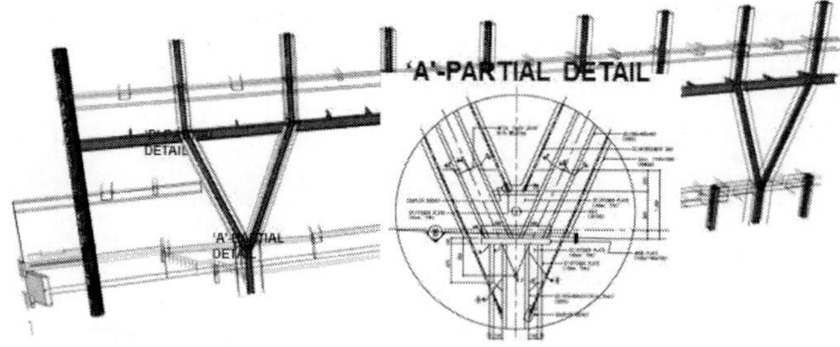

Figure 12. Detail of V-column basea

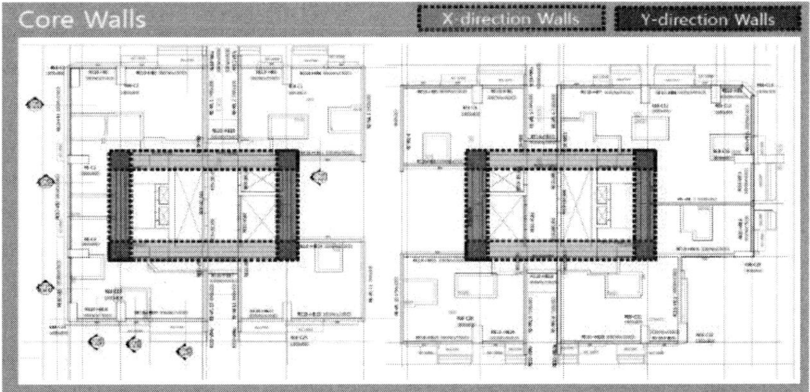

Figure 13. X-Y directions in core walls

5. Optimization by StrAuto for concrete

This study presents the review of the schematic design module, offers the optimized design module and evaluate the construction design by comparison with the structural properties for the Residential Tower. The goal of the evaluation study was to reduce concrete volume while securing the required structural performance in the stresses, and horizontal displacement by StrAuto Analysis. Which was developed by Dr, Kimchi Kyeong, Daukook University. The concrete strengths and thicknesses of core walls were examined in the process of the optimization.

Parameters for Optimization

As the floor system is designed to resist the gravity loads, the slabs and beams are not considered as the parameters of the concrete volume optimization. Also, the change of column sizes affects the leasable area which was already openly purchased, and so the columns are not included in the optimization parameters. On the other hand, the core walls make up a large proportion of the concrete volume of the tower and directly affect the stiffness of building. So they are selected as the prope parameters of stiffness of building. So they are selected as the prope parameters of columns are not included in the optimization parameters.

Table 2. Volume and ratio by elements

elements	volume, m³	ratio.
beam	6,976	14.2 / 100
column	5,689	11.6 / 100
slab	15,895	32.4 / 100
core wall	20,522 (12,594)	41.8 / 100 (25.7 /100)

Modules for Analysis (Figure 12)

Module 1; Schematic design done before July 2013 is composed of two vertical zones of the core walls.

Module 2; Optimized model with ideal thickness and strength of core wall obtained through StrAuto analysis, which was reduced to an allowable limit by means of introducing eight vertical zones of the walls.

Module 3; Construction design which is updated and developed from Module 1 have four vertical zones as the final outcome.

Results of Evaluation & Optimization

As Module 1 from the schematic design is composed of two vertical zones only and had 105 marginal in the horizontal displacement. It is possible to reduce the core wall thicknesses and to optimize them. In Module 2, as an ideal assumption, eight vertical zones are set and structural quantity is optimized reducing the wall thickness by 100㎜ until the displacement value reached the limit value.

As a result, the wall thicknesses are altered at every four floors to finally show the possibility of reducing the quantity by 32.3%.

As Module 3 from the construction design which considered various architectural and construction site conditions, the ideal results of Module 2 may not feasible to be fully adopted in the actual status.

Thus the grouping of the vertical zones was adjusted from eight to four groups, and the dividing floors are slightly adjusted from 10th to 9th, from 26th to 25th, and from

Table 3 Comparison by Models-1

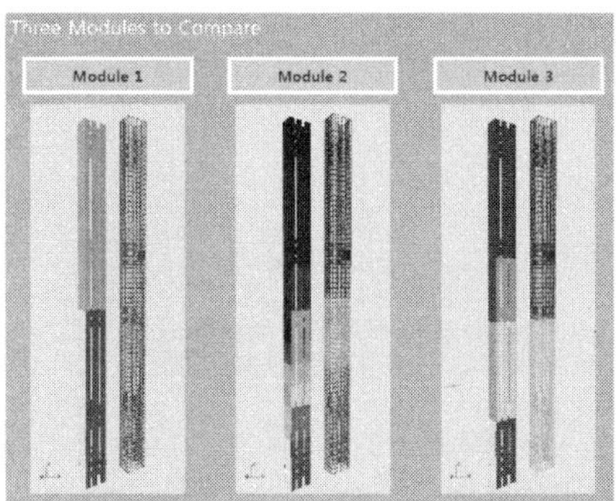

5. Comparison of Three Modules & Conclusion

5.1 Comparison Table

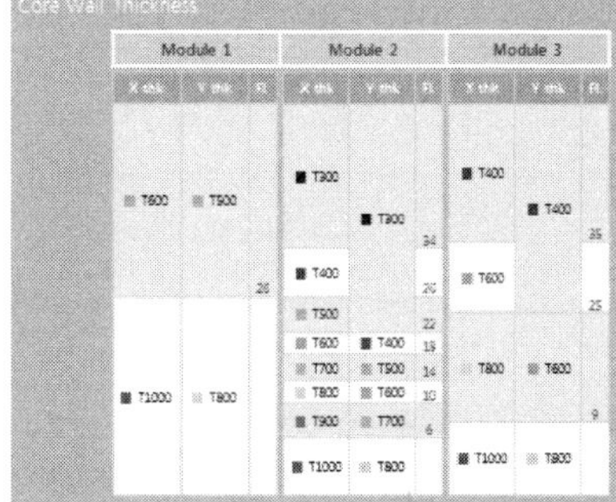

Figure 14. UIC Towers under the construction as of August 2016

34th to 35th floor each.

Also, 400㎜ thickness was applied instead of 300㎜, and 600㎜ was inserted in between 800㎜ and 400㎜ zone to avoid the abrupt change.

The structural properties are estimated for Module 1, the ideal features are applied to Module 2 as far as the practical parameter is concerned, and the Module 3 from the Construction Design is evaluated as a well and practical design which has proper concrete volume with strength by improving the constructability at the site together with keeping the required structural stability at the same time.

인천공항 2터미널 케이블 파사드 2018

15

국제적 규모의 초장대 케이블 파사드

그림 1 인천공항 2터미널 전경

그림 2 인천공항 2터미널 케이블 월파사드 외부

그림 3 공항 내부

■ 개요

2011년 인천공항 제2여객터미널의 설계공모에 9개 컨소시엄이 응모하여 희림건축+겐슬러(Gensler)+HDA+전우구조의 안이 선정되어 상세설계를 하고 한진중공업 시공으로 2016.4 상량식을 정점으로 골조공사가 마무리되었고, 2018년 1월 18일 개항하였다. 여기서, 본 건물의 일부인 티케팅홀의 케이블 파사드 및 유리유닛에 대하여 소개한다. 설계경기의 당선에 기여한 전우구조가 외관 파사드 설계에만 참여한 배경은 제5편 2016 '산업기술인 구술채록에 일부가 기록되어 있다.

전우구조 담당자 : 윤흠학, 강노원

• 케이블 파사드 구조는

인천국제공항 제2터미널 공사는 한진건설이 수주하여 지난 2016.4 상량식을 정점으로 골조공사가 마무리되었고, 티케팅홀의 케이블 파사드 공사와 함께 2017년에 준공

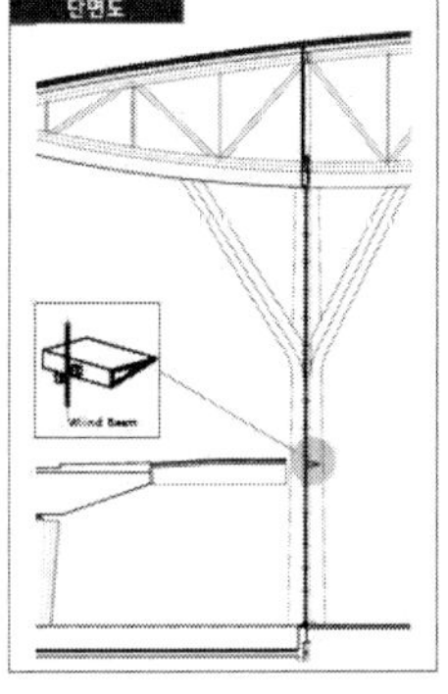

그림 4
티케팅홀 케이블 파사드

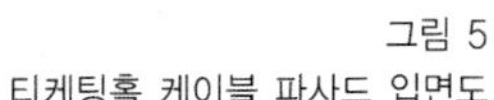

그림 5
티케팅홀 케이블 파사드 입면도

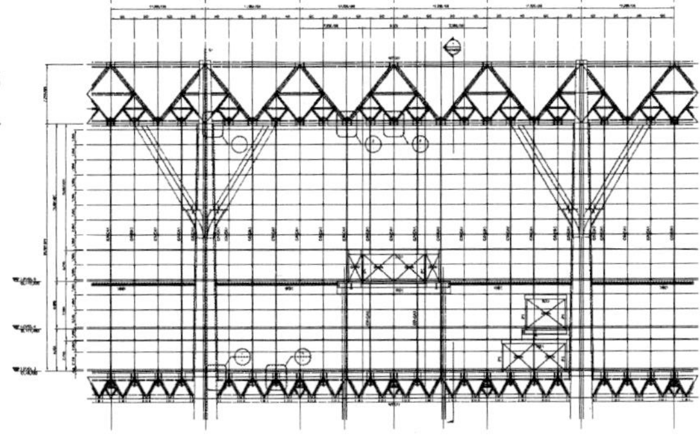

하였다. 케이블 파사드는 국내 초유의 초대형 커튼월로 공항터미널의 건축적인 격조를 높였다. 파사드설계는 현상/기본/상세설계를 휴더튼설계무소(Hugh Dutton Asociates)에서, 레코드엔지니어 역할은 전우구조가 담당하였다.

■ 케이블 파사드 구조

이 건물의 파사드는 폭 390m, (곡률반경 882m), 높이 19m/14m의 초장대 케이블월이다. 9개 주기둥(Tree column) 사이를 8개 베이(bay)를 각각16개 수직케이블(높이 19m/14mm)로 16개 모듈로 나누었다. 케이블 상단은 지붕트러스에 하단은 바닥트러스에 지지하고 초기 인장력을 도입하여 안치하였다. 케이블 중간에 삼각형 델타보(delta beam)를 두어 파사드에 작용하는 풍하중을 각 케이블에 분산 · 저항하게 하고 그 반력을 파사드 주변의 지지구조(본 건물)가 저항하도록 하였다.

• 구조 개념

싱하 1방향의 케이블시스템은 장력을 도입한 케이블로 유리 및 창호프레임을 지지하며 안정을 유지한다. 유리 등 자중은 부속노드와 수직케이블을 통하여 본건물로 전달된다. 횡하중을 받는 케이블은 그 가요성 때문에 축강성과 장력을 조정하여 처짐을 제한하여 유리와 실런트 결합을 유연하고 굳건하게 하고 입주자가 느끼는 움직임을 최소화한다. 케이블의 수평변위는 통상 50년 재현주기 풍하중시 L/40-L/50의 범위에서 정한다. 케이블월의 유리벽 사용처짐은 반탄성경향(antielastic tendency)으로 곡면화함으로써 현저히 줄일 수 있다.

• 설계기준

케이블 : ASCE/SEI 19-10 : Structural Application of Steel Cables for buildings

알루미늄 : Aluminum design manual 05: Specification for Aluminum Structures

유리 : ASTM E1300 09-Standard Practice for Determining Load Resistance of Glass in Buildings.

NF DTU39 Travaux de vitrerie-miroiterie(Glass design)

• 설계 풍압

KBC2009에 따른 풍압을 적용했고, 외압 및 내압계수를 고려하였다. 동적계수 1.2 소용돌이 바람에 따라 서로 다르게 변형하고, 최대 정부압을 적용하여 검토하고, 동시에 작용하는 집중하중에 적절하게 비할 만한 점진적인 하중을 구역별로 나누어 설정했다.
유리 : 풍동보고서의 3초 평균풍압
케이블 : 수직케이블에 작용하는 풍압은 BMT보고서에 의한 설계기본 풍속

• 구조해석

면외하중을 받는 케이블은 고도의 비선형응답을 하므로 전 구조물을 비선형해석 할 수 있는 프로그램은 필수적이고 표준요소형 프로그램을 사용하여 해석모델에서 케이블을 '핀에서 핀' 으로 보는 단선 요소로 모델링한다. 케이블넷 시스템의 비선형 응답 때문에 해석하는 하중의 선형조합을 할 수 없으므로 모든 개별하중과 하중조합으로 재해석한다.

면외방향의 수평변위 : 월프레임 변형에서 지지기둥인 트리컬럼의 기여가 있음을 고려하여 상부트러스와 3층 바닥트러스에서의 케이블 최대수평변위는 382mm(L/53)로 설계기준을 만족시켰다.

	내측 처짐	외측 처짐
중앙부	382mm	269mm
단부	192mm	126mm

• 파사드의 고유주기

케이블의 선형 질량 μ=10kg/m, 케이블의 인장력 T=950kN, 길이 L=19m, 케이블의 1차 고유진동수는 1.65Hz, 케이블의 단면은 ASCE/SEI 19-10으로 결정했다.

ø45 ST1960 나선형 케이블(파단응력 1,960MPa) 1×61케이블

케이블의 최대극한장력 : ASCE 19-10 3.3 하중조합 T7(HDA 계수하중 하중조합 6 6)

T7=0.6 D+P+0.6W

	분배 질량 g/m
케이블	10
유리	210
계	220
부속재 10% 포함 질량계	242

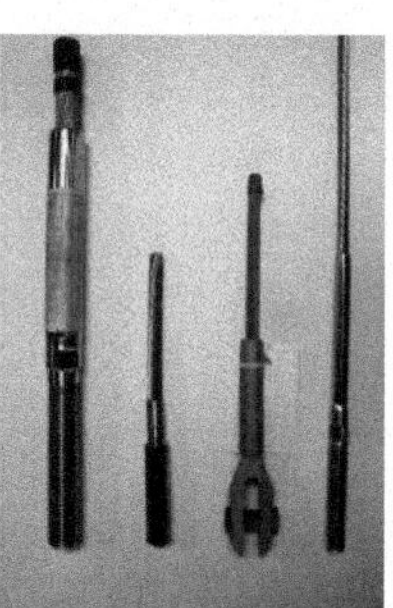

그림 6 케이블 단면 형상

케이블의 최대극한장력=1,196kN

케이블의 1차 고유진동수는 1.65Hz

케이블의 최대극한장력=1,196kN

케이블관련 용어: 2편 1장 참조

■ 케이블 설계 및 설치

• 케이블의 수평변위

케이블의 처짐은 파사드 중앙부에서는 수용되나 좌우 단부 주기둥의 기후차단 실(weather seal)로 인하여 공간적 제한이 있고 육안으로도 민감하다. 케이블은 어느 정도 끝 부분까지 가력치를 갖게 되어 단위유리판의 뒤틀림(warping)을 일으키나 그 부분에서의 처짐은 감소한다.

그림 7 파사드 시공

그림 8 케이블 정착 트러스(L2 바닥)

• **케이블과 연결 금구**

케이블은 클램프로 연결하고 그 연결점에서 유리를 끼우고 모서리에서 지지된다. 플레인(plain), 나사(threaded), 턴버클 또는 아이훅(eye hook) 등 종단부(terminations)를 압착하거나(swaging) 아연을 부어넣은(speltered) 케이블과 앵커 끝에 붙여 본 건물구조와 연결한다. 압착공법은 케이블 종단부에 한 개의 연결금구(fittings)를 씌워서 기계적 압력을 가한다. 각 케이블은 냉간소선(wire)을 다양한 방식으로 꼬아 만든 스트랜드(strand)로 구성하는데 스트랜드는 중심 코어 소선의 둘레에 개별로 꼰 소선으로 되어 있다. 와이어로프(wire rope)는 중심 코어 스트랜드 둘레에 개별로 꼰 스트랜드로 이루어진다.

가령 케이블 1×37은 1개의 스트랜드가 37가닥의 소선으로 되어 있다는 뜻이고, 6×19는 19개의 소선이 있는 스트랜드가 6개라는 뜻이다. 케이블은 최소파단강도(minimum breaking load, MBL)의 110% 또는 이를 약간 상회하는 장력을 가하여(pre-strrtching) 단부 연결금구를 붙이도록 시방서에 넣거나 주문한다. 장력을 가하여 케이블의 나선형 제조를 단단히 조여 설치한 후 크리프(이완)를 현저히 저감시킨다. 구조설계자는 MBL를 근거로 케이블의 허용하중을 정하고 단부 의 형식과 안장형지지(saddle support)의 각도 오차에 따라서 추가적으로 강도-감소 계수를 정한다. 이러한 계수는 설계기준이나 제작사의 권고사항을 근거로 한다.

• **케이블 설치 및 초기장력 도입**

케이블 길이 또는 형상의 작은 변경도 케이블 장력, 넷의 인장 능력 또는 유리 설치 등에 결정적인 영향을 주므로 앵커가 올바른 위치에 설치되어야 한다. 앵커가 적절하게 자리를 잡았으면 케이블을 달고, 장력을 가하고, 모두 클램프로 묶는다. 선택한 절점을 측량하고 유리를 설치하고 코킹을 한다.

압착금구 잭을 연장시켜 가설너트와 연결하여 케이블을 당기고 영구너트는 케이블의 극한지압표면까지 충분히 조이고 분리 되도록 잭으로부터 압력을 푼다. 유압통과 연계된 잭은 다수의 케이블을 연결하여 동시에 당긴다. 설치작업은 케이블 클램프를 달고 조임으로써 완료한다. 클램프는 통상 케이블을 매달거나 유리를 붙이면서 동시에 설치한다.

• 케이블의 관리유지

건물이 완료되어 사용하게 되면 케이블월은 가끔 청소나 장력 체크 외에 특별한 일은 없다. 케이블 장력은 최초 설치 후 100시간이 경과하면 점검하고 유리를 끼운 후 장력을 기록하고 기록한 장력은 그 프로젝트 완료시점에 맞추어 준공도에 표기하여 제출한다. 장력 측정은 그 벽체가 당초 설계한 대로 거동하는지 용량에 영향을 줄 크리프나 다른 요인이 없는지를 확인하기 위해 1년, 그리고 5년마다 측정한다.

■ HDA의 휴 더튼(Hugh Dutton)과 협의한 내용-설계참여사간 업무범위에 대하여

September 15, 2011

RE: Airport Terminal Project

Dear Mr. Dutton,

……And I believe that you have absolutely no idea about what JNP, Jeon and Partners, has been doing so far and not invited to join the kick-off meeting on September 7, 2011. I' d say, as HDA experienced with Heerim for this job, JNP did same. Right after the competition victory, Heerim suddenly suggested JNP to work as the second structural consultant, and insisted on Dong Yang' s new involvement as the leading consultant. And I had a very hard time about this suggestion for many days, but no choice for this. Anyway, JNP and Heerim currently agreed following working conditions and are now waiting for Owner' s approval:

JNP's role and scope of work are;

1. Record Engineer for the Project
2. Support and assistance with HDA for Korean codes and regulations, structural materials and other information.
3. Review of HDA's 30% and 100% of design documents,
4. Coordination of HDA's work between Heerim, HDA and Dong Yang

5. Participation in the HDA related meetings with Owner, Heerim, Gensler, HDA, Dong Yang and others if any.
6. Peer Review of the structural design documents prepared by Dong Yang in advance TT's review.

The scope of work might be changed according to Owner's comments, if any. As shown above, JNP's main job has became to work with HDA for the design period. I really desire to get along with you well for the project, and I sincerely need your advice and help.

Looking forward hearing your idea about this matter and seeing you soon.

Best regards, BS.

August 4, 2011

Subject: RE: Airport Terminal Project

Dear Mr. Jeon,

Firstly I apologize for the delay in my reply, I was travelling with my family on holiday. Also there was a delay in transmission. Use this direct personal e-mail address in future (hugh.dutton@hda-paris.com). Yes it is a shame we did not manage to meet. I did get to see our old friend SJLee. I hope to see you again on my next trip, probably in September. I was very happy to be a part of the winning team, and I thank you very much again for helping make the contact. The competition work was very difficult indeed, with the problems we had communicating what the geometrical constraints of the structure were, and the sort of shapes we could use, and this was even more difficult given the time zones. Heerim was most useful in the latter phases in the way they brought together the best of the ideas. Now we are in the phase of negotiating our fees and I have been to Seoul twice recently to discuss this, first with TT and Heerim in July, and then I came again at the beginning of August to try to discuss our fee amount. It seems that despite the fact there is a huge amount of money of r the fee, that there are many mouths to feed, and that there is an absurd disproportion in the distributions that means our own amounts are very squeezed. I am very happy to know you are involved in the end and that you followed up on our work. I have asked another old friend to join our team, Henry Bardsley who has since left RFR. He came in July and helped sort out the interfaces with TT. I made a big point of pointing out that the principle interface that we should sort out is between ourselves, and I am confident we can do that smoothly as we have done it before on T1. I am very grateful to know we can work together again. I know you and Henry know each other well too and that will also help. I need now to revise our proposals to see if we can get closer to the amounts that Heerim have proposed. We seem to have a very good contact with them and I am very happy working with them. I am optimistic we will work something out. I spoke with Schlaich' s team as I have a good friend there Andreas Keil, a bridge engineer. He has proposed their collaboration and I am flattered they appreciate our work! He has proposed we find a way to collaborate, but I worry to that an already squeezed fee would not support a sensible contribution from them. Maybe we can find something? In any case find such a tragedy that this wonderful opportunity to make a magnificent structure for Incheon 2 as a major icon of Korea is being compromised these fee pressures!! I am also copying this reply to Catherine Kim, a korean architect working with HDA. She was the one who answered you call in January! She is in Korea now. She will be helping us with the project, and helping us to get going. Kind regards, and I look forward to seeing you again soon. Hugh

그림 9
업무협의 후 2011.8
좌로부터 윤흠학 전우소장, 정광렬 동양구조 사장, 이병구 희림 전무, Hugh Dutton, 전봉수 대표

■ 유리유닛 구조

폭 390m(곡률반경 882m), 높이 19m/14m 크기의 초장대 케이블월파사드이다. 파사드는 본건물의 신축이음으로 인하여 수평으로 3분, L5(티케팅홀)를 기준으로 수직구분된다. 케이블월은 전면 주기둥인 트리컬럼(tree column)간 8개 베이를 각각 수평으로 16등분하여 17개의 수직케이블이 지붕트러스 하단에서 L2바닥까지 배치된다. 상부 10등분, 하부 7등분한 위치에 수평으로 트랜섬을 배치하고 수직케이블과 수평트랜섬이 이룬 격자형 공간에 유리유닛(glass units 그림 11. 참조)을 끼워 케이블월 파사드를 구성한다.

유리 유닛은 단단하고 깨지기 쉬운 비결정질 고체(과냉각된 액체)로 투명하고, 매끄러우며, 화학적으로 비활성인 특징이 있다. 유리제품 중 판상으로 성형된 것을 판유리라 한다. 판유리 중 강화유리 및 접합유리를 일정 크기로 절단 · 조합하고 주변을 밀봉한 유리유닛으로 제작하여 건물의 내외장재 등에 사용한다.

• 설계기준

- ASTM E1300-09(건축물에 사용하는 유리의 저항하중을 결정하는 실무기준)
- ASCE 7-5 및 7-10
- NF DTU39 (프랑스 국가표준 유리설계 기준, Travaux de vitrerie-miroiterie)
- 유리판의 설계 소프트웨어 MEPLA
- 유리 강도 (ASTM E1300-09) : 소둔유리(annealed glasses) 20MPa/ 배강도유리(heat strengthened) 33MPa/ 강화유리(tempered) 50MPa

• 설계풍압

KBC 2009, ASCE 7-10, ASCR 7-5 및 풍동실험보고(BMT)를 비교 · 검토하였고, 3초 가스트 평균풍압을 적용하였다. 유리유닛의 크기 결정을 위한 풍압은 외압 및 내압에 1.0의 동적계수를 적용하였다.

유리유닛의 비틀림(warping) 검토용 풍압은 최대 정부압을 적용하여 검토하고, 동시에 작용하는 집중하중에 적절하게 점진적인 하중을 구역별로 나누어 설정했다.

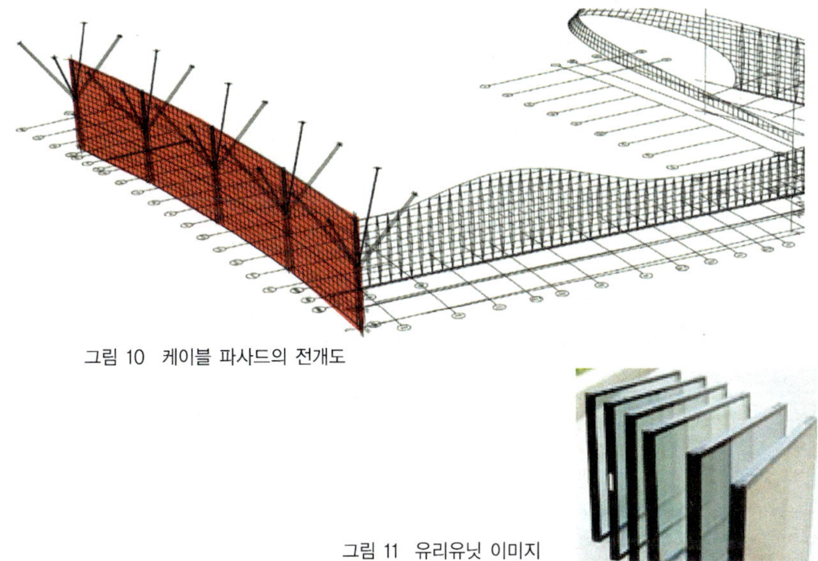

그림 10 케이블 파사드의 전개도

그림 11 유리유닛 이미지

위치	유리판의 크기 mm	유리판의 설계압 Zone 4 및 Zone 5 kPa
L5 이상	3,000×1,850	+2.20
L5 이하	3,000×2,100	+1.80

이 풍압은 외압과 1.2의 동적계수를 고려하였다.

유리유닛에 대한 설계풍압은 위 표와 같다.

• **구조해석 및 설계**

유리유닛은 상하부 양단에서 트랜섬으로 지지되는 1방향판이다.

크기 : 3,000×1,850mm / 3,000×2,100mm, 중량 550kg / 690kg

유리유닛 단면 : 복층(sealed) 및 접합(laminated)으로 10.10.2+10+8 (=40mm) 및 12.12.2+10+10(=46mm) (외부의 소둔유리 2매+2mm의 SG유리 +10mm의 밀폐공기층+내부강화유리)

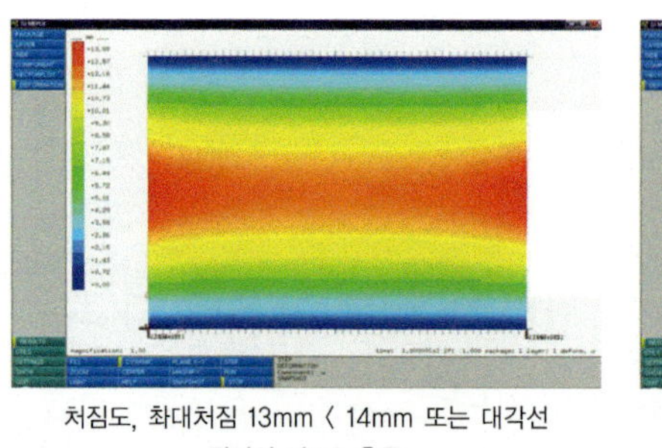

처짐도, 최대처짐 13mm 〈 14mm 또는 대각선 길이의 1/150 충족

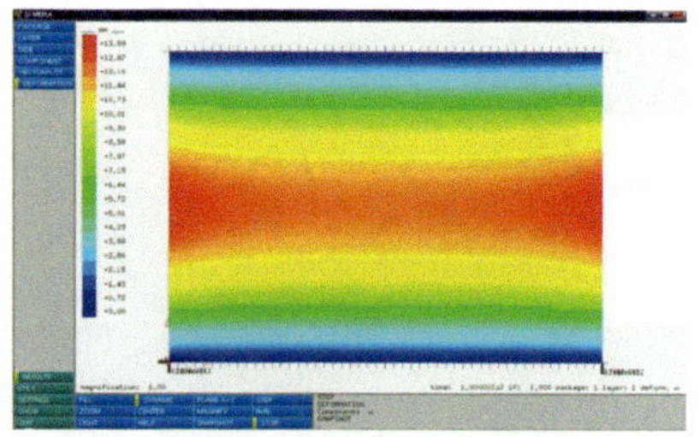

Layer 1 최대정압주응력도, +10 MPa

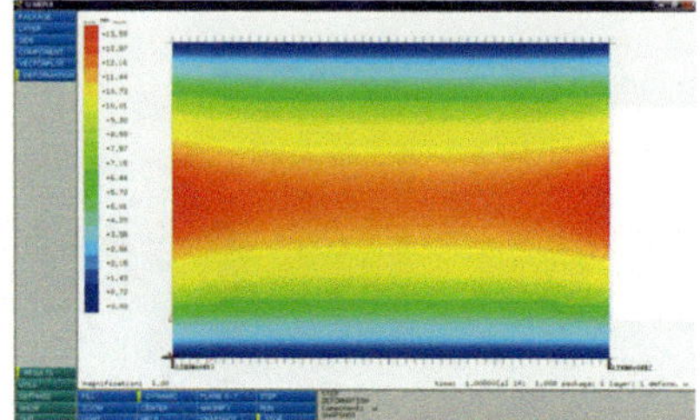

Layer 1 최대부압주응력도, −9MPa

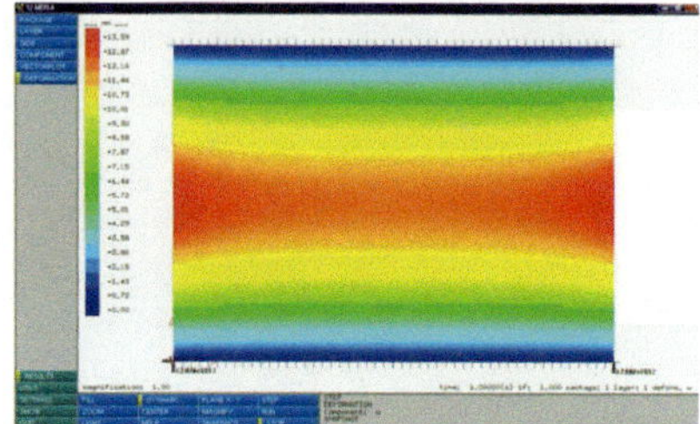

Layer 2 Monolithic 최대정압주응력도, +15MPa

그림 12 유리판의 처짐 및 응력도 1, 2, 3, 4

ASTM E 1300은 양면이 지지된 단열(insulated)유리판에 적용할 수 없으므로 프랑스 국가표준인 DTU39로 해석하였고, 소프트웨어 MEPLA의 요소모델로 검토 · 비교하였다.

DTU39는 50년 재현주기 풍속기준에서, 양면지지 단열판유리에 대해 1/150, 자유단 길이에 걸쳐 중앙부에서 1/150의 처짐을 허용하고 있다.

유리의 탄성계수는 ASTM E 1300에서는 PVB에 50℃ 가열을 고려하여 1.5MPa, DTU39는 0.4MPa과 6MPa의 중간값을 권하는데, 여기서는 1.5MPa를 사용하였다. 모델링 공기층, 2겹 접합유리의 하중분담 효과를 고려하여 소프트웨어 MEPLA에 의해 모델링하여 Layer 1 및 2의 최대정압/최대부압주응력, Layer 2 Monolithic의 최대정압주응력을 태하였다.

• **유리 부속물**

유리볼트나 연결강판(patch plate) 등의 연결금구는 케이블 절점에 유리를 붙이기 위해 사용하는데, 이러한 부속품(attachments)은 환경하중과 처짐을 수용하도록 설계한다.

판유리의 품질인증심사기준은 한국산업표준(KS)에서 규정하고 있으나 이의 구조설계기준은 미비하여 KBC 2009, ASTM 1300-09, ASCE 7-5/7-10 및 NF DTU39 등에 의하였다.

사용성설계는 프랑스 국가표준의 유리설계기준 NF DTU39에 따랐고, 구조해석 및 설계는 소프트웨어 MEPLA에 의하였다.

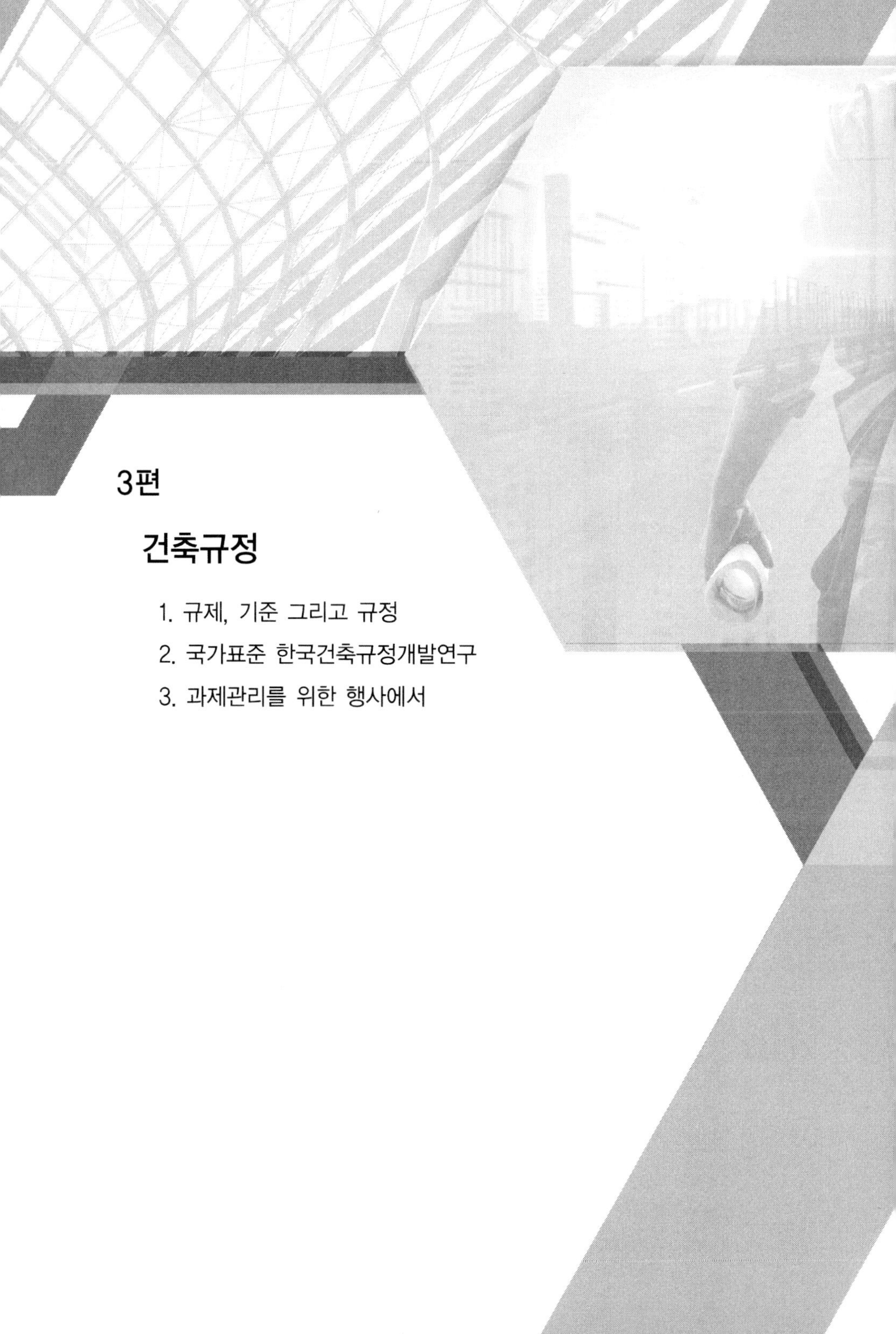

3편

건축규정

1. 규제, 기준 그리고 규정
2. 국가표준 한국건축규정개발연구
3. 과제관리를 위한 행사에서

규제, 기준 그리고 규정

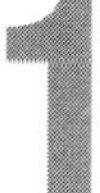

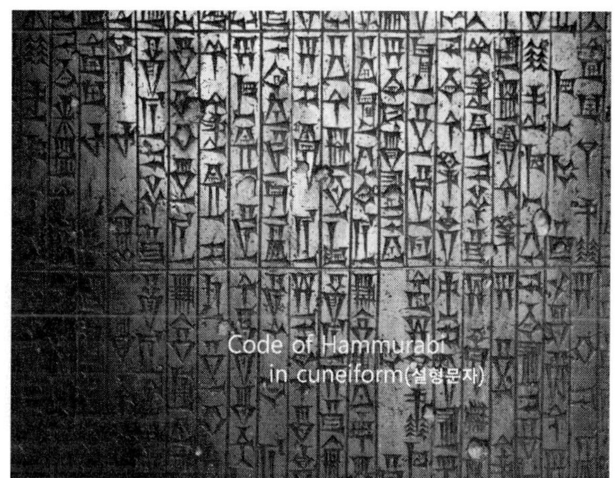

그림 1 루브르 박물관 소장 석상

■ 개요

'건축규정' 은 법령으로 불리는 건축규제(Codes)와 건축기준(standards)을 아우르는 용어이다. 규정(또는 법전)의 역사는 인류문화와 궤를 같이 한다. 건축규정의 개념을 함무라비법전, 미국의 시빌학회규정(Codes & Standards OF ASCE) 및 2018 IBC 규정 및 해설에서 살펴보았다.

■ 함무라비 법전, Code of Hammurabi

가장 오래된 완전한 성문법전(Earliest and most complete written legal Code)은 설형문자(cuneiform)로 남아 있는 함무라비법전이다.

2.25m black stone stele relief carved in cuneiform, 바빌로니아 태양신 Shamash가 Hammurabi 왕에게 하사 282개 조항으로 구성되어 있다.

함무라비 법전(Code of Hammurabi)은 재판, 절도, 군법, 농업, 가옥, 상법, 채무, 공탁, 친족, 간통, 배우자 부재, 이혼, 취첩, 근친상간, 상속, 양자, 유모, 존속폭행, 상해, 치사, 임신부 상해, 각종 직업군(의사, 건설업자, 선원), 노동력, 인력, 노예 등 광범위한 민법이나 형법의 형태로 282개 조항이 있다. 그 중 건설업자(builders) 관련 6개 조항은

228조 : 건설업자가 집을 완공하면 주인은 사르(sar, 면적단위)당 2셰켈(shekel)의 공사비를 지불한다.

229조 : 집을 견고하게 짓지 아니하여(not sound) 집이 무너져서 주인이 죽으면 그 건설업자를 죽인다.

230조 : 집이 무너져 주인 집 아들이 죽으면 건설업자의 아들을 죽인다.

231조 : 집이 무너져 주인 집 노예가 죽으면 건설업자가 노예로 갚아야 한다.

232조 : 집이 무너져 재산피해가 있으면 건설업자는 그 피해 재산을 보상해야 하며 자비로 재건축해 주어야 한다.

233조 : 집이 채 완성되기 전에 균열(crack)이 발생하면 건설업자는 자비로 수리하거나 신축하여야 한다.

'An eye for an eye, and a tooth for a tooth' 로 가해와 복수의 균형을 취하여 응보적 정의감을 만족시켜서 탈리오법칙(lex talionis), 동해보복법(同害報復法) 사투(私鬪)를 종결토록 하여 "가해자측의 재복수는 허용되지 아니한다"가 법전의 요체이다.

■ 미국시빌학회 규정(Codes & Standards OF ASCE)

미국은 건축법(Building Law) 대신 건축기술기준(Model Building Codes)은 건축기준(Standards)을 원용 · 참조하도록 하며, 건축기준(Standards)은 설계프로젝트에서 안전,

신뢰, 생산 및 효율성을 제고하는 기술지침으로 연방 각 주와 관할권 내 및 범세계적으로 사용하고 있다.

ASCE Standards provide technical guidelines for promoting safety, reliability, productivity, and efficiency in civil engineering. Many of our standards are referenced by model building codes and adopted by state and local jurisdiction. They also provide guidance for design projects around the world.

• 규제(Codes)

사회적 요구에 따라 특정 제품 / 서비스 / 결과 / 기술적 문제에 대한 요구사항을 지속적 실험 / 전문가 판단 / 설명 / 과정을 거쳐 허용 가능한 최소한의 속성을 구체적으로 정리한 일련의 규칙(rules) 또는 정의(definitions)를 모은 것으로 법의 보충 역할을 하며 인간의 삶과 문명에 직접적으로 영향을 미치는 최소한의 요구 사항 및 속성을 다루고 있다. 예 : IBC(International Building Code)

• 기준(Standards)

특성 제품, 서비스 및 어떤 결과에 대하여 Code에서 설정한 정의나 요구 사항 준수 및 우수 여부를 엄격히 확인하고 결정하는 세부 규칙, 프로세스, 절차 및 지침 등을 모은 것, Code를 충족시키는 접근 방법

■ 2018 International Building Code(IBC)의 개념

• 개요

IBC는 규정과 성능 등에 대한 조문을 통하여 건물체계의 최소 요구사항을 정하고 광범위한 기본원칙에 입각하여 신종 자재 및 건물설계법을 활용할 수 있도록 하고 있다. 2018년도 IBC는 ICC가 발간한 여러 I-Codes와의 호환이 가능하다. I-Codes는 IBC, IECC, IEBC, IFC, IFGC, IGCC, IMC, IPC, IPSDC, IPMC, IRC, ISPSC, IWUIC, IZC, ICCPC 등을 통틀어 말한다.

I-Codes는 공공과 개인 등 전 영역에 적용할 수 있고 산업에 종사하는 많은 전문

가는 이 기준이 미국 및 여타 관련 국가의 공동체법이고 규제이기에 한층 친숙하다. 이 기준을 비규정형태로 다양하게 활용할 경우 파급력은 일정 범위를 넘을 정도로 크다.

- **비규정형태**(nonregulatory settings)

  * 지속가능성, 효율적 에너지 및 재난 저항 등을 촉진하는 자율프로그램
  * 위기 예측과 관리에 있어 선택을 확인하고 서명하는 보험 산업
  * 건물의 설계, 건설 및 안전 분야에서 개인을 위한 확인서 및 증명서 발급
  * 건물 및 건설프로젝트 확인
  * 정부의 자산 배치를 위한 건설지침을 관리하는 연방의 여러 담당국
  * 시설 관리
  * 공적 규제나 정부의 법령체계를 갖추지 못한 지역에서 프로젝트를 수행하는 설계자와 건설종사자를 위한 '최상의 실무서'
  * 대학 또는 전문직업학교에서의 교과서 및 정규과목이 될 수 있음
  * 건물설계 및 건설에 필요한 참고도서

또한, 기준으로서의 기능과 개발과정은 건물전문가에게 정상적인 영향을 미치고 국제회의 등에서 건물설계, 시공법, 안전, 요구성능, 기술자문 및 개혁적 제품 등에 관한 토론과 심사를 할 수 있는 기회를 부여한다.

■ 2018 IBC규정 및 해설(IBC Code and Commentary) 서문에서

이 해설은 2018 IBC의 규제조항(regulations)이 내포하는 건물 건설에 필요한 기본지식과 사실을 구비함에 목적이 있다. 건물과 구조물의 효율적 설계, 건설 및 조절 등을 진지하게 생각하는 전문가라면 조성된 모든 환경적 요소에 대하여 이 해설이 신뢰할 만한 자료의 출처가 되고 참고가 됨을 알 것이다. IBC의 후속으로 나온 'IBC 규정 및 해설' 은 제1권에서 2018 IBC의 제1장~15장을 다룬다. 이 해설의 기본적인 특징은 작은 분량이나 여러 주제(issues)에 대한 역사적이고 기술적 배경을 다룬 보조자료(supplement)를 IBC 규정과 함께 사용함으로써 얻는 합리적 비용(reasonable cost)을 제시한다. 참고자료에는 정보 출처 및 참고문헌 일람표가 있다.

이를 통하여 얻을 수 있는 방대한 양의 재료 및 유용한 설명법(presentation method)을 유지하였다. 이 해설은 각 절을 이해하기 쉽도록 간단히 요약하였고, 건물 및 구조물 건설에 편리하게 바로 응용할 수 있게 하였다.

그 다음 장에서 규정의 총체적 의미와 함축된 의미 전달에 중점을 두었다. 지침(guidelines)으로 효과적 응용법과 규정 자체에 얽매이지 않는 결과를 도출할 수 있다. 설명(illustration)에서는 이해를 돕지만 단순히 규정을 적용하는 방법만을 제시하지는 않았다. 이 해설의 기본 포맷은 각 절에서 규정 문장, 표 및 그림을 다루었고, 규정을 즉시 응용할 수 있도록 하였다. 이 해설을 인쇄할 시점에 2018 IBC의 최신 내용을 추가하였다. IBC 서문에서 썼듯이 문자 표기(예, Section [F]307.1)로 시작하는 각 절은 타 규정 개발위원회에서 다루고 있다. 각 절의 설명은 그 목적과 내용, 그리고 요구사항이 어떠한 조건을 전제로 하는가에 대한 토의사항(discussion)을 다룬다. 규정과 해설은 쉽게 구분되는데, 규정은 IBC의 본문을, 해설은 그 아래에 ❖. 표기로 시작하였다. 그러나 이 해설이 IBC를 대신할 수 없으므로 IBC와 직접 연계하여 사용할 것임에 유의해야 한다.

해설은 도움 자료일 뿐으로 규정담당자(code official)만이 규정 해석에 대한 권한과 책임이 있다. 여러 분이 참여하여 의견 개진과 제안을 해주면 차기 출판에서 반영할 수 있을 것이다. 시카고지방사무소의 규정 및 기준개발부에 제안해 주기를 바란다. 또한 ICC는 여러 인사들이 이 해설의 기술적 내용에 대하여 기고했음에 감사의 말을 전한다.

책임자 브라이언 블랙 외 15명

■ 주제 강연

그림 2 단국대 강연 2019.5.4

국가표준 한국건축 규정개발연구 2

■ 과제 개요

이 연구는 2014.11~2020.2(64개월)간 한국건축규정의 체계화, 건축기준 및 시방서의 선진화, 건축기준 및 건축공사표준시방서의 영문화 및 국제화 등 3개 세부로 구성하고 있다.

■ 제1세부 - 한국건축규정의 체계화

이 과제는 한국건설기술연구원이 주관하여 법령정보 검색 서비스, 지번정보 연계한 건축물의 규모 제한 및 시설기준 정보서비스, e-KBC 모바일, 유사 · 중복 · 상충 알고리즘 정리 등이 주된 과업이다. 2015년 5월 건축물과 관련된 관계 법령과 지방자치단체 조례 및 조례규칙이 늘어나면서 이를 통합한 규정의 필요성이 제기되었다. 이에 따른 '한국건축규정(KBC: Korean Building Code)' 을 공고하고 관계 법령을 소관하는 중앙행정기관의 장은 건축물 관련 규정의 제 · 개정시 국토부장관에게 통보하는 등 협력하도록 건축법 개정에 따른 건축규정의 공고를 위한 eKBC의 보완이 필요하였다. 솔리데오시스템과 SQI소프트가 위탁연구기관으로 참여하였디(책임자 : 한국건설기술연구원 유영찬, 박선우).

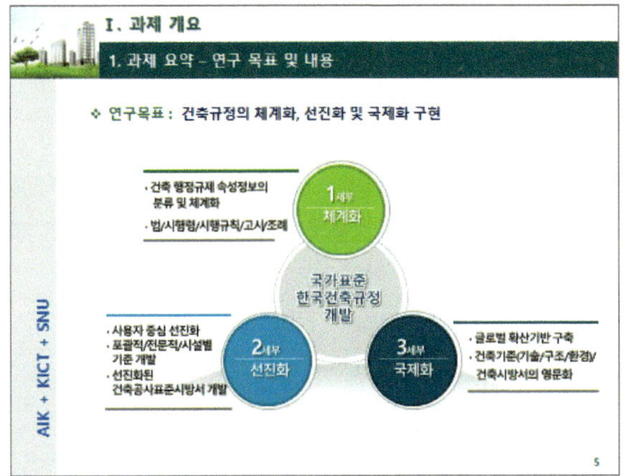

그림 1 연구 목표 및 내용

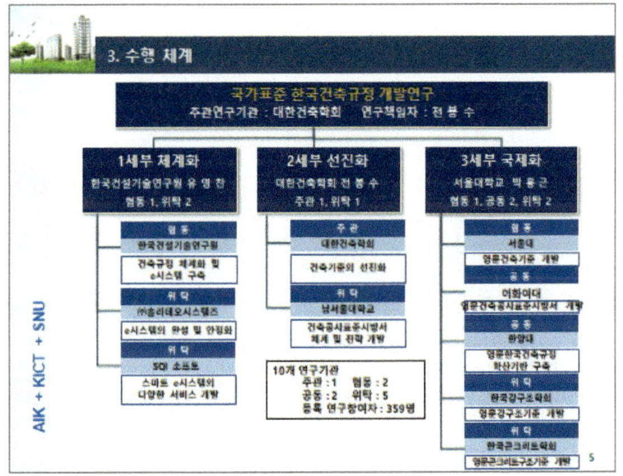

그림 2 수행체계

■ 제2세부 - 건축기준 및 시방서의 선진화

(개괄)

우리나라의 현행 건축규제(법령)은 건축기본법, 건축법, 건설안전기본법 및 건설진흥법 등이 상위이고 그 하위에 관련법마다 시행령 및 규칙이 있다. 각 법 간의 구분이나 정의로 관련 부처 간 의견이 다른 경우도 종종 있는 모양이다. 건축구조기준

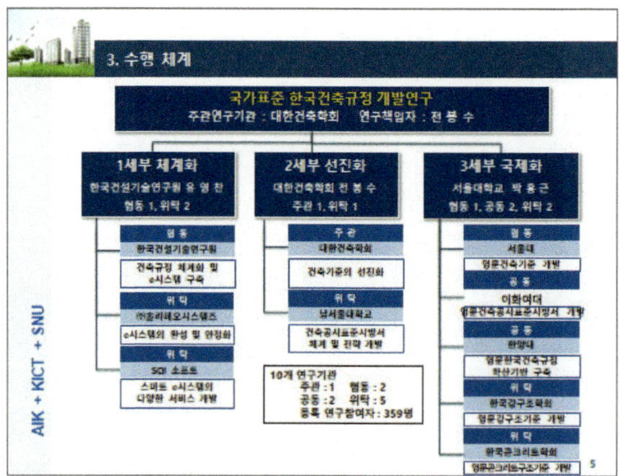

그림 3 과제의 법적 체계

(KBC2016)은 건축법-건축법 시행령 계열의 하위 고시이고 건축공사표준시방서는 건설기술진흥법 계열의 하위 고시로 되어 있다. 이 과제는 현행 체제가 구조기준 외에 환경설비기준, 초고층기준, 소규모건축기준 등 시대 발전에 따른 새로운 기준 제정시 이를 관리하기에 적절하지 않다는 데서 출발한다. 이에 그림 3에 도시한 것처럼 여러 법령하에 포괄적인 건축기술기준을 두고 그 하위에 전문적, 특화응용기준을 두어 관리 · 운용하자는 것이다. 정부는 '건축기술기준'을 직접 관리하고 그 하위는 전문학회에서 운영하도록 하자는 것이다.

대한건축학회를 주관 연구기관으로 하여 포괄적 기준인 건축기술기준(Model Building Standards), 전문기준 건축구조기준(Structural Building Standards)과 건축환경설비기준(Environmental Building Standards), 특화응용기준 초고층건축물기준(Tall Building Standards), 소규모건축물기준(Small Size Building Standards), 건축리모델링기준(Remodeling Building Standards) 등 총 6개의 건축기준과 건축공사표준시방서(Standard Specification for Building Works) 개발이었다. 남서울대학교(손보식)가 위탁연구기관으로 참여하였다(책임자 : 대한건축학회 전봉수, 남서울대 손보식).

- **건축기술기준**, Model Building Code

미국의 건축포괄기준(IBC, International Building Code)은 건축법령에 해당하는 규제와 전문적 기술 조항을 고루 포괄하고 있다. 우리는 건축기준에서 건축법, 건축기본법 및 건설기술진흥법 등 현행 규제의 내용을 포함함은 적절하지 않았다. 법률적 규제의 최하위(고시)에 건축기술을 포괄하는 건축기술기준(Model Building Standard)을 두고 보다 상세한 기술적 내용은 전문기준 및 응용기준 체계로 전문학술단체가 연구 · 발전 관리 · 운영할 것을 제안하였다. 이 건축기술기준은 총칙, 거주생활안전, 구조, 화재안전, 환경 및 설비, 재료, 리모델링, 초고층건축물, 소규모간축물 등을 다루고 보다 상세한 것은 전문기준 및 특화된 응용기준에 위임하고 있다. 거주생활안전 및 화재안전은 별정 세세부(2-4, 2-6)에서 연구한 결과를 따랐다(책임자 : 전봉수, 단E&C 최준식, 김석구, 대한건축학회 신두식).

- **건축구조기준**, Structural Building Standard

현행 건축구조기준(KBC2016)의 9개 장을 12개 장으로 확장하여

1장(서문 및 총칙). 전문기준으로서의 기준간 위계를 정의하고

2장(검사 및 검증). 현행 구조검사 및 실험을 단순화하였다.

3장(하중). 용어 '설계하중' 을 '하중' 으로, '적설하중' 을 '설하중' 으로 변경하고 '시공하중' 과 '홍수하중' 및 '강우하중' 을 추가. '풍하중' 에서 가스트영향계수의 변수, 변위/가속도 산정, 풍력스펙트럼 등에서의 난해하고 복잡한 여러 수식을 상당 부분 도표 · 그림으로 도시하여 사용자의 이해와 편의를 도왔다. '지진하중' 은 절목의 제목만 남기고 신설 제11장을 따르도록 하였다.

4장(지반 및 기초). 전면 개편

5장(콘크리트구조). '하중조합' 및 관련 내용을 3장 하중조합에 준한다. 한국콘크리트학회 기준을 따름을 원칙으로 하고, 이 기준에 해당하는 조항만을 명시하였으므로 기준의 분량이 대폭 축소되었다.

7장(강구조), 발전된 강구조 기술 반영, 박판강구조, 알루미늄구조, 스테인리스구조 추가

8장(강콘크리트 합성구조). 건축물의 합성구조화 추세에 따라 현행 강구조기준의 제7장 제9절(합성부재)을 확장하여 새 장에 담았다.

9장(목구조). 국내외의 목조건축 활성화 흐름에 국내 목구조기술 개발을 독려하고 국제적으로 목구조의 고층화 경향을 고려하여 현행 목조의 높이 및 면적 제한 조항을 생략

10장(특수재료 및 형식구조). '유리구조'를 신설하고 현행기준의 제9장(기타 구조)에 속한 '막과 케이블구조'를 양분하고 및 부유식 구조를 배치하였다.

11장(내진설계). 경주 및 포항지역의 지진으로 인한 지진 피해에 대한 사회·경제적 관심과 경각심을 고려하고 행안부 공통사항에 따른 내진설계기준(2-11 세부로 연구, 2019.3 고시)을 반영하였다.

12장(내화구조설계). ASCE, ACI 및 EURO 등에 비해 기준이 미비하고 연구실적이 충분하지 않으며 행정안전부의 화재 및 방화 등 규제와의 중첩에 의한 혼선을 우려하여 이 장의 신설에 많은 논란이 있었으나 신설 후 연구발전을 도모하자는 취지에서 이 장을 신설하였다(책임자: 전봉수, 서울대 홍성걸, 광운대 김재요, 인천대 천성철)

- **환경설비기준**, Environmental Building Standard

실내환경, 건축물에너지절감 및 친환경, 건축기계설비 및 건축전기설비 등을 설계기준으로 다룸에 있어 설계자, 엔지니어, 시공자 등 사용자의 편의성 및 성능성에 역점을 두었다. 특히, 부처별, 그리고 행정별로 분산되어 있는 관련 법령을 비교·검토하고 체계화하였다. 총 5개장 27절로 구성하였다(책임자; 전봉수, 중앙대 박진철, 한양대 박준석, 정재원, 임한솔).

- **초고층건축물기준**, Highrise Building Standard

초고층건축물의 구조성능, 안전성능, 재난 및 테러 안전성 확보와 한국형 초고층건축물 기준 체계 도출 및 기준이 필요한 사회적 배경에서 국내외 초고층건축물 기준 및 가이드라인을 바탕으로 연구하였다. 이 기준을 영문화하여 국제화에 일익을 담당하게 되었다(책임자: 전봉수, 서울과기대 강부성, 황정은).

- **건축규정용어DB**, Official Terminology Data Base for Buildings

규제, 기준 및 시방서 등에 산재 · 중복된 용어의 명확한 정의, 표제어 개발 및 외국어 용어의 정확한 번역과 분야별 공통적인 해석이 필요하다. 전문 분야별로 동일한 용어에 대한 서로 다른 해설을 병기하여 문제점 노출, 체계화 및 웹/사전식 기반의 정보를 구축하였다. 산 · 학 · 연 등 다양한 분야에서 신속, 정확 및 편리하게 쓰일 것을 기대한다. 대한건축학회 건축용어위원회가 2018년 5월에 착수하여 2020년 4월에 마무리할 '온라인 건축용어사전'의 편찬사업과 맞물려 정보 공유와 상호 검증하는 윈윈 과업이 되었다. 사전 편찬이 종이책 개념이 아닌 포털미디어-모바일과 연계한 사업이어서 더욱 그러하다(책임자 : 전봉수, 충남대 이강민, 전우구조 윤흠학, 은구조 동근욱).

- **소규모건축기준**, Small Size Building Standard

사회적으로 소규모 건축물에 적용 가능한 구조, 기계설비, 전기설비 및 기본적 품질 유지를 위한 기준이 필요한 배경에서 설계자 및 시공자가 필요로 하는 자료를 부재/재료 제시형으로 작성하여 제공함이 보다 효율적이라 판단하였다. 이 기준의 영문화를 세세부간 합의로 진행하고 있음은 초고층건축기준(2-5)의 영문화와 함께 고무적인 진전이다(책임자 : 전봉수, 이화여대 신영수, 장예은).

- **리모델링기준**, Remodeling Building Standard

건축법과 주택법에 정의된 리모델링을 바탕으로 용어 정의 및 적용범위 설정, 구조안전, 화재안전, 피난, 방재, 건축환경설비, 접근성, 생활안전 등 현존하는 노후건축물의 요구성능을 반영하였다. 건축물의 철거, 설계, 시공 및 준공에 이르는 전 주기에 대한 안전 확보에 역점을 두었다. 현행 규정(기 고시된 기준, 모델기준 · 전문기준 등)과 상충 및 중복이 없도록 인용/위임 · 수임 관계를 확립하였다(연구 책임자 : 호서대 홍건호, 단국대 엄태성).

- **건축공사표준시방서**, Standard Specification for Building Works

미국의 마스터 포맷(Master Format)에서의 시공기준체계는 5개 소그룹, 49개의 장 및, 6자리 코드체계로 되어 있다. 또한 미국건축가협회(AIA)의 마스터스펙(Master Spec), 영국 NBS, 일본 JASS 등 체계가 정비된 해외 건축시공기준을 참조하였다. 정보화, 글로벌화 시대에 부합하는 확장성, 체계성, 활용성 및 사용자의 편의성을 확보하고 선진국 시방서와 유사 · 동등 이상의 수준 유지를 목표로 하였다(책임자 : 전봉수, 남서울대 손보식, 이화여대 이준성, 서울대 문효수, 이화여대 강현빈).

■ 3세부-건축기준 및 건축공사표준시방서의 영문화 및 국제화

서울대학교를 협동연구기관, 이화여대 및 한양대를 공동연구기관, 한국강구조학회 및 한국콘크리트학회가 위탁연구기관으로 참여하였다. 또한 우수한 건설기술을 앞서의 영문건축기준과 영문시방서로 무장한 국제화로, 해외건설시장에서의 경쟁력 강화는 물론, 기술 및 관련사업의 해외에서의 종속을 탈피할 수 있다. 아울러 해외 시방서나 외국산 제품을 사용함에 따른 공기지연 및 적자를 최소화하는 효과를 기대할 수 있다. 2017년 9월 코엑스에서 열린 UIA 2017 SEOUL의 연구단 전시부스를 둘러 보던 해외 참가자들이 한국의 영문건축기준과 영문시방서 구독 문의에 개발중 이라는 부스 관리자의 답변을 듣고 국민소득 $3만, 인구 5000만, 해외건설수주 $500억, 소위 3050클럽에 가입한 세계 7개 회원국이라는 한국이, 왜? 하는 의아해하는 표정을 보며 영문화 과제의 중요성과 시급성을 확인하였다(책임자 : 서울대 박홍근, 육사 백장운).

• 건축기준의 영문화

영문화 대상 기준은 건축기술기준(Model Building Code), 건축구조기준(Structural Building Standard), 환경설비기준(Environmental Building Standard) 등 3개 기준이었다. 연구의 진행과정에서 초고층건축기준(Highrise Building Standard)은 초고층건축도시학회의 지원으로, 소규모건축기준(Small Building Standard)도 세세부간협의로 2개 기준을 추가하여 5개 기준을 영문화하였다.

영문화 작업은 기준 개발의 진도와 궤를 함께 한다. 개발이 되어야 번역을 한다. 기준 개발이 늦어져 대기 상태가 장기화되면 영문화의 진척 부진 및 휴지 등으로 전체 연구 일정 차질 등 많은 문제점이 예상되었다. 이에 현행 건축구조기준(2016 KBC)의 영문화는 현업에서 시급한 현실에 주목하여 이를 우선 추진하였다. 이는 협약외 과업이지만 산학연이 공히 건축구조기준의 영문화/국제화의 중요성을 공감하고 진흥원도 동의함에 따라 대한건축학회 건축기준센터(센터장 박홍근)와의 협동으로 2017년에 3장 설계하중(Design Loads of 2016 KBC)을 번역하여 단행본으로 인쇄 · 배포하였고, 2019년에 건축구조기준(2016 Korean Building Code Part - 1, 2, 3, 4, 5) 을 전부 영문화하여 국내외 건설산업계에 제공하였다. 세부 담당자의 열성과 대한건축학회 연구소원의 합작으로 현업에 기여하였다(책임자 : 서울대 박홍근, 육사 백장운).

• **건축공사표준시방서의 영문화**

국토부 담당자는 연구 착수 20개월이 경과한 2016.6(3차년도) 시방서의 영문화 대상을 '2013년판 시방서' 에서 '개발중인 시방서' (Standard Specification for Building Work) 로 변경을 요구하였다. 그간의 번역 성과를 번역의 기초자료로 사용할 수밖에 없는 정황이 되었다. 시방서 개발 진행과 영역을 동시에 진행함에 따른 현실적인 문제는 건축기준의 경우와 같다. 이에 개발(손보식)과 영문화(이준성)는 양 조직을 연합 · 운영하는 유연성으로 문제를 해결하며 진행하였다(책임자 : 박홍근, 이화여대 이준성, 장예은).

• **건축기준 및 건축공사표준시방서의 영문화에 따른 글로벌화**

진행중인 해외프로젝트 조사, 개발도상국을 지원하는 프로젝트를 통하여 한국건축기준의 적용가능성을 조사 · 타진하고 있다. 현재 외교부에서 진행중인 라오스 한국대사관 신축프로젝트 및 라오스의 대형 민간프로젝트에서 3-3 세세부의 자문을 요청하고 있다. 의미 있는 성과 중 하나이다(연구 책임자 : 한양대 최창식, 한양대 정형석).

■ 연구성과의 법제화 과제

2018.12 국토부는 건축기준 선진화의 성과가 차후 건축법상 규칙 등에 적절한 위치 설정이 불확실하고 포괄, 전문 및 특화된 응용기준 등의 위계화 및 법률적 지위 확보를 위한 정책 검토의 필요성을 피력하였다. 정황은 2014년 5월 개정 건설기술진흥법 제44조의 2항(국가건설기준센터에서 건설기준을 관리 및 운영하도록 한 규정)과도 궤를 달리하고 있다. 연구가 마무리된 2020년 이후 바로 시행함에 있어 건축물의 구조

기준 등에 관한 규칙에서 위임하고 있는 '건축구조기준'의 관리 및 운영을 국가건설기준센터의 관리 기준과 연계를 검토하고 적절한 대안이 필요한 시점이다. 이에 연구단이 연구 · 검토한 〈연구성과의 법제화를 위한 국가건설기준코드 개편(안)〉이 그 대안이 될 수 있다고 판단하고 있다. 국가기준센터의 코드 시스템에서 41번 단일 대분류는 다양한 건축기술을 수용하기 어려우므로 70번대의 10개 코드를 건축기준으로 할당받아 해결하자는 제안에 국토부도 잠정 동의하고 있다. 이 제안은 KDS 70 00 00에서 건축공통설계기준(2-1 해당) KDS 71 00 00 건축구조 2-2 해당) / KDS 73 00 00 특수목적건축기준(2-5, -8 및 2-9 해당) / KDS 75 00 00 건축환경에너지설계기준(2-3 해당)으로 함이 현실적인 대안으로 판단하였다. 그러나 이 대안도 여러 건축기준의 자리매김일뿐 건축기준 선진화의 초점인 여러 건축기준의 위계화와는 거리가 있다(책임자 : 전봉수, 호서대 홍건호, 대한건축학회 신두식).

■ 과제운영

• 과제총괄팀

주관 연구기관 겸 2세부 주관 대한건축학회 내 과제총괄팀을 설치 · 운영하였다.

책임자 전봉수 / 총간사 신두식 팀장 / 연구원 조한솔 대리

중도 사직자(변나향, 이혜학, 방문선)

• 과제 평가

- 진흥원 평가 : 연차별 중간평가(3회) / 중간모니터링(2회) / 실용화점검(2회) / 점검평가(1회) / 최종평가(1회) 등 총 9회
- 연구단 자체평가 : 연차별 총 5회

• 국제세미나

국제세미나의 매년 시행계획은 연구비 불균형 공급으로 수렴하지 못하였다. 과제의 주제가 다양하고 표준규정개발이라는 특성상 해외 동향이나 연구 결과에 민감성이 크지 않았다. 2016.11.25 '한 · 미 · 중 · 일 건축법령과 건축기준의 관계, 그 발전 방향'

(Current and Future of National Building Codes and Standards of China, Japan, Korea and USA)이라는 주제로 서울대 글로벌컨벤션 플라자에서의 세미나 1회 개최로 그쳤다.

보다 상세한 내용은 '건축' 2016.12 김석구, 건축, 〈한 · 미 · 중 · 일 건축법령과 건축기준의 관계, 그 발전 방향- 세미나 참관기〉를 참조

- **전시부스 운영**

2017. 4. 대한건축학회 제주 건축도시대회

2017. 9. UIA 2017 SEOUL 대회 건축산업전 전시부스

일시 : 2017년 9월 3일(일)~7일(목), 장소 : 코엑스 C홀 A32

목적 : 국가표준 한국건축규정 개발의 글로벌화(3-3)

전시부스 : 3m×2.5m 3면 절개형 패널 전시, 노트북 및 빔 프로젝터를 설치하여 건축규정 e시스템 홈페이지 및 KBC Smart e-System을 시연. 연구단 및 기준센터 홍보 리플릿 배포

부스 방문객의 질의 내용 요약

- 영문판 기준/시방서 구득 가능 여부
- 지방 차원의 기준인지, 국가 차원의 기준인지
- 기준의 종류 및 적용 범위
- 외국에서도 기준 내용을 볼 수 있는지
- 기준의 법적 지위
- 지자체 조례의 수용 범위
- 일반인도 수요자에 포함되는지
- e-system의 구성 및 사용방법
- 일반인이 기준을 열람하고 판단할 수 있는 절차 및 방법
- 인허가 과정에서의 효용성

2017. 11. 한국콘크리트학회 안동학술대회

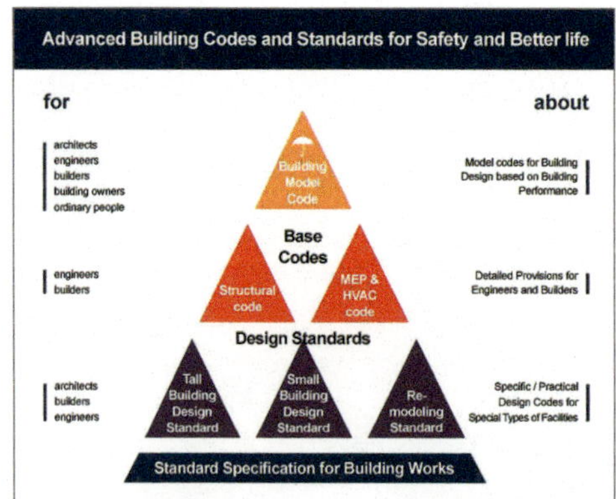

그림 4 중앙 전시면

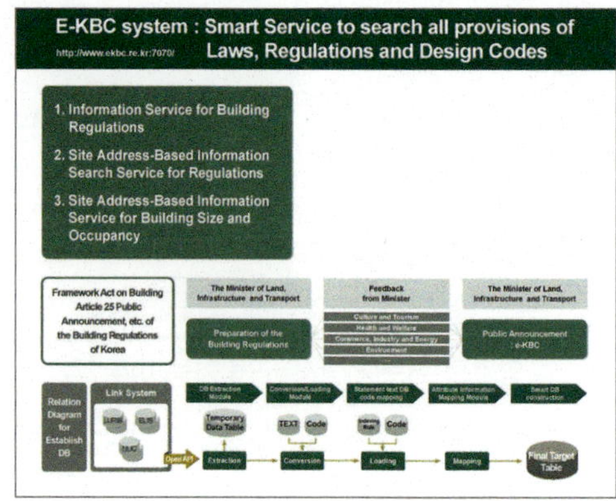

그림 5 좌측 전시면

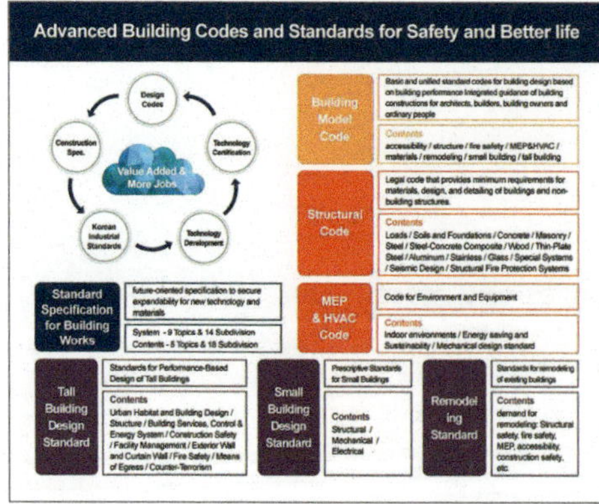

그림 6 우측 전시면

2019. 4. 한국콘크리트학회 창립30주년 기념 서귀포학술대회

2019. 5. 2019국토교통기술대전, KINTEX

• **전봉수 단장의 개인 참여**

2015. 6. SPEC/PBEE연구단, 국가표준 소개 강연

2016. 1. 전봉수/최창식/박홍근, 한국건축구조기술사회, 과기총, 국가표준 소개

2016. 8. 박홍근 외, 대한건축학회, 국가표준 및 KBC 2016 교육프로그램

2016. 9. 한국건축구조기술사회 과기총, 국가표준 소개

2018. 7. 전봉수/김승원/김동관, 구조설계실무자를 위한 구조기준 강좌

2019. 2. 전봉수/김승원/김동관, 구조설계실무자를 위한 구조기준 강좌

2019. 5. 단국대 대학원, 한국건축기준의 선진화

2019. 5. 한국강구조학회 30주년 기념 부산학술대회, 건축기준 선진화와 내화 구조설계

2015. 10. 전봉수/변나향, 미국AROM 부쉬넬 회장, 한종률(UIA 2017SEOUL 조직위원장)의 건축학회 내방시 국가표준 소개

2018. 5. 전봉수/최성모/신경재/양재근, 한국강구조학회 전남 영암 봄학술대회, 강구조기준의 비철금속관련 기준 등

2018. 5. 전봉수/황종국, 전남대, 목조건축 설계현대화 및 사업 활성화, 목구조의 높이 제한 규정 및 CLT 이용 활성화 등

2018. 8. 전봉수/장상식/이상준/박문재, 2018 WCTE(세계목조건축대회), COEX, 캐나다/일본/체코/러시아 등의 목구조 전문가

2018. 5. 전봉수/박문재/이상준/황종국, 전남대, 목조건축 설계현대화 및 사업활성화, 목구조의 높이제한 규정 및 CLT 이용 활성화 등

2016. 7. 전봉수/신두식/조한솔, 건축 7, '국가표준 한국건축규정…' 기고

2016. 8. 건축구조에 기고, 건축구조기준의 선진화 및 글로벌 문제

2019. 4. 한국콘크리트학회 창립30주년 축하글 헌정

2019. 7. 전봉수/신두식/조한솔, 건축7, 한국건축규정의 체계화, 선진화 및 국제

화 연구, 그간 무엇을 그리고.

2020. 2. 건축 3, 건축구조, 토목구조, 그리고 APEC & IntPE구조

• **연구기간 연장 문제(2018.11.1)**

연구가 진행되며 연구기간의 연장은 다음의 몇 가지 배경에서 제기되었다.

1) 삭감 연구비 누적분을 최종년도에 지급 및 연구비 배분 불균형

집행된 연차별 연구비를 협약연구비(2014년)와 비교하면, 2014년 100%, 2015년 74%, 2016년 69%, 2017년 74%, 2018년 76%가 지급되었다. 삭감된 누적연구비(24%)를 최종연도에 배정할 예정이라는 방침은 예고되었다. 또한, 지속적인 연구비 삭감에 불구하고, 1세부는 당초 예정된 배정과 투입으로 연구마무리에 있어서 별다른 문제가 없을 것으로 판단되었다. 이에 반해 2, 3세부는 최종 6차년도에 집중 · 배정될 연구비 20.75억 원은 2, 3세부의 5년간 연구비 54.55억 원의 38%, 5차년도에 배정된 연구비의 2.47배에 달하여 이를 6차년도에 집중투입하여 연구를 마무리함에는 건축기준 전문인력의 수급 등으로 보아 적지 않은 부작용이 예상됨.

2) 연구업무의 변경 및 추가

- 건축공사표준시방서: 당초 2013년판 영문화를 목표로 추진중이었으나 2016년 주무부서에서 2-10세부의 선진화된 건축공사표준시방서를 영문화할 것을 요청한 바 3년간 진행해 온 연구성과 폐기가 불가피하고 잔여 일정도 부족하였다. 아울러 2-10 세부의 건축공사표준시방서 연구가 완료되지 못한 상황에서 영문화하여야 하므로 현실적으로 선진화와 영문화를 병행하는 방식으로 수행하여야 했다.
- 행안부 내진설계기준 공통적용사항에 따른 내진설계기준개정 작업 추가
  2017년, 행정안전부(종전의 국민안전처)의 '내진설계기준 공통적용사항'이 발효됨에 따라 주무부서는 연구 범위에 없던 "건축물 내진설계기준 개정안 연구"를 연구단에 추가로 수행할 것을 요청하였으나 정부의 예산상 추가 연구비를 2019년에 조달한다는 방침에 따라 소요연구비를 연구단의 각 세부에서 갹출하여 1.7억 원을 조달할 상황이 발생하였으며, 이로 인해 다시 연차별 세세

부의 연구진행이 순차적으로 순연되었다.

3) 검증위원회 운영 지침

3차 및 4차의 중간평가시 제3자 평가(Peer Review)방식을 전문기관과 연계한 검증위를 구성하여 진행할 것을 요청하였다.

이상의 사유를 들어 연구기간의 6개월 연장을 건의하였다. 그러나 진흥원은 5차년도 중간모니터링을 3주 정도 앞두고, 6차년도 연구 종료를 1년여 앞둔 시점 및 주무부처의 여건을 들어 건의를 수용하지 않았다.

- **내진설계기준(안) 공청회(2018.2.27)**

2017년 4월 17일, 국민안전처는 건축물을 포함한 31종 시설물의 설계에 〈내진설계기준 공통사항〉을 반영할 것을 국토부에 요청하였다. 이후 행정안전부에 흡수된 국민안전처는 당시 이 공통사항의 목적이 현행 〈지진 · 화산재해대책법〉에 따른 〈시설별 내진설계기준〉의 일관성 유지에 있고, 〈국가내진성능 목표〉와 〈내진설계기준 공통적용사항〉을 적용할 대상 및 조치 사항의 적시와 함께 2018년 10월까지 개정하여 시행하도록 하였다.

■ 최종보고서(출력본 788쪽)

제출문

주관연구기관 1, 협동연구기관 2, 공동연구기관 2, 위탁연구기관 3 등의 기관장 및 책임자 날인

보고서 요약서 및 요약문

연구책임자 전봉수 외

목차

1. 연구개발과제의 개요
2. 연구수행 내용 및 성과
   가. 한국건축규정 체계화 및 스마트 e시스

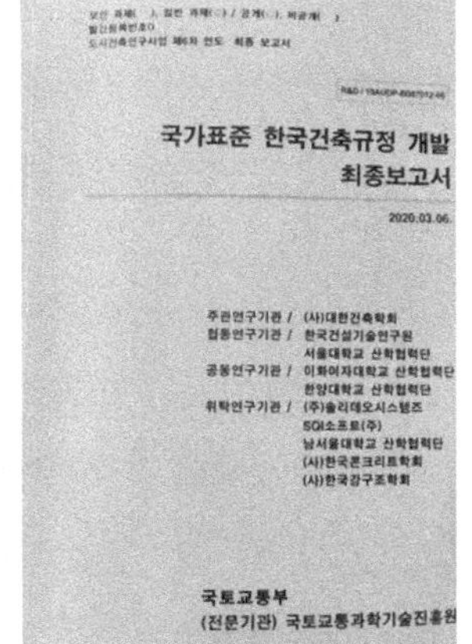
국가표준 한국건축규정 개발
최종보고서
2020.03.06.
주관연구기관 / (사)대한건축학회
협동연구기관 / 한국건설기술연구원
서울대학교 산학협력단
공동연구기관 / 이화여자대학교 산학협력단
한양대학교 산학협력단
위탁연구기관 / (주)솔리데오시스템즈
SQI소프트(주)
남서울대학교 산학협력단
(사)한국콘크리트학회
(사)한국강구조학회
국토교통부
(전문기관) 국토교통과학기술진흥원

그림 7 최종보고서 표지 2020.3.6

템 구축

나. 한국건축기준의 선진화

다. 글로벌 한국건축기준 개발 및 확산기반 구축

3. 목표 달성도 및 관련 분야 기여도

3-1. 목표

3-2. 목표달성 여부

3-3. 목표 미달성시 원인(사유) 및 차후 대책(후속 연구의 필요성 등)

4. 연구개발성과의 활용 계획 등

■ 연구과정 연대기

연구기간 64개월 간의 과정을 연대기(chronicle)로 정리하였다. 관점에 따라 지나치게 소소한 내용은 큰 의미가 없을 수 있다. 그러나 기왕에 작성한 기록을 보존함이 옳다고 보아 남기기로 했다.

2014년

11/11 협약 체결과 함께 과제 착수

2015년

3/6 연구단(1세부 유영찬, 2세부 이경구, 3세부 박홍근, 사무국장 이태완), 사임의사를 표명한 이경구 단장(2/23 사임)의 후임으로 전봉수에게 수임을 제안

3/14 학회, 전봉수를 후임 단장으로 진흥원에 승인 요청

3/20 전봉수, 연구단 업무 착수와 동시에 자체평가 및 중간평가 준비
14:30~20:30 첫 회의 주재, 중간평가 대비, 총괄계획서 작성 등

4/1 전봉수, 건축학회(회장 김광우)와 '근로계약' 체결

4/2 2015년도 1차 자체평가

4/3 진흥원, 전봉수 '단장 승계' 서면 조건부 승인
조건 : 업무집중을 위해 근무처 및 세적 등을 건축학회 소속으로 한다.

4/9 11:00~15:30 진흥원, 1차년도 중간평가, 평가결과, 평점 75.86, '계속지원'

그림 8　건축기준센터 개소식 건축학회 6층 강당(2015.6.5)

그림 9　에티오피아 정부 관료 일행(2015.6.9)

+신임 단장의 수임 평가 '적격'

4/21 전봉수, SPEC연구단(구조안정성향상기술연구단, 단장 홍성걸) 세미나에서 NBCK연구단 과제 소개

4/24 연구단, 2015년 건축학회 정기총회 및 춘계학술대회(명지대)에서 총괄회의

4/29 2차년도협약

5/7 14:00~16:15 국토부 세종청사 회의, 국토부(김상문 과장, 이창욱/박형재 사무관), 연구단(전봉수, 박홍근, 정진수, 조한솔)의 업무현황 보고, 국토부, 건축설계기준(2-1, 현 건축기술기준)의 실용성에 의구감

5/11 서울대 회의, 국토부의 '2-1의 실용성 의구 견해'에 대한 대책 회의, 전봉

수, 홍성걸, 김석구, 박홍근 등 4인의 협의 결과 당초의의 RFP대로 연구를 계속 추진

5/12 2차년도 협약 체결

5/14 국토부의 건축정책공청회 참석

5/18 8차의 메시지 협의로 연구단의 영문 National Building Code and Standards of Korea(약칭 NBCK)로 확정, 국영문리플릿, 영문소개 자료

5/26 홈페이지 개설(www.r-nbck.or.kr)

6/5 학회내 건축기준센터 개소식(센터장 홍성걸)

6/9 에티오피아정부 산업시찰단 학회 건축연구소 내방, 김광우 회장의 환영 및 회의 주재, 한국의 신도시개발 경험 공유, 이영근, 이재훈, 안건혁, 김영욱, 전봉수 등 배석

6/12 국토부 회의(외교부내 여권과 국건위 사무실), 김진숙 국장/김상문 과장/박형재 사무관, 진행 현황 보고, 국건위의 주요 관심사를 다루는 제1세부 업무 독려

6/17 전봉수, SPEC/PBEE 포럼(과기총 B1)에서 'NBCK와 성능기반설계' 주제 발표

7/3 이영근 연구소장, R&D 간담회 주재, 국토부미래정책과 김연희 서기관, 유해근, 김미희, 이재훈 부회장, 전봉수 등

7/17 이영근 연구소장, 진흥원 조대연 본부장 초청 강연, '진흥원에서 본 국토부의 R&D'

8/20 2-7세부 ' 건축용어DB' 를 '건축규정용어DB' 로 개칭

9/25 국토부 김 과장/박형재 사무관 내방, 업무 현황 청취

10/12 건축가협회 한종률 회장의 안내로 미국 ARCOM (The Association of Researchers in Construction Management) Bushnell 회장, KIS 담당자 등 3인 내방. 미국의 시방서 및 공사비 관리 시스템, NBCK 소개 및 영문 리플릿 등

10/16 전봉수, CTBUH Korea, 한중일 초고층건물 포럼 참석, 2-5 초고층기준을

영문화하기로 합의(정광량, 강부성)

10/26 전봉수, 국가내진성능목표 자문회의(고려대 이한선), 자문

10/30 건축학회 창립70주년기념대회 및 추계학술대회(더K호텔) 2차년도 워크숍

11/10 운영위 정관 확정

11/23 3차년도 연구비 삭감(당초 ₩29.4억을 ₩20억으로 ₩9.4억 식감) 대책 회의

12.4 전봉수, 조한솔, 국가건설기준의 세계화를 위한 국제워크숍 참석, 건설회관

12/16 국토부 회의, 김상문 과장/박형재 사무관 연구단 내방, 3차년도 예산 감액 방침 통보, 1세부는 기존 예산 유지 /2-1 연구 중단 및 연구 범위 축소 등 대처 방안 검토. 전봉수, 유영찬, 박홍근, 손보식

12/29 제1세부, 건축규제 e시스템서비스 개시(www.ekbc.or.kr)

2016년

1/8 진흥원 제안(₩7억 삭감, 연구기간 8개월 연장)

1/13 건축기본법 제25조, 26조. 해석의뢰 남정수 전감사원 국장, 김순환 사무관

1/18 진흥원 '실용화 점검', 국토부 박형재 사무관, 진흥원 박남회 실장, 한기정 간사

2/26 자체평가회, 건축회관 6층

3/18 전봉수, 단국대 초고층빌딩 R&BD센터 개소식 참석, 국토부 정책관, 진흥원 유영화 본부장, 단국대 장호성 총장, 홍성목, 이병해, 김상식, 김수삼 등 참석

4/5 진흥원 중간평가, '계속지원' 평가

4/30 대한건축학회 2016년 정기총회 및 춘계학술대회(숭실대)

5/1 3차년도 협약 체결

5/27 미래부, 2017년 예산심의, 진흥원 도시건축 9개 과제를 '비R&D'로 예산 보류

6/2 미래부, 이 과제가 R&D로서 적절한가. 2017예산 대책, 국토부 사무관, 진흥원 담당자, 학계 홍성걸, 연구단 박홍근, 신두식, NBCK가 '국가R&D과제'로서 적합한 사유 등 소명. 2차 회의(6/7)에서 '적합'

6/3 국토부 엄정희 신임건축정책과장 내방, 업무 현황 보고, 3-2건축공사표준시방서의 영문번역 대상을 '2013년판' 이 아닌 연구단에서 개발중인 '선진화한 시방서' 로 변경할 것을 요구

6/15 2016 CTBUH Korea 연차회의, 강부성(2-5 책임자) 신임회장, 2-5(초고층기준)를 CTBUH Korea 자체적으로 영문화하고 NBCK는 이를 연구성과물로 접수하기로 함.

6/20 한국건축구조기술사회 임원세미나에서 NBCK 홍보 강연(전봉수, 박홍근, 최창식 등), 과학기술회관

7/4 '건축' 2017, 7에 '국가표준 한국건축규정 개발' 기고문(전봉수, 신두식, 조한솔)

8/11 KSEA의 '건축구조' 에 '건축구조기준의 선진화, 글로벌화 문제' 기고문(전봉수)

8/18, 19 NBCK 및 KBC2016 교육프로그램 시행

10/4-6 2016건축도시대회(부산 BEXCO), 실무회의, 전문가사례발표, NBCK 28개 논문 발표

11/16 국토부+진흥원+NBCK 회의, 연구비 증감 없이 연구기간을 10개월 연장, 2019. 12.31

11/17 2-1 세세부 명칭을 '건축기술기준' 을 택함. 예산 ₩95.28억. 세부 일정조정

11/25 한미중일 국제세미나 주관, '건축법령과 건축기준의 관계, 그 발전 방향' (장소, 서울대 글로벌컨벤션 플라자), 발표자: 남정수(한국), 구본준(미국), 리바이슈(중국), 키타무라 하루유키(일본)

12/19 KSEA창립 40주년 행사(과기총) 912포항지진 관련

12/22 3차년도 자체평가회, 건축학회 6층 대회의실

평가위원 : 홍성목, 정 란, 남정수, 이현수, 이근창, 심재호, 이광한, 구본준

2017년

1/10 화재소방학회 세미나, 포스코회관

1/25 생활안전(2-4, 최재필) 건축연구소 건축기준센터의 '재심' 판정

2/3 운영위, 진흥원의 모니터링에 대비, 2-4 및 2-6 처리, 내화구조설계 추가

4/27 행사 부스운영, UIA2017부스

2/7 진흥원 3차년도 모니터링, '계속지원' 평가

2/24 4차년도 협약 체결

4/26~27 2017건축도시대회 제주(해비치 호텔), NBCK전시부스, 전문가 사례연구

5/4 국민안전처 내진설계 보완 요청에 따른 현행 KBC2016과 비교

5/24 남영우 건축정책과 신임 과장/박형재 사무관 연구단 내방, 업무현황 보고

6/7, 21 행안부 요청으로 국토부 건축정책과, 건축물 내진설계기준변경 TFT구성(10인), 박홍근(학회 건축기준센터장), 유은종(연구단)

6/12 홈페이지 개선 및 자료저장 클라우드 개설

6/15~16 강구조학회(경주 현대호텔) 정기총회 및 학술대회 강합성구조물의 내화성능 현황 발표(최성모), 양동마을 탐방

6/21 국토부 건축정책과 내진규정 개정 TFT 구성

7/5 한국건설안전기술단체 총연합회, '4차산업혁명과 건설안전' 건설회관 2층,

조대연 ; 시설안전의 미래와 4차 산업혁명

정광량 : 4차 산업혁명 시대에서의 구조산업의 역할

김치경 : 4차 산업혁명과 건설안전기술

손 훈 : 건설안전을 위한 데이터 기반 의사결정

Futurstic bridge monitoring, Machine learning, patttern recognition and AI.

참석자 의견 수렴 : 윤태양, 전봉수, 정 란, 서규석, 이상호

8/4 국토부, 내진설계기준 변경 TFT 서울역 회의(유은종, 조한솔) 2-2, 실무 회의 8/24 진흥원 간담회(더K호텔, 전봉수, 조한솔) 이혜령 도시건축실장 신임 인사 등

9/4~9/7 연구단, UIA 2017 Seoul(COEX) 전시부스 운영(신두식, 조한솔)

9/30 국토부, 실용화 점검

10/19 소규모 기존건축물기준의 내진성능평가지침(SPEC 연구단) 참조, 2-9 신

영수

10/25~27 건축도시대회 경주(더K호텔), 성과발표 및 4차 자체평가, 외부평가위원+세세부장

11/1~3 콘크리트학회 KCI (안동 그랜드호텔) 대회, NBCK 전시부스 전시 운영

11/22 KSEA 2017 기술세미나-기존건물의 내진평가기준

11/28 진흥원 4차년도 중간평가결과, '우수, 계속 지원' 평가점수; 1-85.50, 2-83.17, 3-83.67, 관리-85.17, 평균- 84.64

12/2 내진설계개정 조찬회의(베스트 웨스틴호텔)

12/23 진흥원, 담당자에 권영종 책임연구원

2018년

1/19 국토부 건축정책과 박형재 사무관 타부서 전보, 후임에 김 준 사무관

2/27 행안부의 공통적용사항에 따른 내진설계기준개정안(2-11, 박홍근, 유은종) 공청회, 국토부 김 준 사무관 입회

3/19 5차년도 전체연구비(\13.3억) 진흥원으로부터 2개월여 지연 입금

3/20 4차년도 중간평가결과 '우수', 연구원으로 등록된 2세부 총괄 2인 및 시방서(2-10) 분야 3인 등 5인에 포상 개념의 연구비 지급(₩7,140,000.-)

4/25 진흥원 운영위 <2017년도 잔여예산 우선지원> 회의 2-10 및 3-2에 \1.7억 지원 받기(2019년 예산 조기 집행)

4/27 건축학회 2018년도 정기총회 및 건축도시대회, 내진설계기준개정(안) 발표회(박홍근, 유은종)

5/25 실무회의 진행방식 변경-A(전체), B(구조 중심), C(환경설비 중심), D(시방서 중심)-첫 B, C, D 회의

5/31 한국강구조학회 정기총회 및 봄학술대회(전남 영암군 삼호읍 현대호텔) 강구조기준(2-2 제7장 및 8장) 집필자와의 간담회 주관(전봉수), 알루미늄/스테인리스/박판강구조 등을 모두 제7장에 배속하기로

6/1 전남대 목구조안전센터 주최, '목조건축 설계현대화 및 사업의 활성화' 세미나, 목구조 전문가 및 목구조기준(2-2) 집필자와의 간담회. 목구조의 높이

그림 10 한국강구조학회 정기총회 강구조기준집필자와의 간담회 2018.5.31

제한 규정 및 CLT 이용 활성화 등 전봉수, 금속계열 기준의 집필 현황/문제점/대안 등 PPT로 설명, 목차 비교에 따른 상충/중복성, 장의 수/분량, 특수분야 서술 기준, 현황/문제점/대안 등에 공감대 형성

7장(강구조)과 8장(합성구조)을 남기고, 10, 11 및 13장 등 3개의 특수 분야 기준은 대폭 축소하여 7장 내 3개의 절로 복속, 완성 후에 〈한국강구조학회 기술기준〉으로 하고 (NBCK 응용기준으로 함은 현실적으로 난관이 있음), 7장에 복속된 절의 〈해설〉에서 적의 인용하여 활용하도록 함.

8장은 KBC2016 개념을 유지하거나 강-콘크리트 조인트커미티를 구성하여 협의. 양재근 교수가 추후 정리한 회의록을 공식적 결론으로 채택함.

6/1 18:00~19:30 전남대 캠퍼스내 내용 요약;

1. KBC2016(목구조)에서 적용범위를 일정 높이(처마높이 18m) 이내로 제한함은 불합리하여 목구조의 기술 발전 및 세계적인 목구조의 고층화 추세에 걸림돌이 되어 온 바가 적지 않다. 높이 제한은 행정지침이므로 NBCK(2-2) 에서는 기술사항 위주로 서술하되 현행 높이제한을 두지 않을 경우에 야기될 문제점을 면밀히 검토한다.
2. NBCK는 소규모 기준(처마높이 6.5m 이하) 및 한옥구조 등을 포괄적으로 수용

그림 11 목조건축 설계현대화 및 사업의 활성화, 전남대, 2018.6.1

3. 용어 CLT(crossed laminated timber)를 '구조용집성판' 으로 번역하여 사용함이 적절한지를 검토할 필요. '직교집성재' 를 적극 검토.

6/25 '진흥원, 잔여예산을 간접비로 사용할 수 없다' (학술대회 홍보전시 비용), 유권해석에 따라 연구비 \ 600여 만 원 반납

7/13 '구조설계실무자를 위한 NBCK 설명회-1' 주관, 6개 구조사무소 직원 30여 명 참석, 서초대로 77길 9 망고모임공간 회의실, NBCK에 관한 소개-전봉수
취지 : 연구 성과설명 및 보완을 위한 실무자, 전문가의 의견 수렴
내용 : 개요/구조기준/관리운영 등, 내진설계기준 개정-김동관 청주대 교수

7/31 건축학회 주관 '남북건축산업발전 대토론회'

8/20-23 2018 WCTE(세계목조건축대회, COEX) 참가, 이 책의 1편 4장 참조

9/13-14 행정안전부 주관, 지진정책 발전을 위한 국제세미나
aT센터, 서울 서초구 분야별 초청강연 및 주제발표 (국내외 전문가 20인)
정책: 행안부 1, 기상청 1
단층: 외국전문가 초청강연 3, 국내전문가 주제발표 5
내진: 외국전문가 초청강연 2, 국내전문가 주제발표 2
지진경보: 외국전문가 초청강연 2, 국내전문가 주제발표 4
배포 자료: International Seminar on Earthquake Policy Development / 기

상청 홍보책자 2 (Volcano Earthquake Tsunami /화산지진 지진해일) / 행안부 리플릿, '지진 미리 대비하고 알아두세요' / 기상청 리플릿, 지진통보서비스

10/27 5차년도 자체평가회. 평창알펜시아컨벤션센터

10/31 2018 세계목조건축대회제학술대회 성과보고 및 기술세미나

11/1 연구비 수급 불균형 및 추가업무로 인한 연구기간 연장을 진흥원에 건의

11/21 CTBUH Korea Conference 2018 -도시재생에 있어서 초고층 건축물의 역할. 참가 : 서밋갤러리 2층, 강남구 영동대로 337, 참가비 \70,000.-전문가 발표-Sae Oh, ASGG-Chicago Director, 김대중, 전성주, 이명식, Kyung-Sun Moon, 박종현 등 6인, Sae Oh, Why tall? / Why Tall Where? Mega tall building 의 세계적 경향-ASGG의 설계 실적을 중심으로 디자인 추세(높이, 밀도, 장소, 가치 창출), 건물의 안전(규정, 화재 위협, 유지관리), <국가표준> 2018 리플릿 1부 전달, 닛켄세케이

11/26 진흥원, 중간모니터링, '연구기간 6개월 연장 건의' 를 수용하지 않음. 평가 결과; '계속지원'

12/5 국토부 세종청사 건축정책과(최대경 사무관, 정치영 주사) 회의 연구현황 보고, 전봉수, 홍성걸, 손보식, 이준성, 방문선

12/31 6차년도 협약 체결 ₩23.3억(연구예산 총 잔액)

2019년

1/4 'NBCK 기준의 건축법/건축기술기준법 등 법체제에 적응할 국가건축기준 체계 전이 연구' 자체 발주(책임자 ; 홍건호)

1/31 2세부 5개 기준(2-1, 2, 5, 8, 9) 및 표준시방서에 대한 5차 자체평가 의견 및 여타 평가결과를 〈검토의견〉으로 정리하여 연구에 반영

3/8 국가건축정책위원회 (위원장 김상문)의 제1세부 심의

3/19 국토부 세종청사 건축정책과(최대경 사무관) 방문 연구현황 보고, '기준의 KDS체계 전이에 대비한 연구' 중간 보고 (홍건호, 신두식)

3/27 2-3(환경설비기준) 보완 협의 (박진 친환경학회 회장, 박준석)

4/4 6개 구조사무소 대상 합성구조 및 지진토압 세미나 (김승원, 김동관)

4/26 6차년도 자체평가회, 09:30~12:30 2019건축학회 춘계학술대회, 고려대학교 하나스퀘어, '현황 보고 및 <검토의견에 대한 조치계획>' 발표 및 평가. '합성구조 세미나' 13:30~15:30, 홍성걸, 신경재, 박홍근, 엄태성

5/4 전봉수, 단국대 융복합내진-초고층학과 '건축기준선진화와 구조기준' 강연

5/8~10 한국콘크리트학회 창립30주년 행사(서귀포시 신한월드 랜딩컨벤션센터), NBCK 전시부스 운영, 전봉수 '창립30주년기념집' 에 축하글 기고

5/24 2018 IBC 및 IRC Code & Commentary 원본(pdf) 구매하여 세부에 배포, 서문(Preface) 번역 배포, Effective Use of 2015 IBC도 번역 배포

5/27 ASCE/SEI 7-16 원본구입 배포, 목차/제8장(Rain Loads, 강우하중) 번역 배포

5/29~31 신두식/조한솔, 2019국토교통기술대전, KINTEX 2 전시장, 전시부스 운영

5/31 한국강구조학회 2019년도 학술대회, 부산해운대 그랜드호텔, 전봉수, '내화설계기준세션' 에서 '건축기준의 선진화 vs 내화구조설계' 강연, 1-1 구조기준에서 채택한 배경 등 설명

2017.1 성능기반 화재안전설계를 위한 구조 내화설계현황과 과제 국제세미나 - 강구조학회

2017.1 전문가 의견조사-국가표준 연구단

2017.6 내화전문위원회 특별세션, 구조용 강재/콘크리트의 고온시 열적특성 및 기계적 성질-강구조학회

2017.6 집필진 구성-최성모, 신영수, 홍성걸

2018.11 내화구조 이해와 화재피해 건축물 평가세미나-구조기술사회

2019.5.22 강구조기술발전/변화 및 강재내화성능-강구조학회

6/20~21 전봉수, 단국대 초고층건물 R&BD, 강원도고성델피노 워크숍 평가위원

6/24 전봉수/신두식, 세종청사 국토부 정책과 회의(남영우 과장, 최대경/한동균 사무관, 정치영 주사, 진흥원 권영종 간사), 한국건축규정 공고(건축기본법)를 위한 지자체 직접입력 및 관리시스템 개발 eKBC(1세부) 보완 연구의

그림 12 제2회 국민건설안전포럼-4차 산업혁명과 건설안전 2017.7.5 건설회관 2층

전문가 토론 : 좌로부터 김치경, 정광량, 유영찬, 김광년, 김수삼(진행자), 이정기, 김형렬, 신철식, 조대연
참석자 의견 수렴 : 윤태양, 전봉수, 정 란, 서규석, 이상호
참석 단체장 : 김수삼(국가경영연구원 이사장), 박영석,(한국건설안전기술단체총연합회회장), 하기주(대한건축학회 회장), 정 란 (한국건설안전기술단체 총연합회 전임회장), 이정기 국토부 건설안안전과장, 홍성목 서울대 명예교수, 권택진 성균관대 명예교수, 전봉수(NBCK 단장)

연구비, 2, 3세부가 부담 요청에 방침 수용 불가 피력

6/28 한국건축규정 공고(건축기본법)를 위한 지자체의 직접입력 및 관리시스템 개발 eKBC 보완 연구비. 2, 3세부가 부담하는 방침을 수용 불가 방침 피력. 진흥원-권희상 실장, 권영종 간사, 연구단 - 전봉수, 홍성걸, 박홍근, 신두식, 조한솔

7/5 국토부 정책국(김상문 국장, 남영우 과장, 한동균 사무관 등) 학회 내방, 학회 관련 연석회의 후 '1세부 eKBC 확장연구비의 2, 3세부가 부담' 을 연구단에 요청, 이현수 회장/이태완 사무국장/신두식 팀장 등 협의 끝에 불가함을 전달

7/10 전봉수/신두식, 진흥원 회의(권희상 실장 / 권영종 간사), '1세부 연구비를 2, 3세부가 부담' 문제

그림 13 글로벌확산 기반구축 포럼

7/24 eKBC추가연구비 문제로 국토부 세종청사 정책과 회의(정책과 : 남영우 과장, 최대경 사무관, 진흥원 : 권희상 실장, 연구단 : 전봉수, 신두식) 연구단 내 각 기관의 입장 (부담 불가 방침) 불변, 진흥원이 조정하기로 함.

8/12 국토부 정책과 남영우 과장, 토지정책과로 전보, 신임 과장 김성호

8/20 전봉수, 포럼글로벌확산 기반구축(최창식), NBCK 과제개요 기조 발표, 건설회관

8/21 국회, 건설기준 글로벌화 기반구축방안 마련을 위한 세미나, 건설연, 건축학회, 토목학회

9/25 eKBC비용 부담 요청에 대한 NBCK의 공식 불가문건을 진흥원에 전달

9/30 eKBC시스템 기능개선방안 관련 자료요청에 대한 연구단의견서 진흥원에 전달

10/16 진흥원, 사전점검평가. 1세부 추가역무로 인한 소요예산 문제 자체 해결하여 진행중(유영찬)

10/24 2019 건축학회 추계학술대회, 충남대

12/3 국토부 세종청사 건축안전팀(팀장 홍성준)회의, 국토부(홍성준 과장, 김 준 사무관), 건설연(센터장 이용수, 김나운), NBCK(전봉수, 신두식, 조한솔), 2-8 리모델링(홍건호), 2-5 초고층(황정은), 2-5 및 2-8의 필요성, 2-2 유리, 박강판, 알루미늄구조 추가에 이견 없음.

12/11 국토부 김준 사무관 NBCK 내방, 2-5(황 박사), 2-8(홍건호) 문재점 재론

12/27 2-1 및 2-2에서 건축물의 내구연한 선택 여부, 콘크리트산업포럼(한천구)

2020년

1/28 LH공사, 해외공사 발주용 3-2(영문시방서) 자료 협조

2/20 진흥원, 최종평가회, 종합평가 72.78로 “성공”/ 1세부 76.67로 “성공” / 2세부 68.00으로 “성공” /3세부 73.67,로 “성공” 판정.

3/11 진흥원의 최종확인승인, 종결, 과제연구결과 관계부처에 배포

과제관리를 위한 행사에서 3

연구단장의 변

■ 행사 개요

지난 5년간 국토부 R&D의 하나인 '국가표준 한국건축규정개발연구'에서 주관 연구기관인 대한건축학회의 연구단장 역할을 하였다. 연구착수 5개월이 경과한 2015년 3월 당시 단장의 사의로 공석이 되자 건축학회(김광우 회장, 세부 책임자 서울대 홍성결 교수 및 박홍근 교수 등의 추천과 권고로)의 후임 단장직을 맡게 되었다.

연구기간 총 62개월, 참여한 10개 기관, 건축공학 교수, 구조/시공기술사 등 500여 명의 연구원, 연구비 97억 원 등 연구과제로선 장기간 큰 프로젝트였다. 2020년 2월 20일 진흥원의 최종평가에서 '성공' 판정을 받은 후 2020년 3월 6일 최종보고서(인쇄본 788쪽)를 제출하였고, 2020.3.13일 관련 기관에 배포하며 마무리되었다. 이 장에선 과제의 총괄책임자로서 시발점에서 단장의 수임, 마무리 공식 4개월 전 연구 독려, 그리고 종료시점인 최종평가회에서 단장으로서의 개진 등 과제 관리를 하며 가진 여러 행사에서 단장으로서 발표한 내용을 정리하였다.

■ 2015.4 연구단장을 수임하며

지금까지 전우구조에서 30년 가까이 800여 건의 크고 작은 구조프로젝트를 경험하면서 건설산업계에서 반생을 지냈습니다. 그러나 세월의 깊이 비해 아는 것이 적고 인적 관계도 원활하지 못하며 됨됨이도 협량함을 잘 압니다. 사업적으로 성공하지 못한 그저 그만한 엔지니어라는 평을 듣습니다. 그러함에도 건축관련기준과 인연이 있었는지 과거 15년 동안 관련 활동과 몇 편의 글을 기고한 바 있습니다. 2000년 건교부 위탁으로 KBC제정 연구에 대한건축학회 집필위원으로 참여를 시작하여 2002~2006년 대한

건축학회 건축설계기준 특별위원회 위원장으로서 KBC 2004, 2005 제정 책임자 역할을 하였고, KBC 2009 및 2015에 집필위원 및 자문위원으로 참여한 바 있습니다. 또한, 2008년 《韓英中日-건축구조용어사전》(편찬위원장)은 2009년 문화체육관광부 선정 우수학술도서가 되어 국내 400여 도서관에 배포되어 건축구조용어의 중요성을 알리는 기회가 되었습니다. 국가표준 한국건축규정개발연구에서 단장이라는 중책을 맡으면서 그 무거움에 숨을 고르며 몇 가지 소견을 말씀드리고자 합니다.

1. 건축규정은 건설산업의 미래를 담보할 매우 중요한 초석입니다. 합심한 연구 노력이 필요하여 성실한 연구가 필요할 것입니다.
2. 3개의 세부 과제가 서로 독립적이지만, 상호 연계된 수평적 교류를 통하여 세부과제간 상승작용으로 소기의 목표를 달성할 수 있을 것입니다. 2세부의 건축용어 DB는 3개 세부간 소통에서 가교역할을 할 것으로 기대합니다.
3. 사용자를 위한 홍보는 중요합니다. 국내 홍보행사로 오는 4/24~25 대한건축학회 춘계학술대회에서 과업 소개 및 성과를 우리말 및 영어로 발표하고, 홈페이지 개설 · 공개 등으로 홍보해야 합니다.
4. 연구비 범위에서 미국 ICC, EURO 및 중국 등과의 정보교류를 모색할 것입니다.
5. 연구 진행에 따라 인센티브 등 연구성과를 반영하는 시스템을 진흥원과 협의하겠습니다.
6. 5년은 깁니다. 첫 2년은 열심히 하고 후 2년은 대충 대충하라는 충고가 있었습니다. 성과에 진전이 없고 지루함에서 연유한 농담이라고 생각합니다. 이를 극복하는 길을 여러분과 함께 찾겠습니다. 합심하여 목표를 이루기를 원합니다.

■ 2016.11.25 국제세미나를 개회하며

안녕하십니까. 연구단 전봉수입니다.

존경하는 홍성목 서울대 명예교수님, 이리형 총장님, 하기주 대한건축학회 회장님, 발표하여 주실 네 분의 전문가 여러분, 연구원, 그리고 신사숙녀 여러분, 날씨도 고르지 않은데 참석해 주셔서 감사합니다. 오늘 〈Present and Future of National Building Regulations and Codes of China, Japan, USA and Korea, 즉 한 · 미 · 중 · 일 각국의 건축법과 건축기준 현황 및 장래 전망〉이란 주제로 세미나를 갖게 되었음을 기쁘고 감사하게 생각합니다. 이 세미나를 통하여 저희 국가표준 한국건축규정개발 연구단이 수행중인 〈한국건축규정〉의 체계화, 선진화, 그리고 국제화에 대한 보다 발전된 방향을 모색하고 연구 결과 및 제안에 반영하고자 합니다. 또한, 오늘의 세미나가 향후 한국의 건축산업, 정책, 기술의 발전 방향을 제시하는 계기가 될 것을 희망합니다. 오늘 이 자리에 발표하실 네 분의 전문가를 소개하겠습니다.

1. ㈜유신건축종합건축사사무소 회장이신 남정수 박사님,
2. 미육군공병단 소속 미국의 토목 및 구조기술사이신 구본준 선생님,
3. 중국 연변대학교 공학원장이신 이바이슈(李佰壽) 교수님,
4. 일본 동경이과대학 키타무라 하루유키(北村春幸) 교수님,

그리고 키타무라 교수님의 발표를 통역하여 주실 부산대 오상훈 교수님, 뜨거운 박수로 환영합니다.

이 자리에서 여러분께 특별히 양해를 구할 것이 있습니다.

통상 국제세미나에서는 공용어로 영어를 택함이 상식이고 외교적으로도 비례가 아닌 것으로 압니다. 그러나 금번 세미나에서는 한국어를 공용어로 하였습니다. 이는 이 세미나가 4개 국의 건축규정을 주제로 다루게 되므로 영어를 매개로 각국의 규정 용어를 정확히 이해함에 있어 자칫 혼선이 있을 수 있기에 한국어 입장에서 봐야 한다는 의견에 따른 것입니다. 널리 양해하여 주셨으면 감사하겠습니다.

이 점에서 키타무라 하루유키(北村春幸) 교수와 통역하여 주실 오상훈 교수께서 특별히 혜량하여 주실 것을 부탁드립니다.

■ 2016.12.31 2016년도 연구단의 업무보고

연구단에서 2016년도에 수행한 업무를 다음과 같이 요약하여 보고합니다.

1. 진흥원, 연구단 중간평가 통과(4/5) 및 3차년도 협약 체결(5/2)
2. 자체평가 2회(2/26, 12/22)
3. 미래부의 〈국가표준〉 R&D사업의 적정성 심의(6/2)
4. 국토부 엄정희 신임과장에게 업무보고(6/3)
5. 건축구조기술사회 임원 교육 참여 강의(6/20, 단장, 박홍근, 최창식)
6. '건축' 에 연구단 소개, 기고문 게재(7/4, 단장, 신두식, 조한솔)
7. 연구성과 발표(10/5, 2016건축도시대회, 부산 BEXCO) 및 리플릿 개편
8. 진흥원, 실용화연구 점검 결과 보고(10/25) 연구기간을 52개월에서 62개월로 연장
9. 한·미·중·일 국제세미나 개최(11/25, 건축법과 건축기준의 관계 및 장래 전망)

■ 2018.2.27 내진설계기준 개정을 위한 공청회 인사말

오늘은 대한건축학회의 제38대 회장 및 부회장을 뽑는 날입니다. 그러함에도 하기주 현회장께서 이 공청회에서 좋은 말씀을 하여 주셨음에 하 회장님의 학회 회무에 대한 책임감과 열정에 감사와 존경의 말씀을 드립니다. 또한, 그간 이 기준의 개정 연구에 매진하여 오신 박홍근 교수, 유은종 교수 및 연구진 여러분의 노고에 고마움을 전합니다. 이 기준의 특징과 개별 주요 사항 등에 관해서는 공청회를 진행하며 설명드릴 것이므로 저는 이 과제의 연구 배경과 과정을 소개하겠습니다.

2017년 4월 17일 국민안전처는 건축물과 주요 토목구조물을 포함한 31종 시설물에 〈내진설계기준 공통사항〉을 반영할 것을 국토부에 요청하였습니다. 2017년 7월 행정안전부에 흡수된 국민안전처는 이 요청이 현행 「지진 · 화산재해대책법」에 따른 '시설별 내진설계기준' 의 일관성 유지를 위함에 그 목적이 있고, 〈국가내진성능 목표〉와 〈내진설계기준 공통적용사항〉의 〈적용 대상 및 조치 사항〉을 적시하였고, 시행일을 2017년 4월 1일로 하고 2018년 10월까지 개정 · 시행토록 요청하였습니다.

이에 국토부 건축정책과는 2017년 5월 24일, 진흥원, 서울대, 건설연 및 국가표준 연구단과의 연석회의를 주관하여 전문가의 견해를 청취하였습니다. 현행 내진기준을 적용한 결과가 안전처의 공통기준의 것보다 엄격하기 때문에 별도의 개정이 불필요하다는 의견도 있었으나 기준을 적용한 결과의 높고 낮음과는 별개로 안전처가 제시한 6개 항에 맞추어 향후 공통기준으로 개정한다는 방침을 정하였습니다.

그후 2017년 7월, 국토부는 건축물 및 주요 토목구조물 등을 포함한 시설분과 6개의 TFT를 구성하고, 건축분과는 건축정책과장을 분과장으로 하여 학계, 민간, 공공 단체의 대표 10명의 위원의 TFT 및 자문위를 운영하여 4차례에 걸친 협의를 합니다. 이 회의에 진흥원의 실무자와 국가표준 연구단장을 초치하여 의견을 청취하였습니다. 그러나 기준 개정을 위한 행정절차로 연구과제 공고, 발주, 연구 및 중심위 과정 등 제정연구기간이 절대적으로 촉박한 점, 연구비 예산의 미확보 등이 큰 현안이 되었습니다.

이에 진흥원은 국가표준연구단의 3대 연구과제인 〈1 한국건축규정의 체계화〉, 〈2 건축기준의 선진화〉 및 〈3 건축기준의 국제화〉에서 내진설계기준의 선진화 연구도 상당한 수준으로 진전되어 있고, 행정소요시간의 절약 및 연구비의 사전 사용 등으로 이 내진기준의 개정 연구를 연구단에서 수행함이 합당하다고 개진하였고, 이 제안을 채택하였습니다. 이에 연구단은 2017.9월 2~11 내진설계 세세부를 신설하고 2-2 구조기준의 내진설계 연구진을 중심으로 연구에 임했습니다. 그후 5개월 동안 12여 차례의 연구회의 등을 거친 연구 결과로 오늘 내진기준개정(안)으로 공청회를 갖게 되었습니다.

이 공청회에 참석하신 좌중 여러 분의 많은 지적과 조언을 부탁드립니다. 공청회에서의 고견을 반영하여 KBC2016에 내진설계 장을 추가한 개정안으로 중심위에 상정될 예정입니다. 2018.10월 〈KBC2016의 개정〉으로 고시가 되면 이 기준은 바로 시행이 될 것입니다. 그리고 2019년 말 연구단의 최종성과물인 (2-1)건축기술기준 및 (2-2)구조기준의 일부가 될 것입니다.

지금부터 연구원 여러분이 개정 내용과 일정에 대하여 설명을 드리도록 하겠습니다.

■ 2019.6 마무리 4개월 앞둔 시점에 각 세부장에게 전한 메시지

세부장님 여러 분께,

안녕하세요? 그간 주변 정세가 매우 갑갑하였기에 덥고도 습한 봄과 여름을 보냈습니다. 그래도 추풍이 불면 보다 나아지리라는 희망을 갖습니다

우리 연구단 과제는 지난 2014년 11월 3일 착수한 이래 어느 덧 57개월 반이 경과하여 지금은 4개월 반을 남기고 있습니다. 연구의 최종년도인 금년 연구집중을 위해 자체평가 외에는 월정 금요실무회의나 운영회의 등 집체적 모임을 대신해서 사안별 협의나 세부간 회의로 보다 효율적으로 연구를 진행하였습니다. 이에 정기회의에서의 공지가 뜸했던 2019년. 정황을 다음과 같이 정리하여 알려 드립니다.

2019년 3월 8일, 한국건축규정의체계화(1세부 유영찬)의 심의를 받았습니다. 심의기관은 진흥원이나 국토부가 아닌 국가건축정책위원회였습니다. 협약서에 없는 생소한 과정이었습니다. 지방공무원이 해당 지역의 조례를 직접 eKBC에 입출력할 수 있도록 eSystem을 확충해야 한다는 지적사항에 대해 1세부는 보완작업을 준비하고 있습니다.

4월 26일, 2019년도 자체평가를 계기로 2세부의 선진화가 보다 분명해졌습니다.

7월 22일, '연구단 성과물의 법제화를 위한 국가건설기준코드체제 정비안' (2-12세부 홍건호)을 국가기준센터와의 협의를 거쳐 정리되었고, 국토부에 보고하여 잠정동의를 받은 바 있습니다.

8월 4일, '건축' 2019.08에 자유기고(과제총괄 전봉수, 신두식, 조한솔) '한국건축규정의 체계화, 선진화 및 국제화 연구, 그간 무엇을, 그리고...' 제하로 연구과정, 내용 및 실적 등을 정리하여 관심을 가진 학계 및 현업계에 보고하였습니다.

8월 20일, '한국건축규정개발연구단 글로벌확산기반구축 포럼' (3-3세부 최창식)을 건설회관에서 개최하여 대한건축학회 이현수 회장의 환영사, 국토부 김상문 국장의 축사 및 이리형 전임 회장의 격려사에 이어 주제발표(전봉수, 최창식, 정창구, 이인호)를 통해 연구성과를 건설산업계에 알렸습니다.

지금은 연구 마무리를 준비할 단계입니다. 2~3차례의 성과평가에 대비하고 연구 종결을 위하여 늦어도 10월 중순까지 완성을 목표로 하여야 합니다. 그렇게 하기

위한 점검 사항을 첨부자료에 정리했으므로 참조하시기 바랍니다.

요즈음의 화두 'Email less, talk more' 를 소개합니다.

"….We thought that we could take the five-minute conversation and replace it with one quick email message, but the reality is that five-minute conversation required 15 back-and-forth email messages throughout the day. So we soon found ourselves overwhelmed by the massive increase in messages…." SmartBrief on Leadership, August 16, 2019에서-그러나 그간 여러 분과 대화 기회가 소원하였기에 긴 메시지가 되었음에 양해하여 주시기 바랍니다.

■ 2019.8.20 글로벌 확산기반구축 포럼-인사말

안녕하십니까? 국가표준 한국건축규정개발 연구단의 책임을 맡고 있는 전봉수입니다. 과제 개요 설명에 앞서 〈한국건축규정의 글로벌 확산기반구축〉의 긴요함을 일깨워 준 일화를 소개하겠습니다.

연구단은 2017년 9월, UIA SEOUL 2017 당시, 회의장소인 ASEM 컨벤션센터에 전시부스를 개설하여 연구단 과제를 국제적으로 홍보할 기회가 있었습니다. 그 전시부스도 이번의 포럼을 주관하고 있는 최창식 교수의 아이디어와 추진력에 힘입어 전시했습니다.

우리 부스를 방문한 해외 건축실무자, 특히 동남아 지역에서 온 많은 분들이 한국의 건축규정과 건축공사표준시방서의 영문판 구득을 문의했습니다. 그러나 그 영문판을 이제 연구단이 개발하고 있다는 옹색한 답변에, 그들은 '해외건설의 강국' 이라는 한국이 자국의 기준과 시방서를 영문화하지 않았음을 이해하지 못했고, '3050클럽의 7개 국가' 에 속한다는 한국이 왜? 아직도? 라고 의아해 했습니다. 그들의 반응에 크게 당황하였으나 한국건축규정의 글로벌 확산기반구축이 긴요함을 절감한 기회이기도 했습니다. 한편, 늦긴했어도 한국건축규정의 영문화 및 글로벌 확산기반구축을 포함한 규정의 체계화 및 기준의 선진화 과제를 연구할 기회를 주신 국가 정책에 감사한 기회이기도 했습니다. 이어 과제 개요를 설명하겠습니다. 보다 상세한 내용은 배포한 책자 P.71~75 ('건축' 2019.08의 자유기고)를 참조하시기 바랍니다.

■ 2020.02.20 최종평가회에서 관리책임자로서 개진 의견

오늘 최종평가회에 임하며 연구단장으로서 말씀을 올립니다. 〈국가표준 한국건축규정개발연구〉는 2014년 11월에 착수한 이래 2019년 12월까지 5년 2개월간 정식등록 참여자 500여 명의 연구자가 합심한 연구를 오늘 최종평가받게 되었습니다. 그간의 연구과정에서 연차별 중간평가 3회 / 중간모니터링 2회 / 실용화 점검 2회 / 사전평가 1회 등 총 8회에 걸친 진흥원 평가를 거치며 진전하였습니다.

연구단 자체적으로 건축학회 추계학술발표회에서 성과발표 및 평가회를 매년 개최하여 6회에 걸친 자체평가와 함께 규정사용자의 현장의견을 수렴하였고, 세세부별로 전문가단체의 검증을 통하여 이론과 실무간 균형을 유지하였습니다. 연구성과는 건축학회 건축기준센터를 통하여 지속적인 관리운영을 하도록 할 것입니다. 다만, 2세부에서 개발한 6개의 건축기준을 연구기간내 중심위 상정을 못하여 목표달성에 미흡한 것은, 법제화의 상정절차가 본 연구의 약정 시점인 2014.11 당시의 상황과 달라진 데 있습니다.

그것은 건설기술진흥법(2014.5.14)내 국가건설기준코드가 본 연구의 3차년인 2016년 6.30 신규 제정되어 본 연구의 체계와 다르고 코드시스템도 건축기준의 다양성을 수용함에 문제가 있으므로 개정 필요성에 공감하고 있습니다. 이러한 과정에서 연구단은 코드조정방안을 국토부 및 국가건설기준센터에 협의 · 제안하여 원칙적인 동의를 받은 바 있습니다. 신규 코드는 연내에 개정될 것으로 예상하고 있습니다. 이에 따른 법제화를 위한 상정은 연구종료 후 건축학회의 건축기준센터에서 협력할 것입니다. 이에 관한 상세내용은 성과물의 법제화를 연구한 2-12 과제에서 설명하겠습니다.

■ 2020.02.25 최종평가에서의 '성공' 평가에 대한 축하메시지

선배님께,

보내주신 메시지를 늦게 확인하고 이제야 답신을 올립니다. 축하 말씀에 감사드리오며 과찬에는 그저 송구할 뿐입니다. 모든 분의 응원에 힘입어 마무리하였으나 장래 건축기준의 지속적 관리에 대한 국가적 지원이 필요합니다. 이에 저는 최종평가 당일 연구책임자로서 이의 중요성을 개진하고 평가의견에 반영하여 줄 것을 탄원하였습니다. 즉 1세부(규정체계화 및 Esystem화)는 국토부와 관리운영계약을 맺고 있어 정상 가동하고 있음에 감사드리고 아울러 2세부(건축기준 및 시방서의 선진화)와 3세부(영문화 글로벌화)도 국토부의 지속적인 관심과 지원이 긴요함을 말씀드리고, 금번 최종평가시 평가단 종합의견에 2, 3세부에 지원이 긴요함을 명시해 줄 것을 개진하였습니다. 다행히도 2020.2.24 진흥원의 〈평가 결과 및 조치 계획〉에서 〈연구과제 평가단 종합의견〉에 "국가표준 한국건축규정 선진화사업은 건설발전을 위해 필수적인 바, 국가에서 체계적이고 지속적인 관심과 지원 필요"라는 평가단 의견을 확인할 수 있었습니다. 평가단의 바른 처사에 감사하는 마음입니다.

저는 최종보고서의 보완 제출과 잔무정리 후 3/14경 연구단에서 철수할 예정입니다.

그동안 선배님의 큰 가르침에 감사드립니다. 내내 건강하시길 빕니다.

■ 대한건축학회 공로상 수상, 2020.4.24

• 학회상

그림 1 상패 및 메달

"대한건축학회 공로상

전 봉 수 귀하

귀하는 건축구조 분야에 평생을 헌신, 탁월한 업적으로 기술발전에 공헌하였으며, 또한 국가표준한국건축규정개발 연구단의 단장을 역임하면서 우리 건축계에 기여한 공로가 지대하므로 학회상 규정에 의하여 이 상을 드립니다.

2020년 4월 24일

대한건축학회 회장 이 현 수

4편

구조시스템을 혁신한 선구자들

1. 마리오 살바도리
2. 파즐루 라만 칸
3. 피터 라이스
4. 스탠튼 코리스타
5. 의강 마춘경

■ 선구자

'선구자' 는 말을 탄 행렬에서 맨 앞장 선 사람, 어떤 일이나 사상에 있어 그 시대의 다른 사람보다 앞선 사람을 말하며, '위인' 이란 표현도 있다. '삶에서 좋은 일을 하고 뛰어난 업적을 남겨 역사에 이름을 남기고, 후세에 그 이름이 전해지는 사람의 총칭' 이다. 모두 '큰 사람' 이란 뜻으로 '평범한 사람이 위대한 도전을 한 이가 선구자' 이다.

여기서 우리 시대가 기억하는 구조시스템 혁신의 선구자들' 에서 각자의 독특한 개성으로 혁신적인 구조시스템을 창안하여 새로운 개념의 초고층건물, 대공간구조, 극도의 비정형 건축물 및 투명건축을 가능하게 한 개척의 선구자 5인을 꼽았다.

피터 라이스는 그의 생전에 만난 적은 없으나 그의 혼이 있는 RFR사무소에서 프로젝트를 함께 하였고 그의 전기 두 편을 번역함으로써 그의 역할과 생을 다소나마 짐작할 수 있었다. 마리오 살바도리와 스탠튼 코리스타와 정도는 다르지만 프로젝트와 관련하여 근거리에서 접하였다. 파즐루 칸과는 생시에 LG트윈타워 프로젝트로 서울과 시카고를 오가며 여러 차례의 회의로 만남의 기회가 있었으며 그의 타계 후 두 편의 전기를 번역하여 그의 구조철학을 짐작하였다. 의강 마춘경 선생은 나의 평생의 스승이셨다. 다섯 분 모두 나의 선배이고 프로젝트의 사표이셨다.

1. 마리오 살바도리-건축의 구조 Sturcture in Architecture 저자, 롯데타워로 인연
2. 파즐루 라만 칸-Yasmin Khan, Ali Mir의 전기 번역
3. 피터 라이스-Kevin Barry와 Anold Brown의 전기 번역
4. 스탠튼 코리스타-SOM과의 업무에서 실무적 지도를 받음
5. 의강 마춘경 -구조이론과 설계실무를 겸비한 국내 최고의 권위자

마리오 살바도리 1907~1997 1

그림 1 마리오 살바도리

■ 책자 《STRUCTURE IN ARCHITECTURE》

마리오 살바도리(그림 1)는 '살바도리 교수', '파시스트 살바도리', '살바도리 박사', '엔지니어 살바도리' 등으로 불릴 만큼 다양한 삶을 산 분으로 알려져 있다. 그의 저서 《건축의 구조-Structure in Architecture》는 구조엔지니어의 필독서로 피에르 네르비(Pier LuigiNervi)의 서두 추천사로 유명했다. 살바도리의 연구학자 김용부 교수(성균관대 명예교수)는 이 《건축의 구조》를 번역하였고 이어 1975년에는 Structural Design in Architecture을 《건축의 구조설계》란 제목으로 민음사에서 번역 · 출간하였다. 이 책에는 살바도리가 쓴 '한국어판을 위한 서문이 있다. 학생은 물론 실무자에게 많은 도움을 주었다.

1965년 건축공학과 2학년 1학기 고 김정수 교수의 건축일반구조 첫 시간에 이 책자를 소개하며 "앞으로 건축으로 밥을 먹으려면 반드시 이 책을 읽어야 한다"고 하셨다. 그 책은 구조의 기초이론을 이해하기 쉽게 그림과 함께한 설명은 독자의 기억을 오래가게 하였다. 그 때는 원서를 구하기가 어려워 일본에서 인쇄한 아시아판을 찾았다.

■ 90년 생애

살바도리는 1997년 6월 25일 뉴욕에서 90년의 생을 마감하였다. 김용부 교수는 그의 타계를 애도하는 글을 '건축' 1997년 8월호에 기고하여 살바도리의 성장 배경, 도미,

교육과 실무활동 등을 알렸다. 애도의 글을 맺는말에서, "살바도리는 저술을 통하여 건축가와 구조기술자의 교육에 많은 영향을 주었고 건축과 구조 간의 틈새를 좁히기 위한 구조과목 교수법에 대변혁을 일으켰다" 고 회고했다. 구조의 원리를 건축학도에게 이해하기 쉬운 개념으로 옮기는 믿기 어려운 능력을 발휘했다. 은퇴하여 편한 여생을 지낼 법도 했지만 살바도리는 90년의 생애로 남보다 두 배의 인생을 살고 갔다고 했다.

그는 컬럼비아대 교수, 토목 및 건축구조엔지니어, 이탈리아 로마대학에서 토목공학(1930)과 수학(1933) 박사학위를 취득하였다. 뉴욕의 와이드링거 구조사무소(Weidlinger Associates)의 파트너, 에로 사리넨의 맨해튼 CBS 빌딩의 콘크리트 구조 시스템을 포함하여 모든 프로젝트에서 훌륭한 건축을 만들기 위해 노력했고, 박판콘크리트 쉘의 전문가이기도 하다.

1993년 : 미국토목기술자협회(American Society of Civil Engineers) 5개 엔지니어링협회가 공동으로 수여하는 후버 메달(Hoover Medal) [1]

- 1993년 : 건축 교육의 우수성을 위한 토파즈 메달. 이 상을 수상한 최초의 엔지니어
- 1996 : 국가토목공학 명예사회인 Chi Epsilon 전국 명예 회원
- 1997 : 국립 공학 아카데미 창립자상 등 수상과 영예가 혁혁하다.

살바도리의 저서 중 최소 3권은 미국국회도서관에서 아동도서로 분류되어 있다. 그는 레오나르도 다빈치 노트를 영역하였고, 에밀리 디킨슨의 시를 이탈리아어로 번역한 것으로 유명하다.

■ 만나 본 살바도리, 그리고 레비

내가 살바도리 박사를 만난 것은 서울마포구 귀빈로변 동양그룹사옥 설계(미국 하트포드 소재 T.S. Kim 설계 (김태수 T.S.Kim of Architects) 구조는 와이드링거사무소, 이중춘 선생) 협의차 건축주 동양시멘트의 고 이시관 상무, 창조건축 김홍철 소장 및 실무자 등과 함께 뉴욕 맨해튼 구조사무소를 방문한 1994년 4월 12일에 마침 살바도리

그림 2 마티스 레비

박사가 출근한 날이라고 했다. 이중춘 선생의 등을 밀다시피해서 집무실을 찾아가 그에게 인사했다. 그리고는 점심시간에 근처 Double Day Book Shop으로 뛰어가 《Structure in Architecture》책을 구했다. 운이 좋아 초간 30년이 지난 책을. 책의 속표지에 박사의 서명을 대가의 덕담 문구와 함께 받고 어찌나 기뻐했던지. 서명이 있는 그 책은 전우구조 장서의 귀중본이 되었다. 같이 출장온 마티스 레비(Matthys Levy) 박사(그림 2)도 함께 만났는데 그는 Weidlinger Associates의 창립자 겸 회장으로 스위스 출생이며, 뉴욕시립대학 졸업, 컬럼비아대에서 석사 및 CE 학위를 취득했다.

살바도리의 구조 관련 저서가 18여 종되는 것으로 알려졌는데
《건축의 구조 Structure in Architecture》, Robert Heller 공저(1963)
《건축의 구조설계 Structural Design in Architecture》, Matthys Levy 공저(1967)
《건물이 왜 세워지는가 Why Buildings Stand Up?》(1980)
《건물이 무너지는 이유 Why the Buildings Fall Down?》(1992)
《왜 지구에 지진이 Why the Earth Quakes?》Matthys Levy 공저(1995)
등 5종을 장서로 보관하고 있다.

그후 동양그룹사옥 프로젝트는 건축주의 사정으로 취소되었으나 동부그룹사옥과 제주월드컵경기장 설계에 협업을 하였다. 그후 와이드링거는 선턴 토마세티에 합병되었다고 했다. 살바도리 작고 후의 일이다.

파즐루 라만 칸
Fazlur Rahman Khan
1929~1982

2

그림 1 파즐루 칸과 고명딸 야스만 칸

■ 그는 누구인가

방글라데시계 미국인, 회사경영인, 구조엔지니어, 건축가이다.
초고층빌딩의 중요 구조시스템을 창안하고, 컴퓨터보조설계(CAD)의 선구자이며, 그는 1973년부터 1998년까지 세계에서 가장 높은 건물인 Willis Tower와 100층의 John Hancock Center의 구조엔지니어였다. 20세기 후반에 초고층건물의 르네상스시대를 열었다. 현대적인 초고층 건물 설계 및 건축의 기초가 되는 구조 시스템의 혁신적인 사용으로 "구조공학의 아인슈타인"과 "20세기의 가장 위대한 구조엔지니어"로 불렸다. CTBUH Skyscraper Awards 중 하나로 Fazlur Khan 평생 공로 메달을 설립-위키피디아에서

나는 2006년 '건축' 11월호에 기고한 글 '파즐루 칸의 마지막 출장'에서 24년 전에 작고한 그를 회고하였다. 영국의 건축가, 도시계획가, 그리고 저널리스트인 닐 파킨(Neil Parkyn)은 그의 저서 《이 시대의 불가사의한 70개 건축물》*1 에서 미국 시카고 소재 110층의 시어스타워를 경이로운 구조물의 43번째로 꼽았다.

건물높이 443m(안테나 포함 520m), 연면적 409,000m², 건물 중량 2,225MN, 엘리베이터 102대, 건설비 $1억 5,000만 등 진기록의 소개와 함께 구조엔지니어 파즐루 라만 칸은 1971년 시카고 소재 100층 존핸콕센터 준공으로 트러스 튜브구조(trussed tube)의 높은 구조 효율을 확인한데 이어 같은 도시의 시어스타워에 다발튜브구조(bundled tube), 벨트트러스(belt truss) 및 아우트리거 트러스(outrigger truss) 등을 혼합한

횡력시스템을 창안하였다. 초초고층건물의 횡적거동을 정확히 예측하고 제어(XY방향의 명확한 전의 거동, 고유주기 7.8초, 비틀림주기 3.3초)한 설계를 하였다.

건축설계파트너였던 브루스 그래함(Bruce Graham)은 어느 글에서 "시어스타워의 기획설계 당시 나는 파즈에게 시가를 한 번에 9개 묶음으로써 같은 부피의 시가 1개보다는 효과가 낫지 않겠느냐! 라는 가벼운 제안을 하였는데 파즈가 이를 적극 수용하고 다발튜브시스템을 창안하였다." 라고 썼다.

■ 미르 M. 알리(Mir M. Ail)의 "초고층의 예술-파즐루 칸의 천재성"

시어스타워(현 윌리스타워)의 부재외형치수를 통일하여 기둥 깊이를 990mm, 외곽보의 높이를 1,070mm, 바닥 트러스 거더의 높이를 1,020mm로 하여 상세설계 및 제작을 용이하게 하였다라고 SOM의 존 질스(John Zils)가 증언했다. 당시의 컴퓨터 프로그램은 CDC사의 STRUDL로서 용량은 지금의 것과 비교도 되지 않을 만큼 초라한 수준이었다. 따라서 정상적인 입력방식으로 전체 건물의 자료를 입력하여 해석하는 것은 불가능하였다. 그는 기준층 보 및 기둥재료의 성질 등이 반복 사용됨에 착안하여 실제 절점수 10,000개, 부재수 21,000개를 절점수 4,000개, 부재수 10,000개로 축소조정하는 럼핑(lumping)기법을 썼다. 그러나 입력자료는 일일이 수계산에 의하여 입력하는 더디고 오랜 작업 끝에 건물을 통째로 모델링할 수 있었다.

컴퓨터를 매일 24시간 풀가동하여 5종류의 하중조건(수직하중 및 4종류의 풍하중)을 해석하고 결과에 따라 수정 및 재해석하는데 수개월이 소요되었다. 4.5m(15피트) 간격의 외곽튜브구조에서 외부기둥을 연결하는 보는 강성 확보와 함께 이음 방법도 중요하다. 양측의 기둥에서 강접된 강재보를 중간에서의 이음에 있어 강접합하지 않고 웨브플레이트만으로 전단이음하여 웨브플레이트 중심을 강재보의 중심보다 아래로 배치하여 합성 슬래브내 철근과의 적절한 평행을 이루도록 한 반강접으로 처리한 것은 탁월한 방법이었다. 기둥이음도 양측 플랜지의 일부분만을 현장 그루브 용접으로 마무리한 것은 지금의 설계 및 시공기술로도 설명이 쉽지 않다. 철골 세우기에 90층까지는 4개의 데릭으로 작업을 진행하였고, 그 이상의 층에서는 데릭을 1개 추가 투입하였다.

그림 2 초고층의 예술-파즐루 칸의 천재성, 2013

데릭을 4개층마다 상승시켜 작업을 진행하였다. 철골 조립은 1개월에 8개층 상승하며 15개월 만에 조립공사를 마쳤다. 프로젝트 착수 3년 만인 1973년 5월 3일에 상량식을 치룬 빠른 공정으로 마무리하였다. 말레이시아의 피트로나스타워가 완공된 1998년까지 24년간 세계 최고층의 명예를 누렸던 시어스타워는 1974년 한 구조엔지니어의 천재성에 힘입어 그렇게 탄생하였다.

■ 혈육 야스민 S. 칸의 추모

야스민 S. 칸(Yasmin Sabina Khan)은 파즐루 칸의 단 하나의 혈육으로 현역 구조엔지니어이다. 그녀는 미시간대에서 토목공학, 버클리대에서 구조공학 석사학위, 샌프란시스코, 보스턴 및 캠브리지에서 실무에 종사하였고 메사추세츠주에서 구조기술사자격을 취득하고 지금은 시카고의 구조사무소에서 일하고 있다.

파즐루 칸은 1982년 3월 27일 해외출장중 사우디 제다에서 53세의 일기로 타계하였다. 그녀는 아버지의 작고 22년 만에 파즐루 칸의 작품, 구조철학, 그리고 가정생활 등을 회고하여 《공학으로 하는 건축, 파즐루 칸의 이상(Engineering Architecture, the Vision of Fazlur Khan)》을 2004년에 출판하였다. 그녀는 그 책의 '마지막 해외출장' 이란 제목의 글에서 파즐루 칸의 생의 마지막 날을 기술하고 있다. '아버지 칸은 1982년 3월 한국의 럭키금성트윈타워(현LG트윈타워)의 계획설계안에 대한 최종설명을 위해 서울에 갈 예정이었다. 서울 출장은 건축주의 요청에 의한 것이었으나 실시설계 수주라는 현실적인 목표가 있었다. 수년 전부터 아버지는 해외출장을 마다하지 않고 동분서주하셨다. 그러나 1970년대 중반 이후 계속적인 해외출장은 건강에 큰 부담이 되었다. 1980년대 아버지는 건강이 나빠지자 여러 곳을 잇달아 순회하는 출장은 그만 두어야겠다고 생각하였다. 몸의 곳곳이 아팠고 심장의 박동도 심상치 않아 별도의 휴식이 필요한 상태였다. 그래서 건강시계의 주의경보에 따라 해외출장을 자제해야 하겠다고 생각하였다. 그러나 아버지는 회사와 직원에 대한 파트너로서의 책무감에서 그 해 봄에도 해외출장을 강행키로 하였다. 아버지가 파트너로 일했던 SOM은 회사의 사세가 1970년대 후반에 들어 괄목할만큼 신장되었다. 사우디 관련 프로젝트로 인하여 사세 확장이 더욱 가속화되었다. 1974년 직원수 800명, 20명의 파트너가 1980년에는 1,700명의 직원에 29명의 파트너로 늘어났다. 1979년에는 시카고사무소의 직원만도 900명이나 되었다. 그러나 회사는 완성단계가 되었거나 보류중인 프로젝트들 때문에 많은 직원을 유지해야 하는 중압으로 경영상 큰 어려움에 처해 있었다. SOM에 한차례의 감원 선풍이 있었는데 아버지는 2개의 신규 프로젝트를 계약하여 추가 감원을 막아보려 히였다.

신규 프로젝트 중 첫 번째가 한국의 럭키금성트윈타워 프로젝트였고 다른 하나는 사우디 마카캠퍼스(Makkah Campus) 마스터플랜의 건물 신축설계 건이었다. 한국과 사우디에 한 번의 출장으로 설계설명과 계약협상을 마무리하려 하였다. 그리고 내친 김에 아버지의 고국인 방글라데시에 잠깐 들르기로 계획을 하셨는데 방글라데시 방문 하루 전날 자국 내의 정치적인 사건이 발생하여 입국을 포기하였다. 서울에서의 설계설명회를 성공리에 마치고 건축주로부터 실시설계에 대한 어느 정도의 약속을 받고 한국을 떠났다. 그리고 홍콩에 잠깐 머물렀다가 사우디의 제다로 바로 날아갔다. 1982년 3월 27일 토요일 오전. SOM의 현지 프로젝트 매니저 카릴 칸(Khalil Khan)과 대학프로젝트의 추가업무에 대해 의논하고 오후에는 킹 압둘아지즈대학 마카캠퍼스의 기술이사 무닐 아흐메드(Munir Ahmed)를 만났다. 아버지는 왼쪽 어깨의 통증이 심하였으나 아스피린 몇 알로 견디셨다. 아버지는 물론 동행했던 그 누구도 통증의 원인이 심장마비 초기 증세인 줄 몰랐었다.

회의를 마친 후 대학본부 건물 근처에서 아버지는 쓰러지셨다. 병원으로 급히

그림 3 번역서《파즐루 칸의 생애와 비전》

실려갔으나 이미 심부전이 진행된 상태로 돌아가셨다. 1주일 전 53회 생신을 맞으셨는데...” 라고 쓰고 있다. 파즐루 칸이 작고하기 이틀 전 홍콩에서 딸에게 보낸 항공엽서의 사연도 그답게 사무적이었다고 한다.

■ 나의 기억

1982년 럭키개발(현 GS건설)의 구조담당 부장으로 재직하며 LG트윈타워의 설계와 관련하여 SOM과의 코디네이터 역할을 하였다. SOM의 파즐루 칸이 작고하기 며칠 전까지 그와 그 일행과 업무관계로 여러 날을 함께 하였다. 그와의 만남에서 그의 해박한 지식과 탁견은 보통 엔지니어의 상상을 초월한 것을 알고 내심 감복하고 있었다.

그는 콘크리트 프레임구조가 에너지가 부족한 한국에 가장 적합한 구조라고 건축주를 설득하였다. 그는 바쁜 출장기간 중에도 간간히 한글의 구조, 읽기와 쓰기법 등을 나에게 물었고 설명을 경청한 후 상당한 수준으로 한글 쓰기를 익혀서 그의 명함에 한글을 직접 써넣어 자랑하기도 하였다. 그는 한글에 대한 이해와 습득이 남달리 빨랐었다. 나는 그에게서 그런 성과를 보아서인지 지금도 해외 엔지니어와의 교분 기회가 생기면 한글 쓰기를 알려서 한국문화를 가급적 빨리 접하도록 돕는다. 간혹 외국인으로부터 한글 연하장을 받게 되면 주위에 자랑도 했다. 파즐루 칸의 이한 며칠 후 접한 그의 별세 소식에 모두 경악하였고 세계의 건축계는 큰 충격에 휩싸였었다.

그의 사후 40일째 되는 날의 파즐루 칸 추모식은 시카고 오디토리엄 시어터에서 평소 그와 함께 설계활동을 한 SOM의 파트너 여럿과 가까웠던 친구 스탠리 타이거맨(Stanly Tigerman), 린 비들(Lynn Beedle), 무닐 아흐메드(Munir Ahmed), 윌리엄 포터(William Porter), 랄프 니코러스(Ralph Nicholas) 등이 참석하여 고인의 유덕을 기렸다는 기사를 보았다. 그후 그에 대한 추모의 글을 대한건축학회지 ‘건축’ (1982.5-6호)

그림 4 Google 홈화면. 2017.4.3 파즐루 라만 칸 탄생 88주년 기념

에 기고하여 그와의 인연을 되새기게 되었다. 그러나 그가 어찌하여 갑작스런 작고를 하게 되었는지 상세히 알지 못하였다. 그후에도 SOM을 여러 차례 방문하면서 연유를 알아보려 하였으나 정확히 설명하는 이가 없었다. 그런데 야스민 S, 칸의 회고록을 통하여 아버지 파즐루 칸의 갑작스런 작고의 사유를 알게 되었다. 그의 서울에서의 마지막 생일이 어쩌면 그가 한글 이름을 명함에 써서 자랑하던 날이 아니었을까 하는 생각에 숙연했다. SOM은 칸이 소망했던 대로 LG트윈타워의 기본설계(DD)를 수주하였고 상세설계 검토를 거쳐 공사중 건축, 구조, 건설관리, 전기 및 기계 등 분야에 엔지니어를 1~2년간 현장에 파견하여 건설을 도운 바 있다.

미국의 시빌공학회(ASCE)는 '파즐루 라만 칸 상, Fazlur Rahman Khan Award' 라는 시상제도를 두어 구조 분야를 비롯한 모든 분야에서 건축물에 관한 인류에 봉사한 기술자를 매년 선발하여 칸의 업적과 철학을 후세에 전하고 있다. 수상 후보자를 추천하라는 메시지를 이메일을 통하여 매년 세계의 모든 회원에게 전하고 있다. 그리고 칸의 혈육이 쓴 회고록을 보고 새삼 파즐루 칸에 대한 기억을 되새기게 되었다. 더구나 그의 마지막 날의 정황을 읽고 보니 그 당시나 지금이나 설계회사를 운영하는 파트너의 어려움과 그에 따른 스트레스가 건강에 미치는 해독이 장년을 넘어서는 보통 남성이 갖는 최소한의 건강도 보장된 것이 아님에 전율한다. 하물며 파즐루 칸은 세계 최고층건물의 안전을 책임져야 했던 구조엔지니어였음에 그의 '마지막 해외출장' 에 대하여 남다른 감회를 갖는다.

피터 라이스
Peter Rice
1935~1992

3

그림 1 피터 라이스

■ 피터 라이스는 누구인가

아일랜드 태생의 구조엔지니어, 뉴브릿지대, 벨파스트 퀸스대 및 임페리얼대에서 수학하였고 전공은 항공공학에서 토목공학으로 전환했다. 시드니오페라 하우스, 퐁피두센터, 로이드 빌딩, 루브르 피라미드 및 스텐스테드공항 공사 등에 참여하였다. 엔지니어와 디자이너로 활동한 타고난 능력으로 구조공학의 제임스 조이스(James Joyce)* 로 추앙을 받는다. RIBA, IStructE 금메달 수상자이고, 저서 《엔지니어의 상상》은 사후에 출판되었다. 피터 라이스 메달(Peter Rice Medal)은 1994년 하버드대학교 디자인스쿨에서 제정, 피터 라이스 실버(Peter Rice Silver)는 1996년 Ove Arup과 아일랜드엔지니어협회의 후원하에 더달크기술대학이 제정, 2019년 엔지니어 상상의 마커스 로빈슨의 다큐멘터리는 채널4와 영화관에서 상영했다(위키피디아).

* 제임스 조이스(James Augustine Aloysius Joyce, 1882~1941)는 아일랜드 더블린 출신의 작가로 소설, 시, 희곡 등 다양한 분야에서 활동하면서 족적을 남긴 인물이다. 《율리시즈》 (1922)와 매우 난해한 후속작 《피네간의 경야》 (1939), 단편인 《더블린 사람들》 (1914), 반자전적 소설 《젊은 예술가의 초상》 (1916) 등이 있다. 그의 정신적 가상적 세계는 그의 고향인 아일랜드 더블린에 뿌리깊게 자리잡고 있다.

■ 한국강구조학회의 기고문

나는 피터 라이스를 생전에 만난 적이 없다. 1999년 KTX광명역사 설계로 RFR파리사무소(RFR, Rice Francis Ritchie 3인이 1981년에 공동 창업한 설계사무소) 방문 협의시 그의 유작, 관련 자료, 그리고 피터 라이스의 장남 키란 라이스와의 만남에서 피터 라

그림 2
시드니 오페라하우스
ARUP에서의 프로젝트

이스의 실존을 실감했었다. 2003년 2월 대한건축학회의 '건축'에 '건축가 같은 엔지니어'를 기고하여 라이스의 구조철학을 국내에 소개하였다. 또한, 2014~2015년 아놀드 브라운(Arnold Brown)과 케빈 배리(Kevin Barry)의 피터 라이스의 두 전기를 번역하면서 짧고 화려했던 라이스건축의 이상과 원칙에 대해 존경과 안타까운 마음을 두 저자와 공유할 수 있었다.

2020년은 피터 라이스가 타계한 지 28주년이다. 20세기의 걸출한 엔지니어이자 아일랜드의 국민영웅 피터 라이스, 그는 누구였으며 어떤 생각을 하였나, 그의 사후 2년 1994년, 하버드대 디자인대학원은 라이스의 이상과 원칙을 기려 '피터라이스상'을 제정하였다. 4주기 1996년, 애럽사무소와 아일랜드엔지니어협회가 공동으로 '피터라이스 은메달상'을 제정하였다. 9주기 2001년, 아놀드 브라운은 '현대건축과 피터 라이스' 전기를 썼다. 20주기 2012년, '전시회 피터 라이스의 자취'를 영화 상영과 함께 2012년 런던, 2013년 파리, 2014년 더블린에서의 순회전시와 병행하여 2012년 케빈 배리가 유럽의 현역 건축가와 엔지니어 20인의 추모글을 모은《피터 라이스의 자취》 전기를 냈다. 2014~2015년 아놀드 브라운과 케빈 배리가 쓴 라이스의 두 전기를 전봉수, 김종호, 한상을 및 이원호가 공역하였다.

그림 3 런던 로이드 빌딩

■ 아놀드 브라운 저, 《현대건축과 피터 라이스》, 부제 구조엔지니어의 공헌'

영국 리버풀대 아놀드 브라운(Arnold Brown) 교수는 2001년 《현대건축과 피터 라이스, 구조엔지니어의 공헌-원제 The Engineer's Contribution to Contemporary Architecture》전기에서 라이스가 현대건축에 어떻게 공헌하였는가를 기록하였다.

- **서문에서**

"이 책의 서문을 내가 직접 쓰기보다는 다른 분에게 정황을 설명하고 대신 써달라고 부탁했음이 훨씬 나았을 것이라 생각한다. 그것은 피터 라이스가 영국 왕립건축가협회의 금메달 수상 연설에서 말한 '만일 나에게 하나의 철학과 믿음이 있다면, 그것은 우리가 할 수 있고 해야 할 것이 바로 공헌이다. 사이비 건축가가 되어서는 아니 된다. 어떤 이는 나를 "건축가 같은 구조엔지니어라고 합니다만 절대로 그렇지 않다. 그저 보통 구조엔지니어일 뿐이다."라고 했다. 그의 생애 마지막 해에 한 연설이 주는 중압감에 서문 쓰기에도 심적 부담을 떨치지 못하였다.

- **본문에서**

"피터 라이스의 구조와 건축 / 주제와 영향 / 시드니 오페라하우스 / 퐁피두센터 /프랑스, RFR 그리고 말 / 파리 라 빌레떼 / 렌조 피아노와 피터 라이스 / 리처드 로저스와 피터 라이스 / 막구조 / 유리와 강철 / 교량과 작은 작품 / 예술가와 건축가 / 석재와 인장력 / 유산 / 결론"의 순으로 전개하였다.

• **결론**

"피터 라이스가 현대건축에 기여한 바를 어떻게 기술할 것인가?

라이스의 핵심은 최고 기술로 구현될 아이디어를 개발하고 진화하는 전과정이다. 르 코르뷔지에가 현대건축 전통의 하나인 합리적 접근법을 무시하자 근대기능주의의 속박의 굴레에서 벗어날 수 없었다. 그러나 최고급 기술인은 새로운 아이디어에 시선을 돌리고 받아들이는 역현상이 나타났다. 건축기술의 진화는 피터 라이스 같은 구조엔지니어가 있었기에 가능하였다. 그는 수학적 복잡성과 디자인 열망, 공학적 실용주의와 건축적 이상과의 양극을 연결하는 교량 역할을 자임하였다. 그가 프랑스 건축물과 긴밀한 연관성이 있었음에도 르 코르뷔지에의 견해를 외면하였다. 1925년 르 코르뷔지에가 "구조엔지니어는 구조계산을 하는 사람이니까 건축가의 주문에 대기하고 있어야 한다. 왜냐하면 엔지니어는 구조계산 영역 내에서만 자신의 존재가 정당화될 수 있기 때문이다."라고 했다. 이는 피터 라이스의 신념에 절대적으로 반하는 견해이다. 그에게 순수이성은 독창성 결여를 의미한다. (중략). 잭 준츠가 "인력과 컴퓨터 시간의 비용에 점차 신중한 자세를 취해가고 있는 데 반해, 피터 라이스는 훗날 프로젝트에서 디자인씨앗을 심어가고 있었다. 천재 트리스트람 카프레는 "이것이 라이스의 전형적 어프로치 방식이다. 오늘은 해결책을 우선 강구하고 내일 발생할 문제점을 기다리는 것과 마찬가지다."라고 했다.

■ 번역서의 출간 무산

2014~2015년 저자 아놀드 브라운과의 수차례 메시지 소통으로 번역 승인 및 내용 협의를 하며 번역을 마무리하였으나 국내 출판계 불황으로 간행이 유보되었다. 그후 서울대학교 출판부에 공식지원을 요청하였으나 그들이 정한 기준에 미달하여 채택되지 못했다. 번역원고는 외장하드에서 수년 째 잠을 자고 있다. 언젠가 해를 볼 기회가 있을 것임에 기대한다. 저자 브라운도 한국에서의 번역서 출간에 맞추어 저서(2001)의 전면 개정을 희망하여 그에 따른 구체적인 문제도 협의했었다. 브라운 교수는 번역을

완료하고도 간행이 유보되는 한국출판 · 문화계 현실을 보며 당혹감과 실망감을 감추지 않았다. 나를 비롯한 역자들도 그런 사태를 예견하지 못한 무능과 무책임, 또한 그의 시간을 헛되게 하고 개정판 간행의 희망을 무지른 데 대하여 심심한 사과를 하였다. 5년이 지난 지금도 브라운 교수에게 미안한 마음은 여전하다.

■ 케빈 배리의 《피터 라이스의 자취》 번역과 출간

케빈 배리 아일랜드대 교수는 2012년 라이스 타계 20주년 기념행사의 일환으로 《피터 라이스(Kevin Barry)의 자취 Traces of Peter Rice》를 편집 · 출간하였다. 피터 라이스의 생존시 그의 상사 또는 동료 20인이 그를 추억하며 쓴 글을 모은 책이다. 글을 쓴 이는 (contributers) Henry Bardsley(한국판의 서문에도 기고), Kevin Barry(편집인), Barbara Campbell-Lange, Ed Clark, Hugh Dutton(HDA 대표), Martin Francis, Jonathan Glancey, Jenifer Greitschus(원저의 서문), Peter Heppel, Sophie Le Bourva, Amanda Levete, J. Philip ó Kane, Sean o. Laooire, Renzo Piano, Maurice Rice(피터의 실제, 물리학자), lan Ritchie, Vivianne Roche, Richard Rogers(RRP 대표), Andy Sedgwick(조명전문가), Jack Zunz(ARUP) 등이다.

한국건축에 적극 참여했던 프랑스 건축가 휴 더튼, 구조엔지니어 헨리 바슬리 등을 통하여 편저자 케빈 배리와 연결되었다. 번역 요청, 승인, 착수, 진행 및 출간 등의 과정에서 주고 받은 메시지를 통하여 위대한 구조엔지니어의 철학을 한국 구조계에 접목 가능성을 짚어 보고자 했다. 그러한 것을 염두에 두었던 책의 번역과정을 소개함은 그의 타계 28주년에 의미가 있을 것으로 생각했다.

• 번역 과정

2015.4. 편저자 케빈 배리의 연락처 수소문

> 휴 더튼 선생과 헨리 바슬리 선생께
>
> 근자에 케빈 배리의 《피터 라이스의 자취》를 읽고 느끼는 바가 있어서 이

그림 4 루브르박물관 유리 피라미드

그림 5 루브르박물관 유리 역피라미드

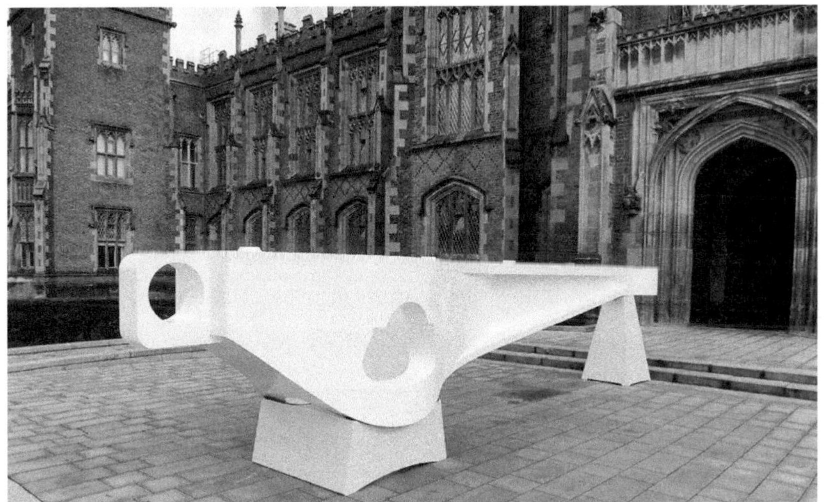
그림 6 라이스의 거버렛 모형

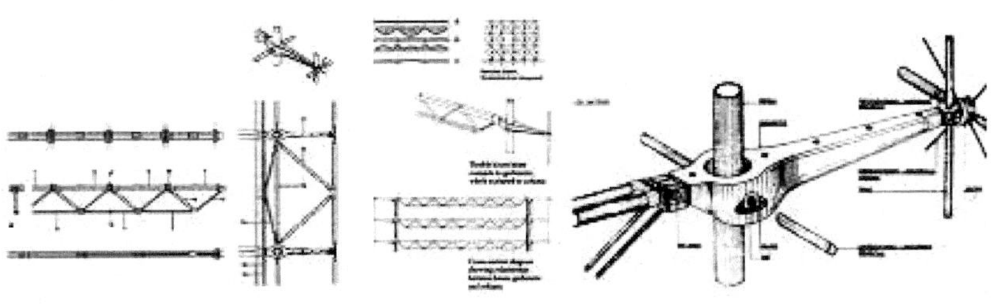
그림 7 퐁피두센터 접합부 상세

를 번역하여 한국의 독자에게 소개하기로 하였습니다. 그 책에서 헨리 바슬리 선생은 카메오 2로, 휴 더튼 선생은 카메오 7로 참여하신 것을 알았습니다. 피터 라이스의 저서 《엔지니어 이미지》는 1994년 한국에서 번역 출간된 바 있습니다. 저도 대한건축학회 2003년 2월호에 '건축가 같은 엔지니어' 란 제하로 기고하여 그의 타계를 애도하며 생전의 철학을 알렸습니다. 《피터 라이스의 자취》 의 편집자 케빈 배리 선생이 서술한 "만약 피터 라이스가 1992년에 급서하지 않았더라면, 그는 틀림없이 실무를 하면서 첨단기술의 융합을 지속하였을 것입니다" 라고 쓴 글에 저도 공감합니다. 제가 두 분과 고속철도광명역사 설계를 함께 하던 중 1999년 10월 6일 RFR 파리사무실에서 피터 라이스의 장남 키란 라이스와 이야기를 나누었던 기억이 생생합니다. 그리고 한국어판 서두에 선생의 서문을 싣기를 희망합니다. 케빈 배리 선생의 연락처를 알려주시면 감사하겠습니다. 좋은 소식을 기대하며. 전봉수 드림

2015.4.15 케빈 배리의 연락처를 알려온 휴 더튼 서신

전 선생님, 안녕하세요. 저도 그럭저럭 잘 지냅니다. 감사합니다. 전 선생께서는 여전히 분주하시고 아직도 피터 라이스를 생각하시는 것을 보니 무척 반갑습니다. 피터 라이스 타계 20주기 추모 《피터 라이스의 자취》를 저와 함께 편집한 케빈 배리 교수의 이메일 주소를 전합니다. 케빈 배리 교수는 그 책에서 피터 라이스를 기억하기 위한 많은 노력을 기울였음을 잘 압니다. 많이 도와주실 것입니다. 휴 더튼

2015.5.24 케빈 배리 선생에게 메시지를 전하다

선생과 직접 연락할 수 있게 되어 기쁩니다. 일전에 제가 헨리 바슬리 선생과 휴 더튼 선생께 보낸 편지에서 쓴 것처럼 번역을 할 제 동료는 구조엔지니어 2인, 구조공학전공 교수 2인 등 4인입니다. 우리는 《피터 라이스의 자취》를 번역하여 한국의 젊은 엔지니어와 학생에게 소개하기로 합의하였습니다. 번역 및 출판에 대하여 선생과 의논할 수 있기를 헨리 바슬리 선생과 휴 더튼 선생께 부탁드려 선생께서 휴 더튼 선생에 보낸 메시지를 접할 수 있었습니다. 우리의 번역 일정은 오는 8월말에 마무리하여 9월 중순 원고를 한국의 출판사에 전달하면 11월경 출간이 목표입니다. 한국의 출판

그림 8
번역서 《피터 라이스의 자취》 표지

사가 출판계 채널을 통하여 릴리풋프레스와 연락하여 저작권 등의 과제를 상의할 것입니다. 또한 번역서의 품위 유지를 위하여 편집자이신 배리 선생께서 아니면 선생이 천거하시는 분이 번역서의 서문을 써주길 부탁드립니다. 전봉수 드림

2015.8.16. **케빈 배리는 한국어판 서문**

전 선생께, 답신이 늦었음을 용서하십시오. 오는 8월 19일 수요일 릴리풋프레스 출판사의 담당자를 만나 번역서 출판에 협조를 요청할 예정입니다. 한국어판의 서문에 대하여 바슬리 선생과 통화를 하였습니다만 제 생각에 헨리 바슬리 선생이 서문을 써 주실 의향이 있으신 듯합니다. 아무래도 전 선생께서 직접 부탁을 드림이 좋겠습니다. 번역과 출판이 순조롭기 바랍니다. 전 선생께서 피터 라이스에 대해 한국의 독자들이 생각할 수 있게 해주신 사실에 기쁨과 자랑스러움을 느낍니다. 케빈 배리 드림

2015.8.22 **서문 집필을 헨리 바슬리 선생께 부탁하며**

선생께서 처음부터 도와주신 덕분에 출판이 순조롭게 진행되고 있습니다. 번역이 완료되어 한국의 출판사가 릴리풋프레스와 출판계약을 맺었고, 케빈 배리 선생도 릴리풋프레스에 협조 요청을 별도로 하였습니다. 배리 선생이 편지에서 제안하셨듯 바슬리 선생께서 한국어판 서문을 써 주신다면 큰 영광이겠습니다. 선생의 서문을 권두에 영문과 번역문을 함께 게재하겠습니다. 그리고 서문과 함께 선생을 한국의 독자에게 설명할 이력서, 피터 라이스와의 개인적인 관계사, 그리고 선생께서 수행하신 한

국 프로젝트에 대한 소감을 적어주시면 감사하겠습니다. 책이 출판되는 기쁨을 함께 나누기를 기대합니다. 서울에서 전봉수 드림

2015.11.13. 케빈 배리 교수에게 출간 소식을 알리며

내달 초에 번역서가 출간됨을 기쁜 마음으로 알려드립니다. 원본과 다른 점은...

1) 표지는 합의하여 주신대로 크기 및 색깔 등 원본과 매우 유사하고

2) 쪽수는 169쪽으로 원본 135쪽에 비해 늘었으며

3) 장의 집필자는 각 장 첫 쪽의 하단에서 소개하였고

4) 용어와 인명을 한국어 알파벳순으로 정리한 찾아보기를 말미에 넣었고

5) 양해하여 주신대로 전봉수의 글 〈건축가 같은 구조엔지니어, '건축', 2003. 2〉를 권말에 추가했습니다.

이 책은 〈2012년, 작고 20주기를 맞아 피터 라이스의 자취〉제목으로 기문당에서 2018년 1월 1일 출간하였다

• **20명의 기고인**

이 책에 기고한 인사는(contributers)

Henry Bardsley(한국판의 서문에도 기고), Kevin Barry(편집인), Barbara Campbell-Lange, Ed Clark, Hugh Dutton(HDA대표), Martin Francis, Jonathan Glancey, Jenifer Greitschus(원저의 서문), Peter Heppel, Sophie Le Bourva, Amanda Levete, J. Philip O' Kane, Sean o. Laooire, Renzo Piano, Maurice Rice(피터의 동생, 물리학자), Ian Ritchie, Vivianne Roche, Richard Rogers(RRP 대표), Andy Sedgwick(조명전문가), Jack Zunz(ARUP) 등이다.

스탠튼 코리스타 Stanton Korista 1940~2018

SOM구조 43년 역사의 증인

4

그림 1 스탠튼 코리스타

■ 스탠튼 코리스타는 누구인가

스탠튼 코리스타는 1962년 일리노이대학 토목과와 1964년 대학원 졸업 후 페오리아에서 1년 정도 일했다. 고층건물에 대한 의욕으로 SOM에 입사하여 43년간 근무하며 당대 유명 건축가 Myron Goldsmith, Walter Netsch, Bruce Graham, Adrian Smith 등과 일하며 세계적 유명 프로젝트 설계경기 당선과 함께 참여하였다. 각 프로젝트 또 건축가마다 서로 다른 요구사항에 대하여 대응하면서 도전과 보답의 차이를 알았다.

그의 구조엔지니어(SE) 자격이 41개 주에 등록되어 있고 여러 공학 단체에서 수상하였다. 미국, 유럽 및 아시아의 전문가 단체 회원으로서 많은 기술보고서를 냈다. 컬럼버스 및 인디애나 공영 인쇄창, 일리노이대 시카고 캠퍼스, 런던의 카나리 위프, 중국 상하이 진마오 타워, 시카고 트럼프 타워, UAE의 버즈 칼리파 등의 구조설계 책임을 맡았었다. 건축 및 도시학회, 가구디자인, 컴퓨터와 그 용법, 펄리버 타워, 중국광저우의 그린빌딩에 대해서도 그의 관심을 피력하였다.-미국 AIA 시카고지부 라이버슨 번햄 기록자료.

■ SOM 퇴임기념책자에

SOM은 2008년 2월 1일 퇴임하는 선생에게 《STAN KORISTA》라는 기념책자를 제작하여 그에게 헌정하였다. 책자에서 그가 42년간 SOM에 재직하며 참여한 프로젝트를 소개하고 그와 친교를 맺은 47명의 글을 실었다. 빌 베이커(William Baker) 사장이 기

그림 2 버즈 칼리파 개념도

념책자에 기고할 글을 나에게 전화로 요청하여 '존경하는 코리스타 선생, Looking up to Mr. D. Stanton Korista as Our Mentor' 이란 글을 기고하여 그 책자의 한 구석에 자리했다. 그의 퇴임을 아쉬워하는 동시에 1981.12 첫 방문이래 20여 차례 SOM(시카고)을 출입하며 선생과 맺은 인연을 확인하고 나의 존재를 SOM의 스태프에게 알리고 싶어 기고하였다. 선생은 퇴임 후에도 파트타임으로 수년간 112층 수퍼타워 등을 포함한 SOM 프로젝트를 전반적으로 자문하였다.

《STANTON KORISTA BOOK》

Looking up to Mr. D. Stanton Korista as Our Mentor

On December 17, 2007, I came to visit Mr, D. Stanton Korista to say good-bye as I closed a week-long coordination meeting with the SOM project team of New York and Chicago office for Lotte Super Tower. I expressed my gratitude for his help and presented him a book I wrote titled "20 Years of Jeon and Partners Since 1987". As he congratulated me on the publication of my book, he told me that he was due to retire, and said that he was very proud that he had been with SOM for as much as 42 years. I couldn't believe that such a great master would no longer be seen in active practice and I could only manage to say "I' m so sorry". Then he asked me jokingly when I' d do the same and I responded that I hoped it would be not more than 5 years at the most. He kept on asking how old I' d be by that time. And realizing that I' d be as old as he is old now, we laughed together sympathizing with each other on a professional engineer' s carrier. He went ahead to express his concern about my case in that I might end up in some difficulties when retiring from the firm I owned. When I came out of his office thinking that SOM would probably be in a great need of an able engineer that can take the place of such an outstanding man and I must say that I'd be at a loss with his absence.

I' m a practicing engineer running a structural consulting firm, Jeon & Partners(JNP) I founded back in 1987 in Seoul, Korea and currently being the local engineer for Lotte Super Tower project, I' ve been enjoying a quite a few opportunities to work with SOM.

On December 13 of 1981 to be exact, when I, with my colleagues from LG group of Korea, visited SOM located then at 33 West Monroe St. for the first time, we were introduced to D. Stanton Korista as well as Fazlur R, Khan, Srinivasa(Hal) Iyengar, Bruce J. Graham, William M. Drake, William F. Baker, Robert Turner, Neil Anderson, Adrian Smith, John J. Zils, S.H. Oh, Jin Kim, Perry Guzral, Raymond J. Clark, and some other architects and engineers. It was a monumental experience in my entire life to be able to meet with a group of notable men in a single day. At that time, LG twin tower was among his priority projects and I was a resident engineer dispatched to SOM for the coordination together with several local architects. I have to admit that it was a great opportunity to learn about the composite framed tube system, column shortening, slurry wall, barrette foundation and dewatering system and how they are related with the design of tall building. D. Stanton Korista and Hal Iyengar gave me good lessons with. Aziz Khan, the project engineer, helping me a lot during forty-day stay in Chicago..

When Fazlur Khan passed away on March 27, 1982 in Jeddah, Saudi Arabia just three days after his presentation on the design of LG Twin Tower in Seoul. Korea, all the professional societies in the world mourned over it. Since then, I started to collect his papers and pursued my studies to nourish myself. It's still vivid in my mind that he displayed the wit to write his name in Korean in less than a couple of hours. Upon DD being contracted later, I had frequented SOM seven times until the final meeting where we discussed about the result of window wall mock-up test conducted in Miami in 1985.

In 1984-1986, during the construction of LG twin tower, five SOM staffs, S. Oh, Alex Juskovitchi, G.P. Reddy, A. Diaz and James Doyle had been dispatched to the construction site as full time consultants for two to three years. I had worked as the director representing the owner at site office until the completion of the tower structure before H.C. Youn, previously with SOM, took over for the architectural works of the tower at the end of 1986.

In 1994, JNP, the firm I eventually founded in 1987, was invited to be involved in the LG Gangnam Tower project that SOM already had been a design architects and engineers. It was my first project since becoming independent consulting engineer to work with Mr. Korista. JNP had reengineered the structural design based on Load & Resistance Factor Design at CD phase from Allowable Stress Design SOM had done at DD phase collaborating with Mr. Korista. The LG Art Hall, attached to the tower, was designed to be isolated structures at the base for acoustic purpose. Robert Halvorson was the project partner, while Ahmad Abdelrazaq, now a vice president of Engineering & Construction, Samsung Corporation in Korea played the role of project engineer. I had visited SOM twice (November 29-December 2, 1994, and August 10 to 26, 1995) to consult with D. Stanton Korista on the project. Park, Hong-guen, the project engineer of JNP then, now a professor at Seoul National University, added one more visit. I recall that John. Gordon was a full time expatriate working at the site for a year. In 1996, I was lucky enough to continue the relationship with D. Stanton Korista again for the KWTC project consisting of the 45 story ASEM tower, an extension of existing facilities, ASEM convention center and a business hotel. Throughout for design phase, I ended up visiting SOM to meet with him four more times(December 8-16, 1996, February 23-28, May 22-24, July 28-August 2, 1997) and it gave me a opportunity to learn about a steel tube framed structures, extraordinary long roof trusses on pot bearing supports, and snow drift test. William Baker was a structural partner at the time, Ronald Johnson, on his return from UK, joined the team and Ahmad Abdelrazaq joined the hotel project under Mr. Korista' s close guidance.

Early in 2002, JNP had associated with SOM and Mr. Korista on a competition that we eventually lost; a major exhibition center to be built in Goyang, Korea on a turn key base. SOM and JNP, after carefully analyzing the alternatives, selected a crossed-curved roof truss system supported by the concrete filled tube pillars that we believed best serve the purpose of the project and yet, we all regret the result very much.

In 2003, I was in difficulties to solve a rather serious problem of perceptible vibration generated in a new 30-story building in Gwangju, Korea, that JNP designed. It was a box-shaped rectangular building with system of steel framed tube. The owner appealed that some occupants complained of the discomfort when two typhoons stormed the area in its first year of completion. After close consultation with the owner, I reviewed carefully all the structural documents. Not being able to find any faults in the documents, I asked Mr. Korista for help and Ahmad who happen to be on his business trip to Seoul, advised me on the problem. They advised that the building should be settled by itself as the time goes and there were no defects whatsoever in the design itself. Confirming that there had been no more complaints in the following year, it renewed my respect for Mr. Stan once more.

May in 2005, I had a privilege to be invited by Lotte Moolsan to make a technical review comments on the several conceptual schemes for the 112 Story Lotte Super Tower proposed by three American architects including SOM-N.Y. who had eventually been selected by the owner.

Consequently, starting from 2006 up to now, JNP has been fortunate enough to be involved in the 112 Story Lotte Super Tower project in associated with SOM and Mr. Korista again. As the senior partner of JNP, I' ve been much excited about the project since, being comprised of the external high strength steel diagrids and internal high strength concrete core walls, this tower will be the world second tallest building when completed, The computer system utilizing the web sites for monitoring and dealing with a huge number of joints, members and load combinations are very interesting. And the structural system certainly will be very valuable to challenge on the ultra tall building design in future. William F. Baker has been in charge with Charles Besjak being a project engineer and again, D. Stanton Korista providing valuable advice as on the previous projects. I have noticed that other structural engineers such as James J. Pawlikowski, Andrew A. Murray, Brian Mcelhatten Christopher Brown, B.H. Kim, Mark Donofrio, Preetam Biswas have devoted themselves to this project and I know for sure that they all love D. Stanton Korista greatly. We have had a series of coordination meetings three times so far (June 15-16, 2006, May 8-15, and December 11-17, 2007) at SOM office.

On the other occasions, I have visited SOM a few more times and enjoyed Mr. Korista' s company every time I was there. I figure that the total number of my visits to SOM Chicago office should be no less than twenty since 1981 and Mr. Korista came visit Seoul once when we were involved in LG twin tower project.

Lastly, here' s my brief recollection that are still clear in my mind since I first met with Mr. Korista.

1. It was one of the most valuable experiences for me to acquaint with the great master Mr. Korista. And I' ll make much of his constant encouragement for the last 27 years that gave me proud of being a structural engineer. And five projects associated with Mr. Korista have been JNP' s most precious experiences and the most valuable assets.
2. The temperature of January 10, 1982 in Chicago was 26 degree below zero in Fahrenheit, the weatherman said it was bi-centennial record in the region.

A month later, I had to endure the temperature of 120 degree above zero in Riyadh, Saudi Arabia getting accustomed to extreme weathers in Chicago during my numerous visits, I now feel like that Chicago is my second home town.

With great respect for Stanton Korista' s Carrier.

God bless on Stanton Korista' s fortune. January 15, 2008,

■ 그후

2012년, 롯데 112층 수퍼타워는 그의 도움을 받으며 진행하였다. 전우구조 설립 25주년을 기념한 나의 책 《지금, 건축구조 문제 없나》를 그에게 증정하였다. 그 책의 첫째 장에서 《Looking up to Mr. D. Stanton Korista as Our Mentor》를 번역하여 원문과 함께 실었다. 출판된 책을 스탠튼에게 보내니 감사의 표시로 따뜻한 덕담의 메시지를 전해 왔다.

보낸 사람: D. Stan Korista [Stan.Korista@som.com] 보낸 날짜: 2012년 8월 25일 토요일 오전 5:21 받는 사람: Mr.Bong-Soo Jeon 참조: William Baker 제목: Book-"Philosophy for Korean Structural Engineering"

Mr. Jeon :

It was with great pleasure that I received your new book today. As usual, you are most kind and generous to the Professionals, both Architects and Structural Engineers, that you have successfully collaborated with over these many years. I would be pleased to think that our mutually beneficial Structural Engineering work, on the LG Twin Towers project, was one of the "springboards" to launching your own, highly successful Structural Engineering firm, Jeon and Partners. In the twenty-five (25) year history,of your firm, you have achieved a very remarkable history of a great many complex, world class projects, while working with a wide array of international Architectural and Structural Engineering Partners. You should indeed be congratulated. You have also been highly instrumental in the formulating and updating of the Korean Structural Engineering Codes, and with establishing the CTBUH presence in Korea. Well done. I am still involved with Skidmore, Owings & Merrill, LLP, especially the Structural Engineering Group, on a continuing part-time basis as a Senior Structural Engineering Consultant.It is still greatly challenging and fulfilling, to me, to be a part of the development/design/construction of dynamic, new, complex building structures located throughout the world. If you ever in Chicago, on your international trips, please stop into SOM, and we will have lunch or dinner.

I would hope that I find you in good health, and that you continue to enjoy your journey through life, both professionally and personally. We would look forward to seeing you again, and potentially working with your firm again in the future.

Sincerely, Stan

■ 작고 소식에

2019. 8월 어느 날 인터넷서핑을 하다 코리스타 선생이 그해 5월 8일에 작고했음을 알고 실색하였다. 나는 그와의 교분이 있었다고 했음에도 인터넷을 통해 그의 타계 소식을 접했으니 글의 헛됨과 자신의 무심함, 그리고 SOM 직원 및 그 주변인과의 불통이 내심 부끄러웠다. 선생과는 1981.12 LG트윈타워부터 그후 ASEM, GS타워 및 2008년 롯데 수퍼타워에 이르는 긴 인연이 있었다.

의강 마춘경 1933~2017

5

그림 1 의강 마춘경

■ 의강 마춘경 선생의 타계

표준구조연구소 대표와 한국건축구조기술사회 5대 회장을 역임하신 의강(宜岡)마춘경 선생이 지난 2017년 5월 12일 별세했다. 발인 전날 5월 14일 초저녁, 서울삼성병원에 차려진 빈소에서 국화꽃 한송이로 영전에 명복을 빌고 유족에 조문하였다. 접객실에서 김상식 인하대 명예교수, 홍성걸 서울대교수 등과 음복하며 '건축구조 1세대가 저무나...', '아직은 아니신네...' 하며 모두 의강 선생님의 별세를 안타까워했다.

■ 나와의 인연

나는 1970년 ROTC 소집해제 후 서울대관악캠퍼스 이전 프로젝트에 건축과 동기생 조건영/장성준과 함께 참여하였다가 팀리더 손승요 선배의 소개로 1971년 봄 명동성당 건너편 보림빌딩 15층의 종합건축설계사무소(고 이승우)에 근무하게 되었다. 이승우 선생의 권유로 건축구조와 평생의 인연을 맺었다. 당시 종합건축은 크고 작은 프로젝트가 꽤 있었다. 구조담당 직원이 이명우 선생과 나, 2명뿐이었기에 구조계산은 대부분 외부자문에 의하였고 구조도면은 자체적으로 해결하였다. 그때 외부자문을 하셨던 분이 의강 마춘경 선생, 주경재 선생(건국대), 그리고 서울구조를 운영하시던 김창우 선생(1979년 작고)이었는데 세 분이 대학동문에 동연배라 그랬는지 매우 가까웠다. '의강 선생' 을 처음 뵌 이후 46년간 내내 나에게는 항상 '스승님' 이었다.

이승우 선생은 내가 1년이 넘도록 구조담당자로 제자리를 못 잡은 것으로 보셨는지(다행스럽게도) 외부자문 경영을 계속하였다. 그것은 이승우 선생께서 나의 공부 부족에 큰 프로젝트에서 여러 선배의 지도를 받으며 배우며 정진하라는 뜻이었음을 상당한 시간이 흐른 후에 깨달았다. 그분들에게서의 배움의 기억은 아직도 생생하다. 당시 종합건축이 수행한 프로젝트에서 기억에 남는 국회의사당(마춘경)의 바닥 4격자보 해법/돔(돔의 하부에 드럼층을 넣는 설계변경으로 일본 신닛데스가 설계, 시공중 뒤틀림현상 원인분석에 나도 참여한 기억 등), 영등포 사학연금회관(마춘경)의 강제말뚝 재하시험 현장관측, 서울역 앞 철도청 청사(대우빌딩, 마춘경)의 설계변경과 일제 H형강, 국회의원회관(김창우)의 납품 전날 대연각호텔에서의 밤샘, 세종로 정부제2청사 비상구 철골기둥 배치와 접합(마춘경), 서울대 중앙도서관의 무량판(김창우), 여의도 한국(증권)거래소 본관(주경재) 및 매매입회장(마춘경)의 철골격자트러스 등등, 그리고 빈틈없는 구조계산서의 구성과 내용 당시 나의 젊은 나이에 큰 프로젝트에서 많은 것을 배우고 경험할 수 있었음은 큰 행운이었다.

주경재 선생은 1975년경 건국대학교로 옮기신 후 자문은 뜸하셨고, 김창우 선생이 1979년 45세 일기로 요절한 후 외부자문 방식은 자체 해결로 바뀌었다. 나로서는 그만큼 배움의 기회가 줄어든 셈이었다.

■ '목구회' 회원으로

목요일에 밥과 말을 나눈다는 '목구회' 1965년부터 매달 모임을 열어 건축얘기로 불꽃을 튀겼던 목구회가 2017년으로 창립 52돌. 당시 건축가 김수근(1931~86)의 안국동 사무실 팀과 무애건축연구소(대표 이광노) 팀이 주축이었다. 서울대 건축학과 선후배 사이인 이들은 현실 설계에서 부딪치는 어려움을 나누며 한국건축의 세대교체를 이뤘다. 1년 뒤 금우회, 한길회 등이 출범하며 한국건축에 대한 논의가 본격화됐기에 목구회의 역할은 오늘까지도 평가를 받고 있다. 회원 22명. 원정수, 이상순, 마춘경, 김인석, 김병연, 우규승, 조창걸, 임충신, 김원, 김석철 등... 건축가 모임에 유일한 구조전문가이셨다고 했다. 건축가와 소통의 중요성을 아셨기에

■ 프로젝트

의강 선생은 1960년대 후반 1990년대에 김중업건축연구소, 중앙산업, 무애건축 및종합건축 등의 유수한 프로젝트에 참여하셨다. 대한건축학회의 '건축구조60년사(2006)'에 기록된 구조설계실적 중 중요한 것을 추려보면 다음과 같다.

콘크리트조 건물; KAIST연구동(1966), 대연각빌딩(1967), 국회의사당(1968 사진), 루스채플(1974), 부산민중역사(1964), 한국증권거래소(1977), 과천국립현대미술관(1983) 등이 있다. 한옥을 품고 하늘에 뜬 거대지붕 연세대의 루스채플(건축가 김석재)은 한국의 현대건축에 남을 캔틸레버구조의 압권이다.

강구조 건물; 대우빌딩(1969), 외환은행(1974), 극동빌딩(1975), 사학연금회관(1979), 서울신문사(1981), 한일개발사옥(1983 사진), 한화빌딩(1983), 현암빌딩(1983), 유니온센터(1988), 동아생명사옥(1989), 전쟁기념관(1989, 전봉수), 금융감독원(1990) 등이 있다.

공간구조; 부산역사(1964), 순복음교회(1971), 부산구덕체육관(1966 사진), 독립기념관(1984) 등이 있다. 구덕체육관(사진) 지붕은 4각지짐 위에 지지된 직경 80여m의 철골조 Hyper Shell로써 당시 국내에선 의강 선생만이 해결 가능했던 것으로 기록에 남아 있다. 소개된 20여 건물이 모두 해방 이후 건설된 규모가 크고 시대를 대변하는 획을 그은 건축물이다. 의강 선생 한 분이 이렇게 혁혁한 실적을 남기신 사실은 지금에도 믿기 어려울 정도이다.

• 콘크리트 바닥의 4격자보 해법

기둥간격이 10.8m×10.8m 판 내부를 격자보로 구획한다면 十자, 井자, 그리고 둘을 합친 4격자형이 있다. 그러나 당시 컴퓨터의 도움이 없이 수해석법으로 4격자보 응력해석은 만만치 않았다. 의강 선생의 명쾌한 4격자해법이 한동안 구조계의 화제였다.

• 건축구조기준에 대한 열정

의강 선생의 건축구조기준에 대한 열정은 발표하신 논문 수나 내용을 보면 타의 추종을 불허한다. 통합검색 학술논문서비스 RISS(Research Information Sharing Service)에

그림 2 국회의사당

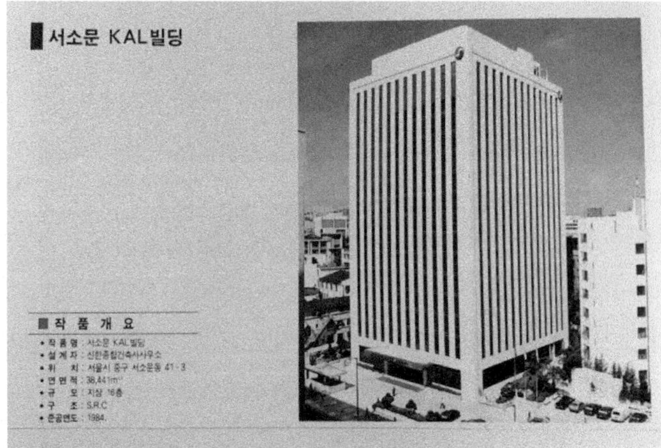

그림 3 서소문 KAL빌딩

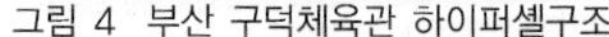

그림 4 부산 구덕체육관 하이퍼셸구조

서 의강 선생의 논문을 검색하면 30여 편의 목록이 뜬다. 그 중 10여 편이 건축구조기준에 관한 것이고, 나머지는 막이론, 소성설계, 초고층 및 설계철학 등에 관한 것이다. 1967~2001년에 기고한 건축구조기준(Structural Building Standard of Korea) 관련 논문의 제목을 살펴보면 다음과 같다.

- ACI PS 콘크리트 구조설계규준(역) : 건축, Vol.11 No.1, [1967]
- 건축구조기준의 개선방향 ; 건축구조, Vol.8 No.4, [2001]
- 1994년 개정된 철근콘크리트 극한강도설계법 개정 및 강좌 ; 대한건축학회 학술발표대회 논문집-계획계/구조계, Vol.15 No.1, [1995])
- 내진 설계기준의 주요 문제점 검토 ; 마춘경, 신성우(콘크리트학회지, Vol.13 No.6, [2001]
- 현행 내진설계기준의 재검증 ; 건축, Vol.43 No.6, [1999]
- 화재건축물의 구조내력조사법 ; 건축, Vol.16 No.4, [1972]
- 철근콘크리트 구조설계규준 보완판에 대하여; 건축, Vol.20 No.2, [1976]
- 내진구조계산법의 요점 ; 건축, Vol.32 No.2, [1988]
- 건축구조설계기준연구 ; 김덕재, 마춘경, 홍성목, 정재철, 조철호, 김근덕, 노희일(건축, Vol.28 No.2, [1984])
- 설하중 및 풍하중 규준안 ; 김덕재, 마춘경, 이리형, 박병용(건축, Vol.25 No.1, [1981]

건축구조기준에 대한 열정은 의강 선생의 회사 명칭 '표준구조연구소'와 무관하지 않은 것으로 생각한다. 나는 현재 대한건축학회에서 '국가표준 한국건축규정개발 연구단, National Building Codes and Standards of Korea' (2015~2020)의 단장직을 맡았었지만 건축구조기준에 대한 열정과 공부가 아직도 멀었음을 자성한다.

• 계산척, 프로페셔널 엔지니어의 지혜

의강 선생은 소형 계산척을 주머니에 늘 지니고 다니셨다. 환한 미소와 함께... 설계협의중 철골단면 변경 등의 상황에서 의강 선생은 그 계산척을 꺼내서 몇 번 좌우로 움직여 수식 확인을 하고 즉석 해결책을 확실하게 제시하셨다. 당시는 컴퓨터 없이 수계산으로 2-cycle법이나 카니해법 등을 동원하여 연직 및 수평하중 해석을 하던 시절이었으니 '계산척으로 하는 계산'이 신기하게 보였을 것이다.

여기서, 대한건축학회의 '건축구조 60년사(2006)'에 쓴 필자의 글 "계산척이 컴퓨터보다 공학적이다"에서 의강 선생이 설파하셨던 '계산척이 주는 지혜'였다. "계산척은 다음과 같은 공학적 지혜를 갖출 기회를 준다.

첫째, 곱셈과 나눗셈에서 탁상계산기보다 빠르다.

둘째, 얻은 결과는 공학적으로 필요 · 충분조건을 갖춘 유효수치이다.

셋째, 계산척을 움직이는 수초간 아주 짧은 시간에 '계산해서 해답을 얻음'에 대한 아날로그가 머리 속에서 총체적인 감각을 체득한다.

■《건강하고 잘생긴 건물의 구조, 1997》 출간에 덕담의 글을

나는 1979~1986년 럭키엔지니어링/개발(현 GS건설)에서 화학공장 및 LG트윈타워 설계 등에 참여하면서 의강 선생을 뵙지 못하였다. 1987년 전우구조건축사사무소 개소 10년이 지나 그간 기고한 잡문을 모아 《건강하고 잘생긴 건물의 구조》, 기문당, 1997' 책을 내면서 의강 선생께 덕담글을 부탁드렸다. 선생은 흔쾌히 수락하시고 며칠 후 '출간 축사'의 글을 보내주셨는데 그 글은 이러했다.

"論語에 '知之者 不如好之者 好之者 不如樂之者'란 구절이 있다. 그 어떤 분야에서건 지식을 갖는 것 것만으로는 그 일을 좋아하는 사람에 미치지 못하며, 좋아하는 것만으로는 그일을 낙으로 삼는 사람을 따를 수 없다는 말로 풀이되는 글이다. 어느 분야에서나 일가를 이룬다는 것은 그리 쉬운 일이 아니다. 광복 후 근 50년 동안 건축구조 실무 분야에서는 여러 어려운 사정으로 인해 우수한 구조전문가의 육성 · 배출이 여의치 아니하였으며, 이러한 환경하에 구조전문가로 일가를 이룬다는 것은 적어도 樂之者의 경지에 도달한 사람만이 가능하다. 전우구조의 전봉수 소장은 樂之者의 반열에 당당히 오르고도 남는 출중한 자격과 성실한 인품을 구비하고 있으며 내가 평소에 아끼고 존경하는 후배의 한 사람이다. 그는 구조전문가로서는 드물게 국제적인 안목과 넓은 식견을 두루 갖추고 있어 최근 우리 건축설계 1분야가 국제화의 시류에 따라 일대 전환기를 맞는 시점에서 꼭 필요한 전문가라고 할 수 있다.

전우구조가 금년 2월로 설립 10주년을 맞이하게 된 것은 매우 뜻깊은 일이다. 업무에 바쁜 중에서도 그동안 틈틈이 발표했던 알찬 글들을 모아 한 권의 문집으로 엮어 설립 10주년을 기념하여 간행하게 된 것은 마치 국제화의 물결을 헤치고 새로이 도약하는 '전우구조號' 의 새로운 출범을 축하하려는 진수식을 기념하는 것 같은 의미를 가졌다고 본다. …" (1987. 8.)

라는 분에 넘치는 덕담의 글을 주셨다.

아는 것보다 그 일을 좋아함이 낫고 그 보다 그 일을 낙으로 삼으라는 공자 말씀을 빌어서 프로페셔널 엔지니어의 자세를 알려 주셨다. 이에 더하여 국제적 안목과 넓은 식견을 갖춘 전문가가 될 것을 당부하시며 출간 축하를 해주셨다. 나는 글을 받은 지 20년이 지난 지금까지 그 말씀을 얼마나 소화했을까. 여러 프로젝트를 하면서 좋아하거나 낙으로 삼는 경지는커녕 당장의 현상 해결에 급급했었음을 숨길 수 없다. 프로페셔널 엔지니어로서 부끄럽다.

회고를 겸한 추모글로는 의강 선생의 진면목을 알리기에 턱없이 부족함을 안다. 앞서 대한건축학회의 '건축구조 60년사' 에 마 선생님의 글 '성장시대' 가 있다. "왜곡되지 않은 과거사를 제대로 알리기 위해서 온몸을 던져 그 시대를 살아왔던 사람들의 육성을 통한 증언이 반드시 필요하다." 에 이어 소제목, 1950년대의 풍경, ACI 기준의 유입 과정, 2-cycle법의 수용, 1960년대의 쉘구조, 고층건축시대 등으로 나누어 구조60년을 회고하며 당신의 구조철학을 피력하셨다.

국민대 정재철 교수, 인하대 김상식 교수 등과 마포 선술집에서 한국사, 일본사, 공산주의, 근대 구조 및 구조기준 등을 주 화제로 회동하였다고 들었다. 전우구조 사무소가 마포에 있을 적에 그 자리에 나를 간혹 끼어주셨다.

의강 마춘경 선생은 평안남도 성천군 성천읍 하부리 372에서 태어나 평양고등

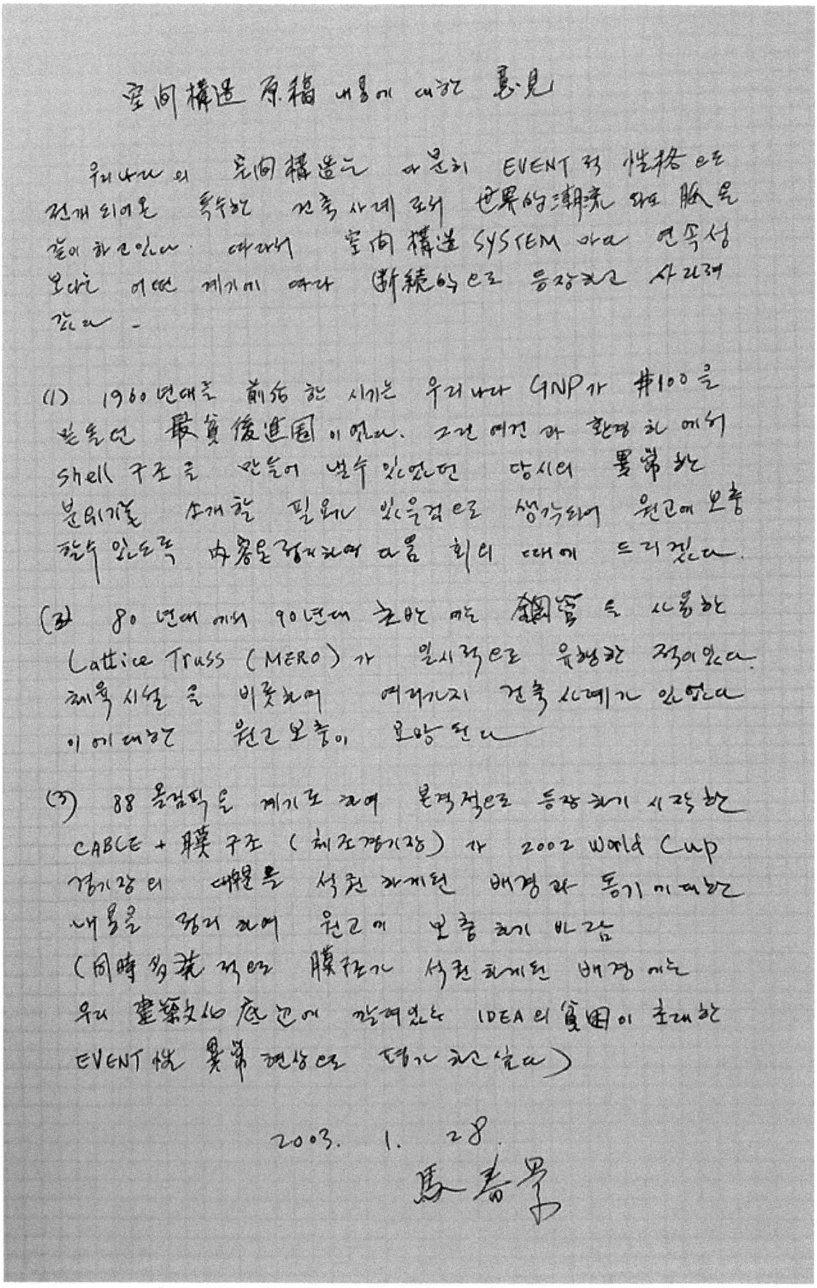

空間構造 原稿 내용에 대한 意見

우리나라의 空間構造는 다분히 EVENT적 性格으로 전개되어온 특수한 건축 사례로서 世界的潮流와도 脈을 같이 하고있다. 따라서 空間構造 SYSTEM 마다 연속성 보다는 어떤 계기에 따라 斷續的으로 등장하고 사라져 갔다.

(1) 1960년대를 前後 한 시기는 우리나라 GNP가 $100을 밑돌던 最貧後進國이었다. 그런 여건과 환경 하에서 shell 구조를 만들어 낼수 있었던 당시의 異常한 분위기를 소개할 필요가 있을것으로 생각되어 원고에 보충할수 있도록 内容을 정리하여 다음 회의 때에 드리겠다.

(2) 80년대에서 90년대 초반에는 鋼管을 사용한 Lattice Truss (MERO)가 일시적으로 유행한 적이있다. 체육시설을 비롯하여 여러가지 건축사례가 있었다 이에대한 원고 보충이 요망된다

(3) 88 올림픽을 계기로 하여 본격적으로 등장하기 시작한 CABLE + 膜 구조 (체조경기장)가 2002 World Cup 경기장의 대부분을 석권하게된 배경과 동기에 대한 내용을 정리하여 원고에 보충하기 바람
(同時多發적으로 膜구조가 석권하게된 배경에는 우리 建築文化 底辺에 깔려있는 IDEA의 貧困이 초래한 EVENT性 異常현상으로 평가하고싶다)

2003. 1. 28.

馬春男

그림 5 의강 선생의 육필 원고

보통학교재학 중에 조부와 함께 급거 월남했다. 1961년에 취적하며 서울에 정착하였다. 서울공대 건축과를 졸업 후 중앙산업, 김중업 건축연구소, 무애건축연구소 등에서 구조책임자로 일했다. 1970년 '표준구조연구소'를 설립 자영하였다.

경기여고 등에서 지리과목을 가르치던 재원 이희숙 교사와 혼인하여 슬하에 1남 2녀를 두었다. 실향민으로서 6.25에 한이 깊었고 북한정권에 대한 적개심이 남달랐다. 평양고보동문으로는 김중업 선생, 김정철 선생, 김인석 선생, 유경철 선생 등이 있었다.

'표준구조연구소' 를 운영하며 요즈음 젊은이들이 가장 부러워한다는 프리랜서로서 스스로 매사에 주인이었다. 자유인이었기에 독립적이고 매사에 불편부당하였고 사색이 깊었으며, 구조 분야는 물론 동양철학, 중국고전 및 일본고대사 등에 해박하였음은 고유의 특권이었다. 후생은 의강 선생을 '구조시스템을 혁신한 선구자' , 역사가, 철학자로, 그리고 자유인으로 기억할 것이다.

- **의강 마춘경 선생 관련 사진자료와 이력 사항 등은 둘째 따님이신 마혜린 씨가 전해주셨다. 감사의 말씀을 전한다.**
  마혜린 씨는 연세대학교를 졸업하고 동대학원에서 건축구조공학을 전공하였다. 졸업 후 구조설계 현업, 건설전문 법무법인, 강재제품 개발사 등에서 구조전문가로서 활동하였다.

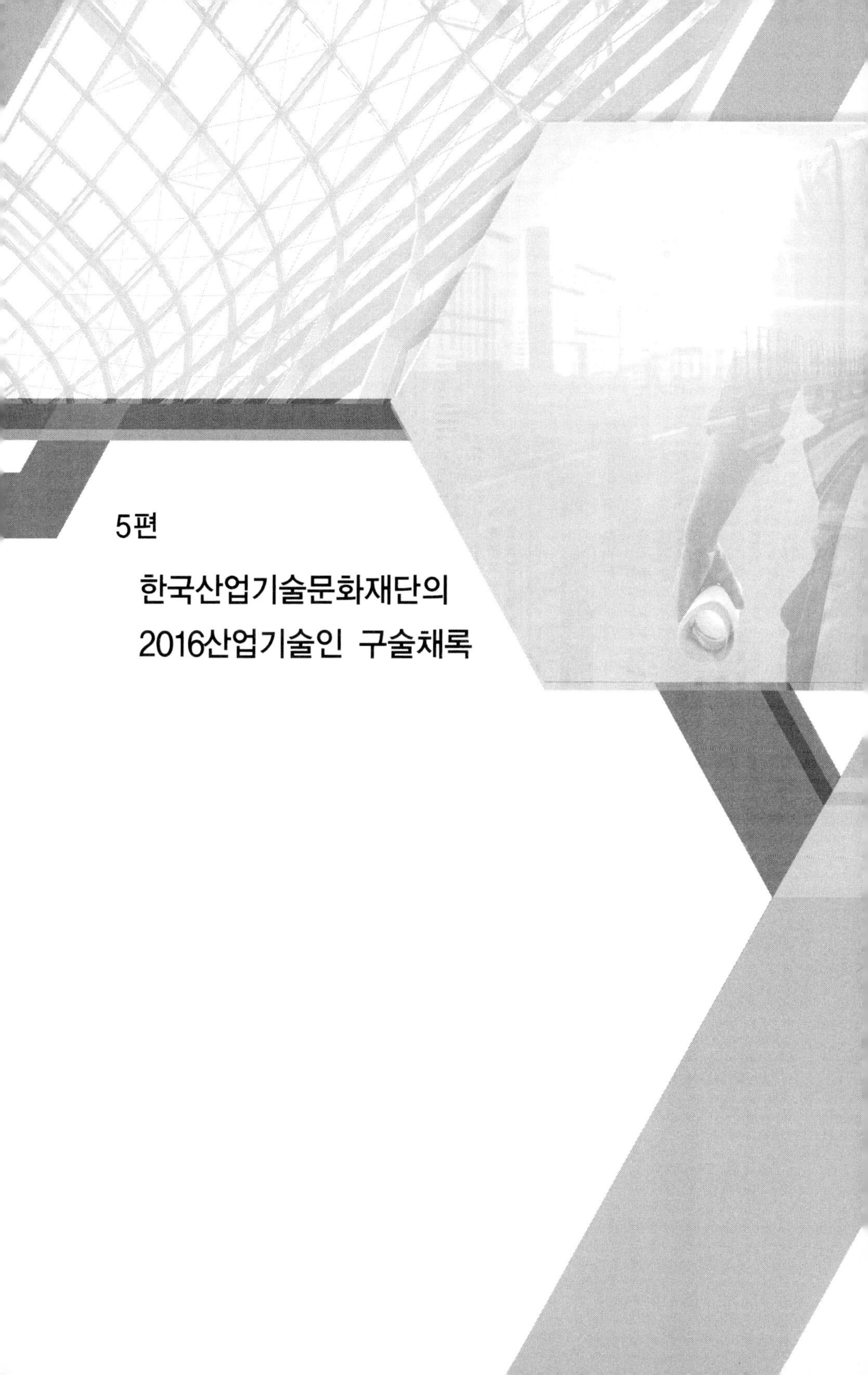

5편

한국산업기술문화재단의 2016산업기술인 구술채록

2016 산업기술인 구술채록

■ 김나영 작가의 사전 섭외

2016.11.28 한국산업기술문화재단의 김나영 작가는 한국공학한림원과 한국산업기술문화재단이 산업기술발전사 연구를 위해 '산업기술인 구술사 연구 영상 제작사업'의 일환으로 2010 대한민국 100대 기술과 주역(대형공항 여객터미널 설계기술 부문)에 선정된 전봉수 대표를 대상으로 인터뷰를 하며 이를 채록하였다.

• 안녕하세요, 전봉수 대표님

조금 전에 연락을 드린 한국산업기술문화재단의 김나영 작가입니다. 인터뷰에 흔쾌히 수락해주셔서 감사드리고, 다음의 내용을 검토하신 회신을 부탁드리겠습니다. 한국공학한림원과 한국산업기술문화재단은 산업기술 발전사 연구를 위해 '산업기술인 구술사 연구 영상'을 제작하고 있습니다

이 프로젝트는 한국공학한림원 100대기술선정 자료를 바탕으로 다양한 기술 분야를 선정한 후 해당 산업 분야 핵심인사들의 구술채록을 하는 것으로 2016년 프로젝트에는 인천공항설계기술 분야의 전봉수 대표님을 모시고자 합니다. 구술채록 영상은 한 산업 분야의 역사에 대해 말로써 풀어나가는 것이라 다소 인터뷰 시간이 길어질 수 있으나 산업발전의 경험을 생생하게 증언해 줌으로써 후대에 전수하고, 미래의 새로운 가치창출과 산업기술사를 재조명할 수 있는 반드시 필요한 작업입니다. 예상 인터뷰시간은 2시간이고, 질문지는 인터뷰 진행 3일 전에 메일로 전달해 드리겠습니다. 영상제작안과 지난해 제작했던 샘플 파일을 첨부하오니 참고해주세요. 감사합니다.
2016.10.18 김나영 작가(영상제작 작가)

그림 1
구술채록, 건축학회 502호 2016.11.28

그림 2
좌로부터 김나영 작가, 전봉수, 녹취/카메라맨

■ 구술채록

김나영 작가(이후 '김나영' 으로) : 오늘은 2016년 11월 8일입니다. 한국산업기술문화재단에서 한국 산업기술인 구술채록사업으로 전봉수 대표님을 모시고 구술채록을 시작하겠습니다. 대형공항 설계기술 분야 3회차 채록이며 '인천국제공항공사에 적용된 국내 최초의 건축기술 및 개발과정' 을 주제로 전봉수 대표님께서 말씀해 주시겠습니다.

Ⅰ. 개인 배경

김나영 : 본인의 소개(성장 배경 / 전공, 근무이력, 현업 등)를 부탁합니다.

전봉수(이후 '전' 으로): 훌륭한 기획을 추진하는 한국산업기술문화재단에 경의를 표하며 이번의 인터뷰가 저 자신은 물론, 전우구조, 그리고 전문직 생활 30년을 뒤돌아보는 기회가 되었음에 감사드립니다. 저는 1944년 서울 종로구 팔판동 85번지에서 출생, 5남매의 장남으로 서울삼성북구 삼선초교, 경복중고교, 서울공대 건축공학과(1968)를 졸업하였습니다. 졸업 후 ROTC 중위로 소집해제(1970), 서울대 관악캠퍼스기획단, ㈜종합건축설계사무소, ㈜럭키개발/럭키엔지니어링/창조건축에서 직장생활을 했습니다. 1987년에 독립한 이래 현재까지 전우구조 대표로 있습니다.

2015년부터 대한건축학회의 국가표준 한국건축규정개발 연구단장직을 겸하고 있는데 이 연구는 2014.11~2019.12의 연구과제입니다. 저는 그간 직장생활을 하며 명지대 강사, 숭실대 겸임교수, 서울공대 객원교수로 강단에 서기도 했습니다. 기술자격으론 건축사, 건축구조기술사, 국제기술사(intPE/APEC) 등이 있습니다. 종교는 없고 독실한 가톨릭 신자인 아내, 그리고 가정주부가 된 딸 내외가 있습니다. 부모님이 내려주신 건강 덕분에 70이 넘어서도 현업에 종사하며 항상 감사하는 마음으로 삽니다.

김나영 : 어떻게 건축계에 관심을 갖게 되고 일을 시작하게 되셨는지?

전 : 제게는 건축계라기 보다는 건축구조설계 분야라 함이 적합할 듯합니다. 군에서 소집해제된 1970년, 종합건축설계사무소 이승우 사장님(작고)이 건축구조 분야에 승부를 걸어보라는 조언에 45년 세월을 주자앉아 다른 분야로 갈 엄두도 못내고 그만 천직이 되었습니다.

김나영 : 인천국제공항여객터미널 건설에 참여한 배경은

전 : 1992년 4월, 인천공항여객터미널 국제설계경기가 공모되며 한국의 건축계는 난리가 났었지요. 단군 이래 최대 건설사업이라 해서 14개 컨소시엄이 응모할 만큼 열기가 대단했습니다. 저에게도 몇몇 컨소시엄으로부터 러브콜이 있었는데, 당시 제가 보기에 BHJW+미국덴버시 Fentress 시카고 Mc Clier팀이 잘 짜인 진용으로 보았고 그 팀의 리더격인 이상준(100대기술 수상자) 범건축 부사장과 장응재 원도시건축 부사장 두 분이 모두 대학 건축과 동기여서 자연스럽게 그 컨소시엄에 합류하였습니다.

김나영 : 인천국제공항 1단계 사업과 2단계 사업 모두 참여할 수 있었던 계기는?

전 : 정확히는 1, 3단계에 참여하였지요. 2단계 사업은 현재 1터미널의 전면 일자형 탑

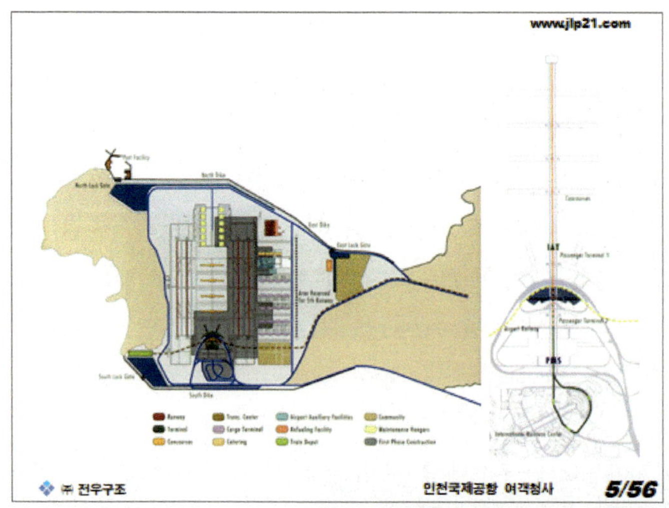

그림 3 공항 배치도

그림 4 인천공항 터미널 1 조감도

승동(remote concourse) 1개 동으로 1단계에서 건축계획이 수립되어 있었기에 국내의 건축설계회사를 대상으로 설계비로 입찰한 것으로 압니다. 신한건축+근정건축+창민우구조를 선정하여 건설을 추진하였습니다. 2단계에 참여하지 못한 저는 포항공항과 무안공항 등 지방 공항의 설계에 참여한 여력이 되었습니다. 3단계는 2010년 국제설계경기로 발주하였고 전우구조는 희림건축+미국 LA Gansler와의 컨소시엄에 합류했습니다. 운도 좋아서 당선되었습니다. 국제설계경기 2연승으로 전우구조는 국제공항 터미널 설계의 전성시대를 구가했다고나 할까요.

그림 5 인천공항 터미널 2 케이블 파사드 시공

김나영: 두 사업의 차이점 및 각 사업에서 맡은 역할은?

전: 단계적인 확장사업의 일환이지요. 1단계는 1992년 국제설계경기에 당선된 후 센구조가 가세하여 전우구조 + 센구조의 구조컨소시엄을 구성하여 협업에 들어갑니다. 전우구조는 현상설계와 기본설계에 주력하면서 상세설계에 일부 합류하였고 센구조는 기본설계부터 참여하여 상세설계를 마무리합니다. 3단계인 2010년에도 전우구조는 현상설계 당선에 기여하고 이어 전우구조+동양안전기술(정광량)의 구조설계컨소시엄에 참여하였는데, 1단계와 달리 전우구조는 건물외장 파사드 및 부속시설을, 동양구조는 본 건물의 구조설계를 담당하였습니다. 세월의 흐름에 따른 설계시장의 판도 변화와 구조설계회사의 인적 자원의 비교로 주역과 보조가 바뀌었지요. 저는 그 상황을 순리로 받아들였습니다. 당시 용산재개발사업 프로젝트 등 업무 과다로 단독 수행이 어려웠었지요.

김나영 : 그 이후 어떤 대형 프로젝트를 맡으셨는지요?

전 : 금년 2016년은 전우구조건축사 · 사무소 개설 30주년이 되는 해입니다. 그간 수행한 프로젝트수는 대소규모 1,000건을 넘습니다. 그 중 대형 프로젝트를 꼽는다면, 1990년 서울교육문화회관(현 더K호텔)/ 1994년 용산전쟁기념관/ 1991년 잠실30층주상복합 파크타워/ 1999년 인천공항여객터미널 - 1/ 1997년 역삼동GS타워/ 1997년 광주30층금호그룹사옥/ 2000년 무역센터확충사업, ASEM Convention Center 및 Tower/ 2000년 포항공항, 무안공항터미널/ 2004년 고속철도KTX광명, 아산천안, 동대구 역사/ 2001년 부산아시아드주경기장-월드컵경기장/ 2001년 제주월드컵경기장/ 2001년 SBS방송국 목동사옥/ 2002년 대한항공인천공항 항공기정비고/ 2008년 이화여대캠퍼스센터(ECCP)/ 2008년 국립과천과학관/ 2016년 롯데수퍼 · 커먼 · 월드 타워/ 2011년 새서울시신청사/ 2018년 인천공항터미널-2 파사드/ 2011년 부산영화의전당, 85m 세계최장 캔틸레버 지붕구조 기네스기록 등재/ 2017년 평창동계올림픽 아이스하키경기장2/ 2017년 싱가포르 UIC 54층 주상복합 등입니다. 프로젝트 앞의 햇수는 완공년도입니다.

김나영 : 현재 몸담고 계시는 전우구조기술사사무소를 간단히 소개해주세요.

전 : 저는 럭키그룹(LG+GS+LS)계열사인 창조건축설계사무소의 기술이사로 LG트윈타워 건설에 구조설계 관리 및 현장주재 설계감리 책임자 이후 1986년에 독립하였습니다. 당시 42세로 사업의 착수로는 다소 늦은 나이지만 기술자의 독립으로 보면 적당한 나이로 자위했습니다. 그후 25년 간 실적이 2007의 '전우구조 20년' 및 2012년의 '지금, 건축구조 문제없나' 에 정리되어 있습니다. 드문 행운과 주변의 도움으로 앞서 열거한 좋은 프로젝트를 설계할 수 있었습니다.

김나영 : 다양한 저서를 집필하셨는데, 소개한다면?

전 : 모두 9종으로 자저 3종, 공저 2종 및 공역저 4종입니다.

자저가

- 2012 지금, 건축구조 문제없나
- 2007 전우구조 20년

그림 6 전우구조 20년사, 2007

그림 7 창사 15년기념 시공현장 견학 프로그램, 인천공항 1, 2002.5

- 1997 건강하고 잘생긴 건물의 구조

공저는

- 2008 韓英中日-건축구조용어사전, 대한건축학회 편찬위원장,
- 2003 건축구조설계의 이해, 전봉수 외 5인

공역저는

- 2016년 피터 라이스의 자취, Kevin Barry편, 공역
- 2013 초고층건축의 예술, 파즐루 칸. A. Mir저, 공역
- 2011 파즐루칸의 생애와 비전, Yasmin Khan저, 공역
- 1994 합성 · 혼합구조의 설계, Hal Iyengar저, 공역

그 외, 논문 및 기고문이 150여 편입니다.

김나영 : 그외 국내 건설산업 발전을 위해 활동하고 있는 부분이 있다면?

전 : 저는 국가표준 한국건축규정개발연구라는 국토부 R&D사업의 연구단장(2015~2019)을 맡고 있습니다. 참여연구원 500여 명과 함께, 그 외 대한건축학회 참여이사, 한국콘크리트학회 명예회원, 한국기술사회 전임부회장, 한국건축구조기술사회 전임회장, 한국강구조학회 전임부회장 등 학술단체의 전직 임원으로서 관련 분야의 업무에 자문을 합니다.

김나영 : 건축 인생에서 가장 기억에 남는 순간, 혹은 프로젝트는?

전 : 오래 전에 명리학을 공부하던 친구인 시립대 이특구 교수가 '전봉수는 재물과는 인연이 먼 운세' 라고 예고(?)한 적이 있습니다. 버는대로 나간다 했습니다. 세월이 지나고 보니 그의 말이 아주 그른 것이 아니더군요. 30년 가까이 회사를 운영하며 크고 작은 프로젝트 1,000여 건을 처리하였음에도 재정이 열악하여 사무소를 6번이나 이사하였고 항시 회사 운영에 어깨를 펴지 못하며 은행 문턱이 높으니 뭐니 하는 것을 보면 진즉 이 교수가 진찰한 운세를 수긍하고 대책을 세웠어야 했지만 이미 늦었지요. 그럼에도 프로엔지니어로서 후배들과 함께 우리나라에서 비중 있는 구조작품을 여럿 남긴 괜찮은 인생이 아닌가 스스로 위로하고 지냅니다. 주변에서도 저를 사업가 재목은 못되고 충직한 엔지니어로 인식하고 있는 것도 잘 압니다. 전우구조를 거쳐 간 200명 정도의 사원 중 8명이 대학교수로 재직하고 있고, 건설회사 임원도 여럿, 24명이 건축구조기술사로 활동하고 있습니다. 그들이 가끔 찾아와 전우구조에서의 자신들의 경험을 듣는 것도 즐거움입니다. 10수년 전, 시립대 이특구 교수가 지어준 제 아호가 '호정(浩庭)' 입니다. '큰 뜰' 이라는 뜻으로 후학이나 후손을 아우르는 넓은 품이 되라고 덕담했습니다.

정성들여 설계한 여러 건물이 준공 후에 말없이 서 있음을 보는 안도감, 열심히 쓴 책이 출판되어 상큼한 잉크 냄새를 맡는 순간, 그리고 국제학술대회에 참석하여 설계내용을 발표하며 세계적 엔지니어와의 토론했던 기억도 그렇고, 수상기록도 뺄 수 없지요. 1988년 제24회 서울올림픽에서 올림픽 관련시설의 구조안전 점검 및 관리로 사마란치 조직위원장에게서 받은 올림픽 참여증서, 서울올림픽대회위원장의 감사 메달, 2002 FIFA 월드컵 부산 및 제주경기장의 설계 후 김대중 대통령의 치하 서신, 2002년 과학기술처 이달의 엔지니어상, 2009년 한영중일 건축구조용어사전이 문광부 우수도서로 지정되어 국공립 도서관에 배포된 일, 2010년, FEIAP(아태공학단체연합)의 Engineer of the Year 2010, 2010년 한국공학한림원의 한국의 100대 기술과 주역, 2011년 부산영화의전당이 가장 긴 캔틸레버 지붕으로 기네스세계기록에 등재된 일, 2012년 국무총리 표창장 등 여러 상을 받으며 마음 속으로 여러 차례 고래춤을 추었을 것입니다.

타임캡슐이라는 것이 있습니다. 2015년 12월 22일, 제 이름 석자가 쓰인 롯데월드타워의 상량보가 지상 515m 상공에 설치된 날입니다. 그 상량보에는 건축주, 정치가, 학계, 예술계, 사회 명사 및 건설실무자 등 관련 인사 200여 명의 이름이 적혀 있습니다. 그러나 제가 한 일은 7년 전에 건축주가 버린 첨성대 형태의 112층 수퍼타워 가설 커먼타워 및 현장에서 발생한 약간의 문제해결 제안 등 구조기술 사안이었을 뿐인데 제 이름이 오른 것에 좀 의아했었습니다. 누구 누구의 음덕인 모양입니다. 아무튼 그 건물의 수명이 다할 때까지 제 이름이 남아서 타임캡슐의 주인공이 되었다니 그저 신기할 뿐입니다. 지금의 인터뷰로 남을 이 구술녹취록도 영구보관을 한다하니 또 하나의 타임캡슐 기록이 되겠군요. 제게는 분에 넘치는 호사입니다. 지금 맡고 있는 국가표준한국건축규정개발도 국토부 R&D사업으로 어려운 과제이지만 수년 후 가장 좋은 기억으로 남기를 바랄 뿐입니다. 제가 설계에 참여한 프로젝트에서 괜찮은 작품이라고 자평하는 건물은 앞서 말씀을 드린 바 있습니다. 생각만 해도 즐거운 추억입니다.

김나영: **향후 계획은?**

전: 현재 전우구조를 운영하는 파트너를 돕는 일, 〈국가표준 한국건축규정연구개발연구〉를 2019년 말까지 부끄럽지 않게 마무리하는 일입니다. 건강이 저를 지켜주는 한.

Ⅱ. 본 주제

김나영: 구술사 주요 분야에 대한 질문을 다룬다. 당시 국내 최대 규모의 건축공사로 알려진 인천국제공항 건설의 시작 배경은? 인천국제공항 건축에서 가장 중점을 둔 부분은? 편리성, 안전, 기간 단축 등에서

전: 건설기술자료는 한국공항공사의 〈건설지〉에 보다 상세하게 나와 있는 것으로 압니다. 구조설계자의 시각에서 이 건물의 특징을 살피면,

1) 3개의 섬(영종도, 용유도, 삼목도)을 연결 조성한 부지에
2) 국제설계경기를 통하여 건축계획안을 선정
3) 역대급 국내 최대 규모 건물로 연면적 496,000m²(15만 평), 사업비 5.6조 원, 이용여객 2,700만 명/년이고, 구조재료 투입량도 강관말뚝: 총 15,200개(연장

그림 8
인천공항 1터미널, 지붕트러스

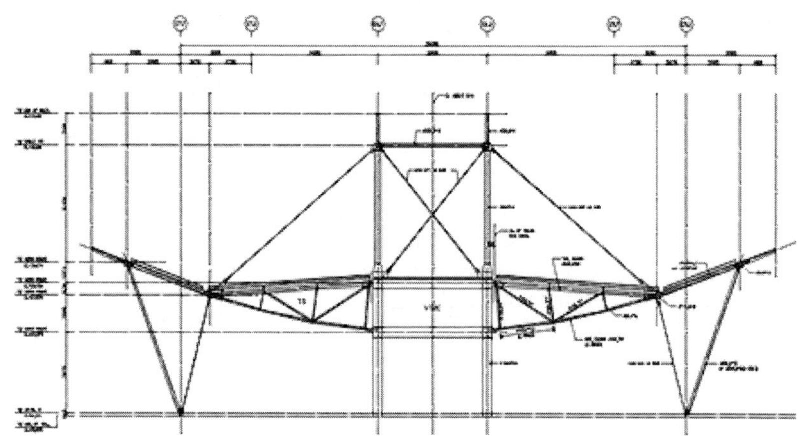

그림 9 인천공항 1 앤틀러지붕 트러스 개념도

562km), 레미콘 : 247,025㎥, 철근 : 24,226ton, 철골 : 92,727ton 등 모두 역대급이지요.

4) 특징적인 구조시스템

- 터미널의 출국장 지붕 : 현상안-스팬 93.5m를 현상안 케이블막트러스
  실시공-폭풍시 상향 솟음 방지를 위해 강관트러스
- 콘코스 지붕 : 현상안-4개 마스트+오목한 단면형 지붕이 케이블에 달린 형상
  개선 : 지붕에 물고임 현상 및 멀리온의 횡력지지성능 취약. 4개 마스트+편측

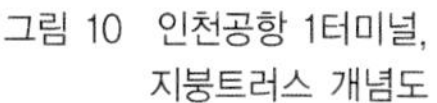
그림 10 인천공항 1터미널, 지붕트러스 개념도

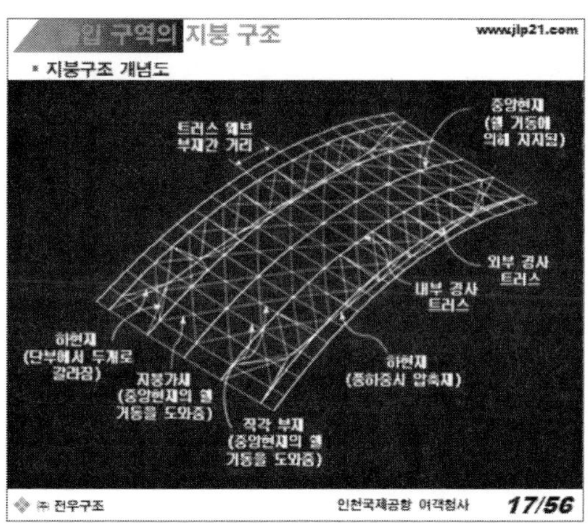

강관볼록형 트러스+비렌딜트러스+마스트당 5개 케이블

- 앤틀러지붕(52m×72m): 4개 마스트+편측강관볼록형 트러스+비렌딜트러스
- 외벽은 초대형 커튼월의 경사 파사드.
- 단일 건물의 지붕을 32개로 분할하고 각층 바닥도 13개로 분할하여 신축·면진이음. 바람, 지진 및 온도 등에 의해 건물의 수평/수직변위와 변형을 흡수하고 과도응력을 최소화하는 기술적 조치

5) 패스트트랙에 따른 현장 주재 설계

6) 건축물의 접합부, 수평 및 수직도 등의 계측관리시스템

김나영: 구조와 안전은 필연적 관계라고 할 수 있는데, 안전을 위해 적용한 기술은?

전: 저의 저서 《건강하고 잘생긴 건물의 구조, 1987》에서 안전하고 아름다운 구조물의 설계는 구조엔지니어의 모토라고 했습니다. 지금도 다르지 않습니다. 신기술 채용에 각종 설계기준을 따르고 때로는 실험에 의한 안전 보증도 중요합니다. 또 다른 저의 《지금, 건축구조 문제없나 2012》에서 건물구조의 물리적 안전 외에 사회적 환경의 안전이 어떠한가를 짚었었지요. 지금 제가 맡고 있는 〈국가표준 한국건축규정개발연구〉는 그래서 안전에 관한 국가적 정책을 정비하는 큰 의미가 있습니다.

그림 11 인천공항 1, 트러스 접합부

김나영 : 당시 적용한 패스트트랙(fast track) 공법은 어떤 것이었는지 또한 그 공법의 효과는 무엇이었는지?

전 : 이 용어의 사전적 정의는 '전문적인 발전을 위한 경쟁에서 같은 목표 달성에 가장 빠르고 직접적인 경로' 라고 알고 있지만, 건설계에서는 설계시공 동시진행공법이라 합니다. 사업기간이 충분하지 않을 때 상세설계와 시공을 함께 진행하는 건설수단입니다. 이 수단에는 설계와 시공의 유기적인 소통과 결정이 중요합니다. 완공 시한을 사전에 정하고 모든 공정을 거꾸로 맞춰나가니 설계자 특히 구조설계자가 가장 힘든 공법이지요. 만약, 건설 도중에 무언가를 설계 · 변경하면 기시공 부위를 부수고 재시공하는 공법이니 설계변경은 모두에게 끔찍하지요. 건축계획이 확정되지 않은 상태에서 생각이 많은 건축가와 구조설계자는 적응하기가 어렵지요.

김나영 : 공사기간 단축을 위해 적용한 철골의 가설프레임 설치는 어떤 기술인지?

전 : 아마도 건설 도중에 일어났던 '양심선언' 해프닝을 말하는 것 같습니다. 그 당시 정황을 자세히는 모르지만 당시 보도에 제 생각은 이러했습니다. 철골공사는 기초배근과 기둥용 앵커볼트 설치 후 콘크리트를 붓고 최소 1주는 기다립니다. 그런 후 앵커볼트에 기둥저판을 긴결하여 철골기둥을 세우고 보를 연결하며 상층으로 진행함이 일반적입니다. 그러나 패스트트랙에서 1주 대기는 긴 기간입니다. 그래서 철골기둥을 가설프레임으로 임시로 지지하고 상부공사를 진행하다 콘크리트가 양생되면 앵커볼트

를 채우고 이 가설프레임을 제거합니다. 절차만 바뀌었을 뿐 결과는 동일합니다. 물론 안전하구요. 문외한의 눈에는 기초도 아니하고 철골공사를 진행하는 엉터리 공사라고 보았겠지요. 지금도 그런 분위기가 여전합니다만 기정 사실과 과거를 보는 당시의 비뚤어진 사회 분위기가 그랬을 것입니다.

김나영: 이와 같은 신기술은 어떻게 연구개발된 것인지 개발과정을 말씀해주신다면? 공사기간이 부족했다고 하는데 그 이유는 무엇이었으며, 공사기간 단축을 위해 또 어떤 방법을 동원했는지?

전: 대공간트러스의 리프트업(lift up)공사, 공사기간 부족 등에 대해서는 아는 바가 별로 없습니다. 골조공사는 대우, 삼성 및 한진건설 등 3개 회사가 컨소시엄으로 수주하여 단일건물을 3등분 시공한 것으로 압니다. 지붕트러스를 세우는 데도 3개사가 서로 다른 공법으로 경쟁하여 건설계에 화제가 되었습니다. 대공간구조 공법은 개략 3가지 정도입니다. 1) 일반공법: 받침대를 세우고 그 상부에 순차적으로 철골을 조립 · 연결하고 완성 후 받침대를 제거하는 방법(예1, 대우 및 삼성 시공부분) 2) 리프트업 공법; 바닥에서 전체구조를 조립한 후 크레인이나 가설타워 등에 잭을 설치하여 들어 올려 소정의 높이에 도달하면 지지기둥을 끼우는 공법(예1 공항의 한진건설 시공 부분, 예2 KAL 인천공항 격납고, 한진건설, 예3 부산영화의전당, 한진건설) 3) 모바일(mobile)공법, 타장소에서 조립한 후 가설레일을 이용하여 지정된 위치로 이동하여 완성하는 공법입니다. (인천공항 교통센터, 한진건설) 여기서 눈에 띄는 것은 한진건설은 리프트업 공법과 모바일 공법을 꾸준히 시도 · 개발하고 있는 것은 주목할 만한 고무적인 건설기술 정책입니다.

김나영: 해외기술에 의존했던 과거와 비교할 때 인천공항공사 당시 국내기술이 어떻게 변화했는지?

전: 15년 당시를 현재와 비교하여 설명하라는 것으로 이해하고 말씀드립니다. 15년 전에는 신기술이었지만 지금의 시점에서 보면 시대가 흐른 만큼 보다 발전되어야 할 부분이 있음은 자명합니다. 이 건물이 국내 구조기술계에 남긴 구조기술과제는

그림 12 트러스 양중 시공, 한진건설

1) 콘크리트의 염해내구성 설계, 탄산화내구성, 구조물의 생명주기 평가 등이 연구해야 할 과제입니다. 이는 강재나 철근의 경우도 유사합니다. 물론 성능확보와 공사비를 연계하여야 합니다.
2) 극후강관의 선택 (제작 및 접합, 내부식성, 내화성)
3) 90m 이상의 장스팬 지붕구조의 시스템 : 현상설계안인 활시위형 케이블막트러스(lenticular형 truss) 지붕구조가 상세설계단계에서 평범한 역삼각트러스구조로 변경된 사실, 현상설계부터 참여한 저로서는 책임감과 회한이 있습니다. 현상설계의 짧은 기간에 획기적인 시스템을 제시하려는 심리적 강박감, 외국설계사와 협업시 넓지 않은 입지, 경량지붕구조와 상향 풍압과 구조해석상 사전점검 소홀로 빚어진 결과라고 하겠습니다.
   그후 90m KTX 광명역사, 180m KAL 인천공항 정비고, 300m 부산 아시아드 경기장, 85m캔틸레버의 영화의 전당 등을 경험합니다.
4) 곡면궁륭 지붕구조의 셸액션(다이어프램)을 고려한 구조해석 연구발전
5) 장스팬트러스와 수직지지기둥과의 변위에 따른 접합부 상세 연구
6) 초대형 파사드 설계기술은 아직도 해외 의존도가 높다.

김나영 : 공항 건축을 다른 건물과 비교할 때 기술면에서 가장 큰 차이점은?

전 : 공항건물은 한 도시의 상징성을 시각적으로 표현하는 특수구조를 택하라는 디자

그림 13 지붕상부 탑구조

인적 요구, 2) 지붕이 스팬 90m 내외의 무주대공간을 덮어야 하고 그 하부구조도 장스팬이 많으므로 적절한 설계 및 시공법 필요했고, 3) 대형 트럭, 열차 및 항공기 등 이동하중 및 풍하중과 지진하중을 고려한 설계입니다.

김나영: 국내뿐 아니라 해외 기술진들과 협업해야 했었는데, 협업은 어떤 식으로 이뤄졌으며 좋았던 점과 애로사항은?

전: 1) 해외 기술진과는 주로 현상설계 내지 기본설계에서 협업을 합니다. 해외사가 건축적인 아이디어에 주도권을 갖고 국내 기술진은 아이디어 생성과정에서 의견을 제시하고, 국내의 건축규제와 건축기준과의 적합성 및 국산 건설자재 및 시공기술 등의 정보를 제공합니다. 상세설계단계에서는 특수한 분야나 부위에 대해 제한적으로 해외전문가의 자문을 받습니다. 언어 및 기술 소통과 문화에 대한 상호이해가 절대적입니다.

2) 단일 건물을 복수의 구조설계회사가 컨소시엄(SEN-JAA)을 구성하여 수행하였습니다. 실제로 이는 구조설계 분야에서는 지금도 흔한 일이 아니지요. 당시, BHJW도 내부적으로 이 방침에 진통이 없지 않았던 것을 기억합니다. 컨소시엄에서 양사간 업무 분담은 전우구조(JAA)는 현상 및 기본설계단계(SD+DD)에 해외사와의 업무 협의 및 설계 참여, 센구조(SEN)는 상세설계(DD+CD) 및 현장감리지원에 주력하였고, 그 과정에서 각사의 역할, 투입인원, 협업과정 및 용역비 배분 등을 사전에 조율하여 협업의 효율을 높일 수 있었습니다.

3) 2012년의 터미널-2도 전우구조는 국제설계경기에서 당선에 기여하였고, 그 후 동양안전구조(정광량)와 함께 참여했으며, 건물의 본구조와 외벽 케이블파사드구조로 분담하여 해외기술자와의 협업 현상은 당시 국제화와 글로벌화 흐름과 무관하지 않았다. 그러나 해외의 유명건축가/엔지니어와의 참여가 국내 건축계의 일반적 시각으로는 설계 및 건설기술 발전의 토대가 되었고 글로벌화에 기여한 긍정적인 측면이 있습니다. 그러나 한편으로는 국내 건축가와 엔지니어의 기술 종속 및 위축 등을 우려하는 분위기도 만만치 않았지요. 이에 대해 저는 대한건축사협회지 '건축사' 1985년 9월호에서 〈레코드엔지니어의 한계〉, - 대한건축학회의 '건축' 1986년 11월호에서 〈해외건축가의 주요 국내시장 점유 사례로 본 건축설계 정황〉을, 한국콘크리트학회지 2011년 11월호에 〈레코드 앤지니어〉등의 기고문에서 이러한 극명한 시각차와 대안을 조명한 바 있습니다.

김나영: 공사를 진행하면서 가장 큰 난관은 무엇이었으며 어떻게 극복했는지? 기억에 남는 에피소드가 있다면?

전: 인천국제공항청사의 계획설계부터 건물의 구조형식 등 책임기술자로서 역할을 수행했는데, 공사를 성공적으로 마무리했을 때의 기분은? 저는 현상 및 기본설계에서 주된 역할을 했습니다. 상세설계를 주도하신 책임기술자는 이창남 회장입니다. 공사에 전담 직원을 현장에 파견하여 감리단을 도왔지요. 설계부터 준공까지 9년간의 장기간에 다른 일도 하느라 경황이 없었고 오히려 준공 후 해외출장시 잠깐씩 살펴보며 갖는 남다른 소회가 있지요. 터미널의 노출 지붕트러스구조를 볼 때마다 갖는 아쉬움, 지붕이 평면적으로 만곡형이므로 처다보는 트러스가 만곡형으로 배치된 상태이니 서 있는 자리에서 보는 구조가 무질서하게 배치된 것처럼 보이지요. 상세설계시 채택하지 못한 케이블트러스가 떠오르지요. 콘코스의 비렌딜트러스도 조금 헐렁해 보이고...

김나영: 최초 1단계 인천국제공항공사가 성공적으로 마무리되고, 국내건축업에서 변화된 점이 있다면?

전: 인천국제공항 건설사업은 1992년부터 2020년까지 총 4단계로 나누어 추진되고

있는데, 1단계부터 4단계까지 특징은? 1, 2단계에 건설한 시설은 이미 사용하고 있고 3단계 시설은 공사중입니다. 건설비 조달이 가능했다면 3, 4단계를 합쳐서 일시에 건설되었어야 하겠지요. 4단계 후 완공된 건물 평면이 H자 형상이고 3, 4단계의 구분이 H자의 허리에서 이루어져 연결공사시 기시공된 부위가 많이 손상되어 계속 공사도 어려울 것입니다. 예산 낭비입니다.

김나영: 현재 진행되고 있는 3단계 공사에 적용되는 신기술이 있다면?

전: 전형적인 장스팬 바닥 및 지붕구조입니다. 적용한 신기술이라면 전우구조가 맡았던 터미널 전면 입국장의 케이블넷 월과 건물 외벽을 감싸는 커튼월 시스템을 들겠습니다. 어제 동양의 정 사장이 이 부분을 어떻게 설명하였는지 모르겠으나 이 부위의 설계담당자로서 설명드리면 케이블넷 월은 케이블 파사드라고도 합니다.

출국장 전면의 외벽은 높이 19m, 폭 45m의 트리칼럼간 8개 구간에 수평길이 360m의 유리외벽을 45mm 단일 수직케이블을 3m 간격으로 설치하여 수직창틀을 형성하여 3m×1.8m의 초대형 유리를 끼운 케이블넷 월입니다. 투명건축을 창조하는 이 시스템은 개념이 단순 · 명쾌하고 최소한의 구조부재로 실내외의 투명 대공간을 연출할 수 있어 건축가와 엔지니어가 선호하는 현대건축의 총아입니다. 주로 공항여객터미널, 전시장, 체육관 및 호텔로비 등에서 채택하고 있고, 완공되면 국내 초유의 국제적 수준의 초대형 케이블넷월 구조가 될 것입니다. 그러나 문제는 이 분야에는 기술적인 연구와 개발이 더 필요합니다.

김나영: 인천국제공항 3단계 공사의 기대효과는? 4단계까지 마무리되어야 소기의 제기능을 찾아 가겠지요. 인천국제공항이 세계 최고의 공항으로 손꼽히는 이유는 뭐라고 생각하는지?

전: 1) 여객의 동선을 빠르게 효율적으로 처리한 시스템, 2) 청결한 유지관리와 서비스 정신, 3) 아름다운 건물형상이 아닌가 합니다. 그런데 건물 전체를 조감할 수 있는 이는 비행기 파일럿, 나는 새, 그리고 하느님 뿐이어서 대형 공항의 디자인은 중요하지 않다라는 우스갯소리도 있습니다. 세계공항을 하늘에서 내려다 보는 파일럿들에게 여

론조사를 해봄이 어떻겠습니까?

김나영 : 창의적인 건축물들이 국내에 많이 등장했는데, 건축 디자인의 변화에 대해?

전 : 구조엔지니어가 건축디자인에 대하여 의견을 내는 것은 주제넘고 두렵습니다만, 앞서 개진한 바와 같이 국내의 대형건물이나 국가적 인프라의 기본디자인이 대부분 외국 건축가의 손으로 이루어졌습니다. 그래서 그러한 것은 아니겠지만 대체로 창의적이라기 보다는 상업적이고 독불장군 같은 위화감도 주고, 도시적 조화와 거리가 있고, 이 보다는 오히려 요즈음 젊은 건축가들이 설계한 중소규모 건물에서 창의적인 외관과 형태를 봅니다.

김나영 : 디자인과 기술의 접목은 어떤 식으로 이뤄졌는지?

전 : 디자인과 기술 간의 소통이 여기서도 중요합니다. 건축가와 발주처가 디자인을 대표하고 구조엔지니어가 기술을 대표한다면 디자인과 기술은 갑을관계도 되고 협동관계도 됩니다. 좋은 작품을 마무리하고 나면 '좋은 건축가를 만나서 참 다행이었다' 라는 생각을 종종 합니다.

김나영 : 차세대 건축기술 및 차세대 공항의 모습은?

전 : 이 부분에 대해서도 아는 것이 별로 없습니다만, 국제설계경기에서 국내 컨소시엄이 당선되어 디자인을 책임지는 건축가를 배출해야 하고 국내기술자를 인정하는 사회적 분위기도 중요합니다. 터미널1의 극후강관을 성공적으로 제작한 사례가 알려져 수출산업에 큰 역할을 한다고 듣습니다. 이런 맥락에서 터미널2의 케이블넷 파사드에 사용할 45mm케이블을 국산으로 할 것을 요청하였습니다만 결과는 아직 알 수 없습니다.

김나영 : 마지막으로 우리나라 건설산업에 바라는 점은?

전 : 한국의 건설회사는 크게 성장하여 동남아 등지에서 활약하며 국제적인 경쟁력도 갖추었다는 평입니다. 노동집약적 건설이 30여년 전에는 주력이었으나 지금은 아이디어와 기술이 우선입니다. 그러나 해외건설 수주실적이 좋아도 부가가치가 높다는 이

야기보다는 적자 메우기에 급급하다는 우울한 소식을 듣습니다. 그 원인이 엔지니어링의 수준 문제라고 지적합니다. 그뿐일까요? 기획력, 수행능력 및 소통력도 높지 않은 수준이라 합니다. 우리나라의 건축공사표준시방서나 건축구조기준 등의 영문화 작업도 이제 겨우 우리 연구단에서 착수한 단계이니 건설산업의 글로벌화는 시간이 필요합니다.

해외공사를 수주하여 세계적인 품질의 국산자재를 설계 · 반영하려 해도 자재특성의 영문표기는 물론 영문시방서도 불비하니 영어권 자재의 시방이 되겠지요. 중국은 이미 등소평 등장 후 모든 건축규정이 영문화되어 있어서 해외경쟁력이 대단합니다. 아울러 건축가 및 엔지니어의 국제적 안목과 언어소통력을 갖추게 함은 더 중요합니다. 그러기 위해 대학교육, 건설사회에서의 계속교육, 안정적 생활 및 기술인의 자긍심을 심어주어야 한다고 봅니다. 영어의 실무교육도해야 합니다. 그러나 지금의 대형건설사는 급여, 복지 등 조건을 앞세워 공과대학 졸업생과 소규모 엔지니어링회사의 중견사원을 블랙홀처럼 흡수하고 있습니다. 심지어 제도사(지금은 CAD 또는 BIM)까지, 신입사원교육이야 당장의 조직관리를 위해 실행하고 있지만 중견사원의 기술교육은 엄두가 안 나서 그런지 외부 인재를 끌어다 씀이 보다 효율적이라고 보는 모양입니다. 그러하니 소규모 설계회사가 건설사 직원의 기술교육기관인 셈입니다.

이제는 구조설계 분야에서 눈을 떠가는 입사 5년 미만의 직원까지 끌어갑니다. 그런데 어인 일인지 건설사 입사 2~3년만 지나면 자만심은 가득하지만 구조실력이 아리송한 창의력이 사라진 평범한 직장인이 되어 있음을 흔히 봅니다. 컴백하여 재충전하려는 의사도 없으며 그를 재채용하기도 꺼려합니다. 더 배워야 할 장래성 있는 젊은이가 창조적인 기술자로 가는 성장 엔진이 꺼져가는 것이 아닌가 합니다.

건설사는 기술인재를 모았으면 그 만큼의 계속교육에도 투자를 해야 합니다. 아울러 소규모설계회사에서 창의적인 활동을 할 수 있는 여건을 갖게 함이 더 중요합니다. 기술자가 기술자를 중하게 여기는, 그리고 기술자간 갑을 대립이 없는 사회가 되어 우리의 엔지니어가 창의력, 기술력, 소통력 면에서 구미 엔지니어 이상의 능력을 갖추어 세계로 진출하는 세월이 오기를 기원합니다.

김나영 : 네, 말씀 잘 들었습니다. 금일 대형 공항설계기술 분야 구술채록은 여기서 마무리하겠습니다. 참여해 주셔서 감사합니다.

이 절에 실린 여러 그림 자료는 녹취록을 보충 설명하기 위하여 의도적으로 추가한 것이다.

찾아보기

건축구조 25시

1판 1쇄 발행 2020년 7월 15일
1판 2쇄 발행 2020년 9월 4일

지은이 전봉수
발행인 강해작
펴낸곳 기문당
주소 서울시 성동구 무학봉28길 4-1
전화 02) 2295-617
팩스 02) 2296-8
등록번호 제1-44호
등록일자 1976. 10. 7(1-44)
homepage www.kimoondang.com
E-mail kmd@kimoondang.com
ISBN 978-89-6225-855-4 93540